航空短波数据通信基带信号处理

田　伟　刘晓娣　毛忠阳
宋斌斌　康家方　张　嵩　编著

清華大学出版社
北　京

内容简介

本书针对当前通信原理教学存在的理论性有余而实用性不足的现状，以短波窄带单音串行数据通信基带信号处理为例，全面讲述了短波通信的原理，全面展示了短波基带发送端与接收端信号处理的流程，全面揭示了基带信号处理核心算法的原理和实现方式，实现了从用户数据信息调制、经由信道受扰、接收模拟信号数字解调还原用户信息的全流程演示。本书可结合物理实验教学系统，以实验教学形式提升通信原理教学效果。

本书可供通信专业高年级本科生、研究生以及从事通信基带开发工作的工程师参考。

图书在版编目(CIP)数据

航空短波数据通信基带信号处理/田伟等编著. —北京：清华大学出版社，2022.5
ISBN 978-7-302-60378-8

Ⅰ. ①航… Ⅱ. ①田… Ⅲ. ①航空通信—短波通信—信号处理 Ⅳ. ①V243.1

中国版本图书馆 CIP 数据核字(2022)第 047598 号

责任编辑：戚 亚
封面设计：常雪影
责任校对：王淑云
责任印制：宋 林

出版发行：清华大学出版社
网 址：http://www.tup.com.cn，http://www.wqbook.com
地 址：北京清华大学学研大厦 A 座 **邮 编**：100084
社 总 机：010-83470000 **邮 购**：010-62786544
投稿与读者服务：010-62776969，c-service@tup.tsinghua.edu.cn
质量反馈：010-62772015，zhiliang@tup.tsinghua.edu.cn
印 装 者：三河市龙大印装有限公司
经 销：全国新华书店
开 本：185mm×260mm **印 张**：12 **插 页**：4 **字 数**：302 千字
版 次：2022 年 6 月第 1 版 **印 次**：2022 年 6 月第 1 次印刷
定 价：59.00 元

产品编号：090425-01

前言

FOREWORD

短波，一种重要且历史悠久的无线通信方式，长期以来被广泛应用于军事、航空、航海等领域；基带，描述了数字通信发送端物理层信号的格式协议，引导着接收端通信信号处理的实现方式，决定着通信效果性能的好坏，一直是通信信号处理领域经久不衰的研究热点。本书以短波基带信号处理为核心，面向高等院校本科及以上层次学生、从事通信基带开发的工程师，全面讲述短波通信的原理，全面展示短波基带发送端与接收端信号处理的流程，全面揭示基带信号处理算法的原理和实现方式，以独特视角展示不一样的通信基带信号处理样式。

无论在哪个通信频段、无论采用哪种调制方式，通信基带信号处理永远是数字通信研究的热点和核心，直接决定着通信性能的好坏。近年来，新的数字通信手段和信号处理方式层出不穷、各种基带信号处理算法日新月异，但万变不离其宗，基带信号处理有其相对固定的流程要义，有着信号处理直接的效果要求，变化的是信号处理的算法和工具。短波基带信号处理目前主要有三个重大方向，分别是窄带短波数据通信、宽带短波数据通信和极低速短波数据通信，从字义上看即常规、高速和低速短波数据通信。而当前军事、航空、航海短波数据通信，主要采用的是窄带短波数据通信，所以本书以目前广泛推进应用的单音串行窄带短波数据通信为研究对象，期望达到如下两个目标：一是在结合工程实践经验的基础上，通过详细阐述短波基带信号的流程、算法模型、算法实现原理、算法呈现效果等，全流程、实践化地展示短波基带信号处理过程，使读者全面深入地掌握短波基带信号处理的原理和工程开发流程；二是通过短波基带信号处理的全流程展示，示范带动其他通信频段和调制方式的基带信号处理教学，方便从事数据通信研究的学习者尽快掌握通信基带信号处理基础理论，高质高效地完成向高阶、高速通信基带信号的知识迁移和聚焦。

周新力教授对本书进行了学术指导和审定，在此一并表示感谢。同时，感谢所有给予我们帮助的领导和同事，感谢文献的作者们。由于作者水平所限，书中缺点和错误在所难免，希望同行专家、学者和读者不吝指正。

作　者

2022 年 5 月于烟台

目录

CONTENTS

第1章

绪　论

1.1　引言

现代高科技战争条件下，军事通信系统的作战环境面临越来越恶劣的现状，部分国家的作战条令规定：战前要干扰和破坏敌方通信设施的50%～70%，第一次火力打击要摧毁其中的40%。因此，如何提高军事通信系统的生存能力，以确保在最险恶的作战环境中通信联络的不间断，成了一个亟待解决的现实问题。

美国在20世纪70—80年代热衷于卫星通信的研究与使用，但在海湾战争中发现短波通信仍有重要价值，其注意力有所转移，美国海军用了上亿美元更新其舰艇短波通信装备就是一个例证。美国国防部的一个防卫威胁研究机构在2000年的军用关键技术——信息技术部分还特别强调，短波通信技术仍然是战场或战役甚至更大范围防卫或作战的一种不可或缺的通信指挥手段。欧洲各国对短波通信的研究也不遗余力，2000年欧洲议会的一个专门委员会建议短波以及超宽带(ultra wide band，UWB)通信技术仍然是军事通信的主要技术之一，尤其是在某些特定场合会成为最为关键的通信技术。

近年来，短波通信领域里的研究非常活跃，国际上出现了许多的研究机构，例如：IEEE在近几年的时间里已经连续举办了8次"短波通信系统与技术"的会议，IEEE每年都召开"MILCOM"会议，大量学者开展了短波通信技术方面的研究工作；美国成立了"短波通信工业协会"(HFIA)，有诸多大公司，如Harris，Motorola，Rockell，Halcomm，Thales，Mobicomm等参加，每年召开2～3次短波技术交流的会议；另外，世界上还有其他的一些相关组织也开展了该方面的研究工作，如北欧无线电协会(NRS)、加拿大的通信研究中心(CRC)、英国兰卡斯特大学的电离层和电波传输研究小组等。这表明经过20世纪五六十年代卫星通信带来的短暂冲击后，短波通信又重新唤起了人们的研究热情，在技术方面也获得了很大进展。

短波通信在我军也有较为广泛的应用。例如将短波通信系统应用于担负特殊作战使命的无人机上，可实现在远距离、低空高速环境下信息的实时可靠传输。无人机作战升空后，将以低空突防的形式掠海飞临目标上空，在远离基地几百千米以上的低空区域高速遂行任务。受地球曲率的影响，我方对空雷达难以捕捉到飞机的飞行状态和任务信息，放飞后难以跟踪飞机的位置和判断执行任务的态势，无法评估作战效能和决策是否进行补充攻击等。因此，实时传输飞机飞行和遂行任务的状态信息，对作战指挥尤为重要。

长波所需要的发射天线长，超短波与微波需在视距范围内通信，在机载平台、低空环境下，无法使用长波、超短波、微波实现远距离通信；而卫星通信资源受控，目前部分开放的、具有区域导航和短信息报文功能的"北斗一代"终端设备，受信息传输量、实时性和机载北斗设备价格等因素的限制。在综合考虑各类通信信道基础上，针对搭建成本低、实时性高的通信系统的需求，基于短波信道设计的机载短波通信系统可实现飞机任务状态信息的远距离、低空高速环境下的可靠回传，最大限度发挥战机的作战效能。

1.2 短波与短波通信

短波通信概述

按照国际无线电咨询委员会的规定，短波是指频率为 3～30MHz、对应波长为 100～10m 的无线电波。在实际使用中，为了充分利用短波近距离通信的优势，通常将 1.5～3MHz 的频率也纳入短波通信的频率范围，因此，实际使用的短波频率通常是 1.5～30MHz。

国内通常以电磁波的波长区分不同的频率，比短波频段更低的频段，有中波、长波；比短波频段更高的频段，按照波长的量级可分为米波、分米波、厘米波、毫米波等，如图 1.2.1 所示；介于 300～3000GHz 的频段，是近年来比较热门的太赫兹，最高频率接近远红外线，这个频段的信号既具有无线电信号的特性，又具有光信号的特性。

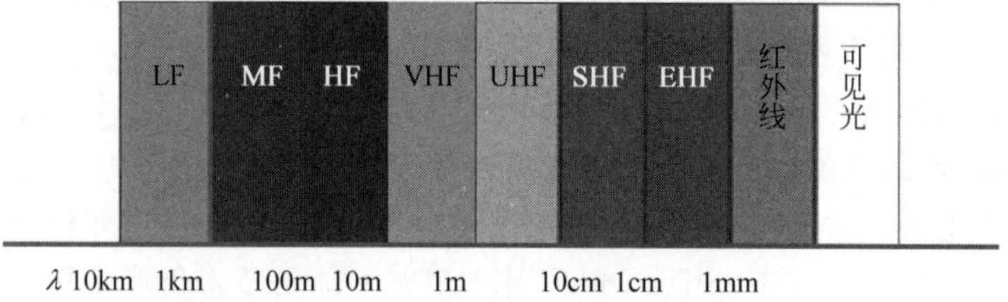

图 1.2.1 电波频率分布图(后附彩图)

短波通信是利用短波作为载体来传送信息的一种通信手段，又称为"高频通信"(HF communication)。其中，载体是指 1.5～30MHz 的无线电波，信息可以是话音、电报，也可以是图像、低速率的数据等。请注意短波通信传输的是低速的数据，不能传输高速数据，比如实时的高清视频。

短波频段的无线电波传播方式与其他频段有很大不同，这也是短波通信区别于其他通信方式的最主要原因。短波通信的传播方式主要有两种：一种是地波传播，另一种是天波传播，如图 1.2.2 所示。

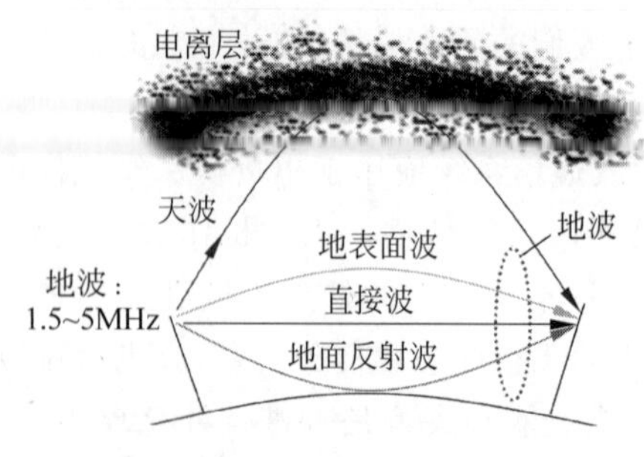

图 1.2.2 短波的传播方式

地波传播的损耗主要是地表吸收损耗，随工作频率的升高而递增，在同样的地面条件下，频率越高，损耗越大；由于地波只适用于近距离通信，其工作频率一般都在 5MHz 以下。地波传播受天气的影响小，信道参数基本不随时间变化，因此地波传播信道可视为恒参信道。

天波是无线电波经电离层反射回地面的部分，倾斜投射的电磁波经电离层反射后，可以传到几千千米甚至上万千米外的地面。天波的传播损耗比地波小得多，经地面与电离层之间多次反射之后，可以达到极远的地方。利用天波可以进行环球通信，即往东发射一个短波信号，这个信号可以绕地球转一圈，从西面回来，这种特性是其他任何通信方式所不具有的。但天波传播极不稳定，受电离层变化和多径效应的影响，它的信道参数随时间而急剧变化，因此称为“变参信道”。

1921年，意大利罗马的一次意外火灾事件，使短波被发现可以用于远距离通信。此后，短波通信迅速发展，成为世界各国中远距离通信的主要手段。近百年来，卫星通信、光纤通信、无线光通信等新的通信手段不断涌现，但短波通信的地位从未被替代。

短波通信被广泛用于政府、军事、外交、气象、商业等部门，尤其在国际通信、防汛救灾、海难救援以及军事通信等方面发挥着独特的作用。以一个极为典型的非作战行动为例，2008年汶川大地震中的电力和通信设施被破坏，最常用的手机没有信号、宽带和电话都无法接通，这时短波通信电台和卫星电话传回了灾区的第一手资料，有力支撑了救援工作的开展。

在军队中，世界各军事强国对短波通信定位都是相同的：短波通信始终是军事指挥的重要手段之一。我国的驻外使馆、军事基地、远航编队都配备有短波通信设备。

相对于陆军、空军和火箭军而言，短波通信对于海军来说更为重要。海军部队在大洋上进行远距离通信的主要通信手段有两种：一种是卫星通信，另一种是短波通信。单个卫星的覆盖范围有限，要实现全球通信，至少需要三颗卫星，而且随着导弹反卫星、激光反卫星等技术的发展，通信卫星在真正作战时极易被敌方干扰和摧毁。这时，海军的战略指挥通信手段将只剩短波通信。因此，短波通信是战时海军远距离通信的唯一保底通信手段。也正是因为“远距离通信”和“唯一保底”，短波通信在海军中的地位是其他任何通信方式无法取代的。

随着我国海洋强国战略的推进，海军部队将走向深蓝、走向远洋战略的发展，对远海短波通信的需求将更加迫切。

1.3　短波电波的传播

短波电波的传播

短波通信之所以能够吸引用户，主要因为它具有不易“摧毁”的“中继系统”——电离层。尽管自然条件可以使这种“中继系统”中断，但不是经常出现，而且中断的时间也非常短；除极区外，这种中断通常发生在太阳发射耀斑后，中断时间一般在半小时左右，一年内也仅发生几次。尽管新通信技术的出现彰显了短波通信的缺点，但短波通信仍是目前不可或缺的辅助通信手段。实践证明采用现代信号处理技术开展的短波通信，能为用户提供高质量、高可通率和廉价的通信服务。短波主要靠电离层传播(称为“天波”)，也可以和长、中波一样靠地波进行短距离传播。

1.3.1　短波的地波传播

沿大地与空气的分界面传播的电波为地表面波，简称“地波”，地波的传播途径主要取决于地面的电特性。地波在传播过程中,由于能量逐渐被大地吸收,很快衰落(波长越短,衰落越快),所以传播距离近。但地波不受气候影响,可靠性高。地波的传播距离取决于地表介质特性:海面介质的导电特性对于电波传播最为有利;陆地表面介质导电特性差,对电波损耗大;不同的陆地表面介质对电波的损耗程度不同(潮湿土壤地面损耗小,干燥沙石地面损耗大)。短波频段的射频信号沿地面最多只能传播几十千米[1-2]。地波传播不需要经常改变工作频率,但要考虑障碍物的阻挡,短波地波传播示意图如图 1.3.1 所示。

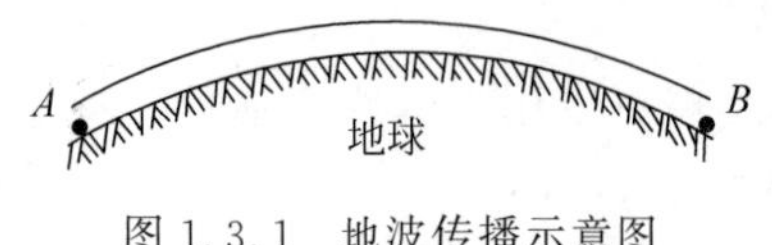

图 1.3.1　地波传播示意图

短波利用地波传播形式的频率范围是 1.5～5MHz。在地波传播中,垂直极化波比水平极化波的衰减小,因此通常采用辐射垂直极化波的垂直天线。图 1.3.2 给出了不同频率电磁波场强与距离的关系,可以看出地波的衰减随着频率的升高而增大,10MHz 的电磁波比 1MHz 的电磁波衰减的快得多。对于 5MHz 的发射频率,即使使用 1000W 的发射功率,陆上传播距离也仅为 100km 左右。所以地波传播不适用于无线电广播或远距离通信,只适用于近距离的传输。

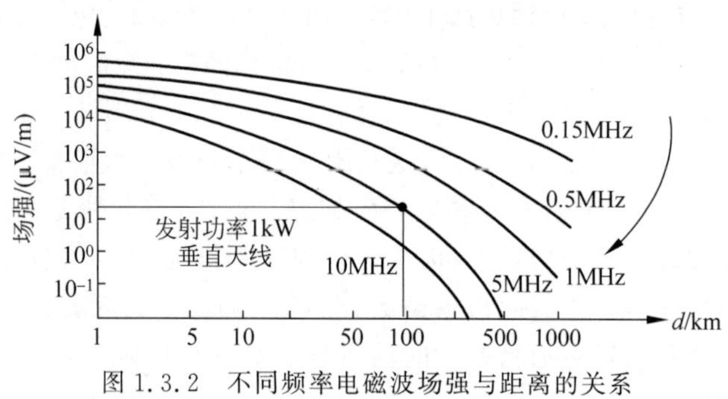

图 1.3.2　不同频率电磁波场强与距离的关系

1.3.2　短波的天波传播

天波是由天线向高空辐射的电磁波遇到电离层反射或折射后返回地面的无线电波。电离层对短波波段的电磁波产生反射和折射作用(见图 1.3.3),天波传播主要用于短波远距离通信。

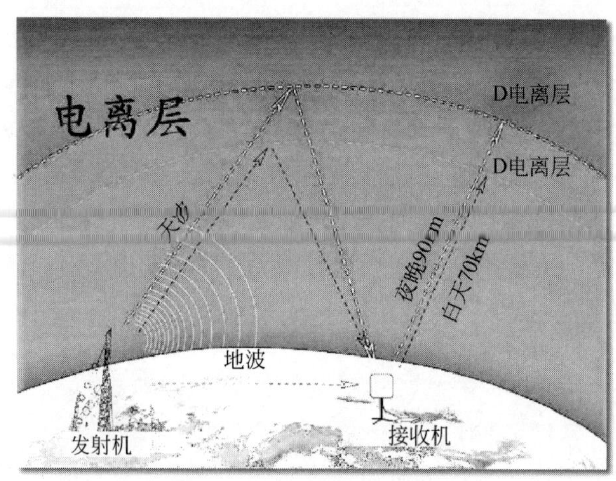

图 1.3.3　天波传播示意图

电离层是影响天波传播的最主要因素。电离层是指从距地面 60～2000km、处于电离状态的高空大气层,上疏下密。在太阳紫外线、太阳日冕的软 X 射线和太阳表面喷出的微粒流作用下,大气气体分子或原子中的电子分裂出来,形成离子和自由电子,这个过程称为"电离"。产生电离的大气层称为"电离层"。电离层的浓度对短波通信工作频率的影响很大,浓度高时反射的频率高,浓度低时反射的频率低。电离层的高度和浓度随地区、季节、时间、太阳黑子活动等因素的变化而变化,这决定了短波通信的频率也必须随之改变。

电离层分为 D 层、E 层和 F 层,其中,F 层又分为 F_1 和 F_2 两层,如图 1.3.4 所示。

(1) D 层: D 层是最低层,出现在地球上空 60～90km 高度处,最大电子密度在 80km 处。D 层出现在太阳升起时,消失在太阳落下后,所以在夜间不再对短波通信产生影响。D 层的电子密度不足以反射短波,所以短波以天波传播时将穿过 D 层。不过,在穿过 D 层时,电磁波将遭受严重的衰减,频率越低,衰减越大。而且 D 层中的衰减远大于 E 层、F 层,所以也称 D 层为"吸收层"。在白天,D 层决定了短波传播的距离,以及为获得良好的传输所必需的发射功率和天线增益。

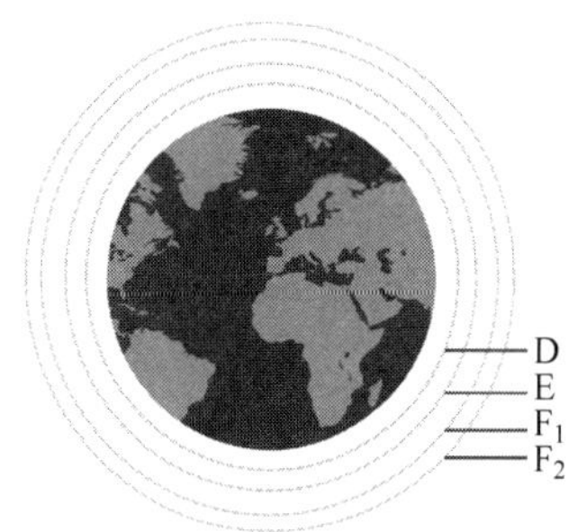

图 1.3.4 电离层分布示意图

(2) E 层: E 层出现在地球上空 100～120km 高度处,最大电子密度发生在 110km 处,白天基本不变。在通信线路设计和计算时,通常将 110km 作为 E 层高度。和 D 层一样,E 层出现在太阳升起时,在中午电离达到最大值,之后逐渐减小。在太阳落下后,E 层实际上对短波传播不起作用。在电离开始后,E 层可以反射频率高于 1.5MHz 的电磁波。

在 E 层中,有一个偶发 E 层,称为"Es 层",是偶尔发生在地球上空 120km 高度处的电离层。Es 层虽然是偶尔存在,但是由于它具有很高的电子密度,甚至能将高于短波波段的频率反射回来,在短波通信中希望选用它作为反射层。采用 Es 层需要十分谨慎,因为 Es 层的出现存在很大的不确定性,目前还没有掌握它的规律,过度依赖 Es 层可能导致通信中断。

(3) F 层: 对于短波传播,F 层是最重要的,在一般情况下,远距离短波通信都选用 F 层作为反射层。这是由于和 D 层、E 层相比,F 层的高度最高,允许传播的距离最远,所以习惯上称 F 层为"反射层"。

白天 F 层有两层: F_1 层位于地球上空 170～220km 的高度,F_2 层位于地球上空 225～450km 的高度,它们的高度在一天内的不同时刻和在不同季节都是不同的。对 F_2 层来讲,其高度在冬季的白天最低,在夏天的白天最高。F_2 层和其他层不同,在日落以后没有完全消失,仍保持着电离,其原因可能是在夜间,F_2 层的低电子密度复合的速度减慢,而且粒子辐射仍然存在。虽然夜间 F_2 层的电子密度较白天降低了大约一个数量级,但仍足以反射短波频段的电磁波,当然,夜间能反射的频率要低于白天。

图 1.3.5 给出了电离层各层的高度与电子密度的典型值。从图中可以看出,白天电离层包含 D 层,E 层,F_1 层和 F_2 层,夜间只包括 F_2 层,也就是说,若要保持昼夜短波通信,其工作频率必需昼夜更换,而且一般情况下,夜间工作频率远低于白天工作频率。这是因为高的频率能穿过电子密度低的电离层,只有更高电子密度的电离层才能形成反射。所以若不改变昼夜的工作频率,就有可能使电磁波穿出电离层,造成通信中断。

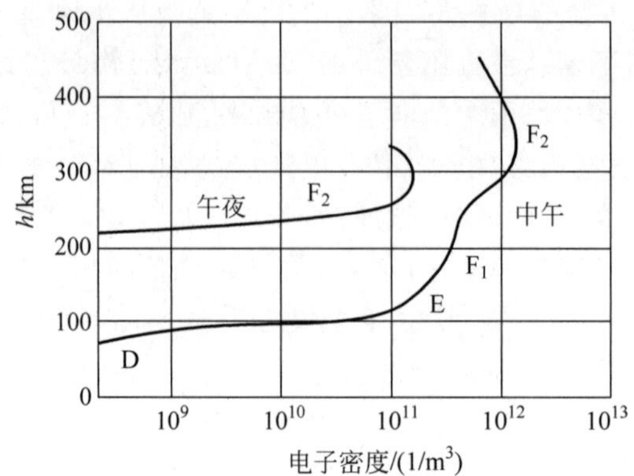

图 1.3.5　电离层各层高度与电子密度的关系曲线

1.4　短波通信的可用频率

短波通信的可用频率

请想一想，光在大气中是沿直线传播的吗？

日常生活中的一个现象可以给出答案。早上太阳升起的时候，整个天空都是红色的，这是因为红色光的频率更低，经过大气层折射后，光线向下弯曲，先进入我们的眼睛；其他颜色的光频率高，当红光进入我们视线时，其他颜色的光还未传播过来。等到七种颜色的光都到折射过来时，阳光就是白色的光了。

电磁波在大气层、电离层中传播时，也会发生折射、反射现象。在电离层中，电子密度随高度增加而增大，介电常数和折射率随高度增加而变小，造成电磁波的折射；而且电离层电子密度的非均匀特性，还会造成电波的散射。电离层的电子密度和高度有关，一定高度下电离层的电子密度是近似均匀的，可以像高等数学中的微积分一样，把整个电离层设想为无数个平行的薄层，各层的电子密度是均匀的。各层的电子浓度 N 随高度增加而增加，电离层的等效相对介电常数 ε_r、折射率 n 亦发生改变，它们与电波频率的关系为

$$n=\sqrt{\varepsilon_r}=\sqrt{1-81\frac{N}{f^2}} \tag{1.4.1}$$

按照上述假设，电磁波通过每一薄片层时都会折射一次，如图 1.4.1 所示。电磁波每次折射的射线，都会进一步偏离法线，入射角逐渐增加。当电波深入到电离层中、电子密度大到使入射角等于 90°时，电磁波就开始全反射。

电磁波在电离层中全反射的条件可以表示为

$$\sin\theta_0=\sqrt{1-81\frac{N_m}{f^2}},\quad \theta_m=90° \tag{1.4.2}$$

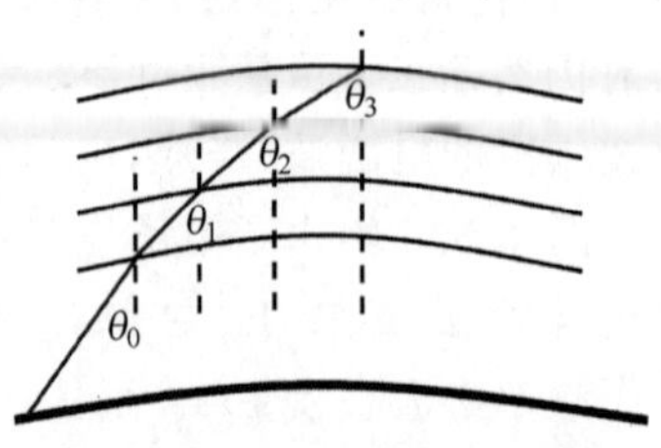

图 1.4.1　电波折射示意图

从上述分析过程可以得到以下结论：

(1) 电磁波要深入到电离层中，只有电子密度 N 满足式(1.4.2)时才会反射回来，否则会穿过电离层；

(2) 入射角 θ_0 越大，越容易反射；

(3) 入射角 θ_0 越大，电离层能够反射的频率越高；

(4) 在相同频率 f 下，垂直发射的电磁波更能深入电离层；

(5) 当入射角 θ_0 一定时，频率 f 越高，电磁波越深入电离层；

(6) 对于任何入射角 θ_0，都存在最高频率 $f_{\max}$，当工作频率 f 高于 $f_{\max}$ 时，电磁波就会穿过电离层。

此处的 $f_{\max}$ 称为"最高可用频率"，是短波通信中的一个重要概念。

1) 最高可用频率

最高可用频率(maximum usable frequency，MUF)是指在实际通信中，能被电离层反射回地面的电磁波的最高频率。若选用的工作频率超过它，电磁波将会穿出电离层，不再返回地面。所以，最高可用频率是短波通信线路设计的重要参数之一，而且是其他参数设置的基础。

为了更形象地说明最高可用频率，以及不同频率的电磁波和传播路径的关系，在此以2000km 通信线路上可能的传播路径为例，如图 1.4.2 所示。从图中可以看出，在给定距离的通信线路上，当选用的频率高于最高可用频率时，电磁波就会穿出电离层，对应图中左侧粗线所示的电磁波；当选用频率低于最高可用频率时，存在两条传播途径，分别对应图中14MHz 和 18MHz 的电磁波。由于这两条路径所需射线的仰角不同，分别称为"高仰角射线"和"低仰角射线"。随着工作频率逐渐接近最高可用频率，高仰角射线和低仰角射线越来越接近，当工作频率等于最高可用频率时，两条射线重合，这时只出现一条传输路径。

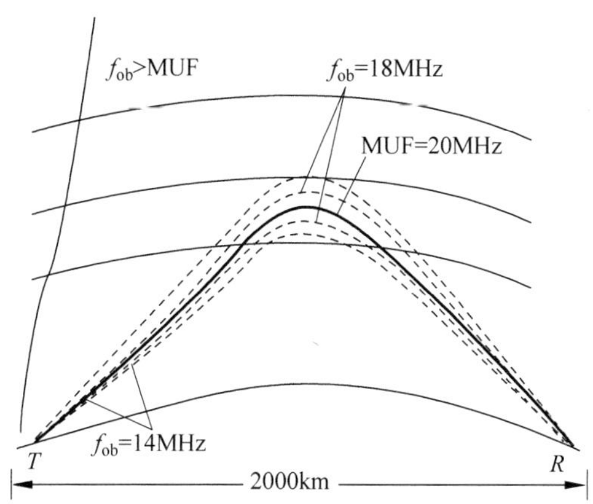

图 1.4.2 2000km 通信线路上电波的传播路径

只有一条传输路径是最理想的情况，没有多径干扰，那么在实际使用中，选用的实际工作频率是不是最高可用频率呢？由前面的知识可知，电离层的结构、电子密度都是随时间的变化而变化的，当前时刻测得了一个准确的最高可用频率，下一时刻这个频率值就改变了。假设下一时刻的最高可用频率变高了，原来的通信频率还能保证通信，只是传输的路径变多了；但是如果最高可用频率变低了，原来频率的电磁波就会穿过电离层，接收端也就无法接收到信号了。

2) 最佳工作频率

为了保证获得长期、稳定的接收，在确定线路的工作频率时，不是取预报的最高可用频率，而是取低于最高可用频率的最佳工作频率，最佳工作频率用 FOT 表示。在一般情况下：最佳工作频率等于0.85倍的最高可用频率[3-4]。选用最佳工作频率之后，就能保证短波通信线路的可通率达到90%以上。由于工作频率比最高可用频率下降了15%，接收点的场强损失可以达到10～20dB。可见，为了保证可通率付出的代价是很大的。

综上所述，可以得到以下关于最高可用频率和最佳工作频率的结论：

(1) MUF是指给定通信距离下的最高可用频率。若通信距离改变，对应的最高可用频率也会改变。显然，最高可用频率还和反射层的电离密度有关，所以凡是影响电离密度的因素都将影响最高可用频率。

(2) 当通信线路选用最高可用频率作为工作频率时，由于只有一条传播路径，稳定情况下可能获得最佳接收。

(3) 最高可用频率是随时间变化的。图1.4.3给出了全天最高可用频率和最佳工作频率随时间变化的曲线。由图可以看出，在一天24h中，最高可用频率和最佳工作频率都是不断变化的。实际上，通信线路不需要、也不可能实时地改变工作频率。在一般情况下，白天选用一个较高的频率，夜间选1～2个较低的频率。该图还给出了建议的日频和夜频，日频选用9MHz，夜频选用4.5MHz。

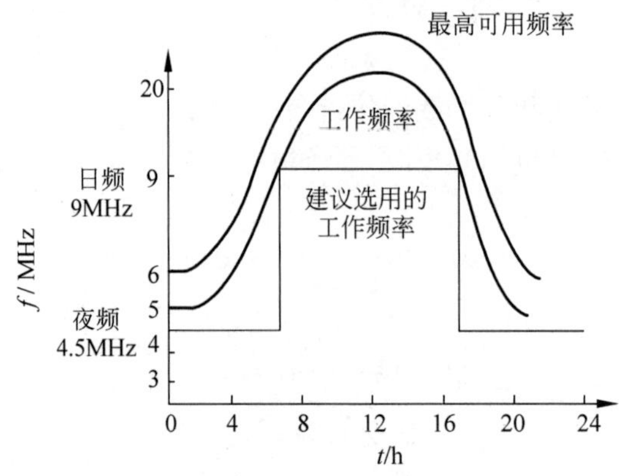

图1.4.3　全天最高可用频率和最佳工作频率随时间变化的曲线

需要特别说明的是，按照最高可用频率日变化曲线确定工作频率，实际上仍不能保证通信线路工作在最优状态。这是由于最高可用频率日变化曲线实际上是一个统计曲线，不能适应电离层参数的随机变化，更不能适应电离层的突然扰动、暴变等异常情况。为解决这一问题，需要实时选频——自动链路建立，自动链路建立是短波通信的一项关键技术，将在下文进行阐述。

1.5　影响短波通信的主要因素

影响短波通信的主要因素

短波通信受到诸多因素影响，其中主要因素包括多径干扰和无线电干扰。

1.5.1　多径干扰

多径干扰与短波信号的传播模式直接相关。在远距离短波通信线路的设计中，为了获得比较小的传输衰减或者避免仰角太小，需要精心选择传输模式。若已知电离层反射点高度和传输距离，由短波线路的路径可以确定传输模式，如图 1.5.1 所示。

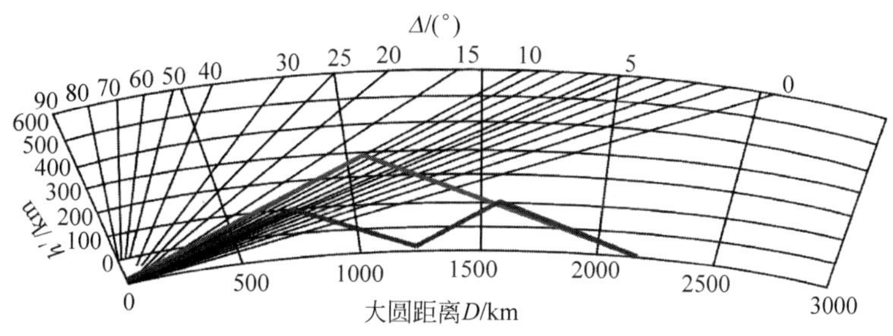

图 1.5.1 短波线路的路径图解(后附彩图)

若要求通信距离为 2200km，利用 F_2 层反射，当反射点高度为 300km 时，选用仰角为 10°的单跳模式，就可满足以上要求，这种传输模式称为"$1F_2$"传输模式。事实上，完成 2200km 的传输还可以利用 E 层两次反射，通常称为"两跳"，即"2E"模式，此时所需的仰角约 4°。当通信距离大于 2500km 时，为了获得较大的仰角，通常采用多跳模式。图 1.5.2 画出了几种可能的传播模式，图 1.5.2(b)所示的 $2F_2 1E$ 模式是一种三跳模式，线路的两端利用 F_2 层反射，中间地段的反射点可能发生在白天中午，E 层有较高的电离密度，有能力反射所选用的工作频率，线路两端地段已是太阳落下或夜间。

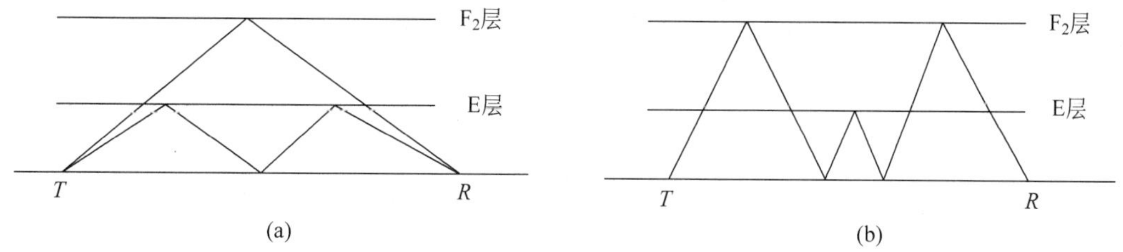

图 1.5.2 多跳远距离通信线路示意图

(a) $1F_2$ 与 2E 传播模式示意图；(b) $2F_2 1E$ 传播模式示意图

要严格设计这种多跳远距离通信线路，需要分别研究线路中每一地段对应于工作频率的传播特性和所需的仰角，这是很复杂的。一般来讲，严格的计算是不必要的，在设计中只考虑线路两个终端的电波传播情况，就足以确定短波线路对设备的具体要求。

根据上文对短波传播模式的分析可知，短波信号可以通过多条路径或者不同的传输模式到达接收端。由于这些路径的传播距离不同，到达接收端所经历的传播时间也不同，这就引起了多径效应。通过对华盛顿到英格兰 6000km 的传输路径和日本到英格兰 9600km 的传输路径测量表明，不同模式的电磁波到达接收端的时间不同，它们之间的差值在 0.55～4.5ms。图 1.5.3 给出了短波通信线路多径延时差值的统计分布。

纵轴 MRF 表示多径缩减因子，多径缩减因子等于工作频率与最高可用频率的比值。从图 1.5.3 中可以看出，当缩减因子接近 1，即工作频率靠近最高可用频率时，多径时延是最小的；当缩减因子减小，即工作频率偏离最高可用频率时，多径时延逐渐增大。

多径效应的影响在于会引起严重的码间干扰，如图 1.5.4 所示。以单载波串行传输为例，当符号速率为 19.2Kb/s 时，5ms 的多径时延引起的码间串扰，将持续 96 个数据符号，此时接收端处理的复杂度将大幅增加，处理的效果也会大打折扣，误码率将会变得很差，甚至造成通信中断。

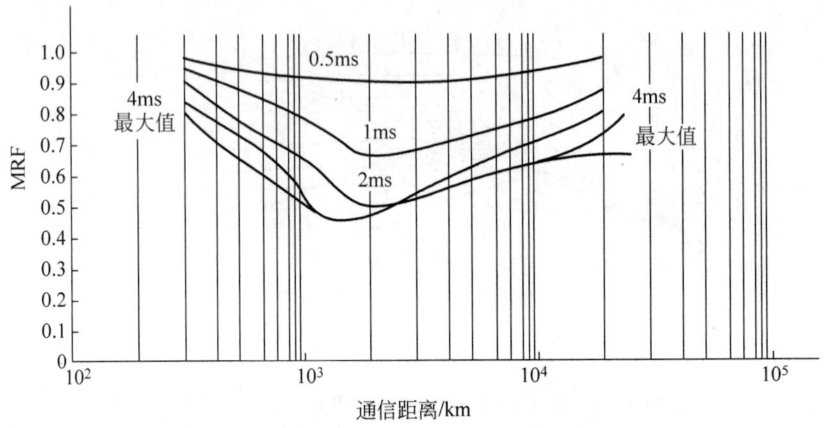

图 1.5.3　短波通信线路多径延时差值的统计分布

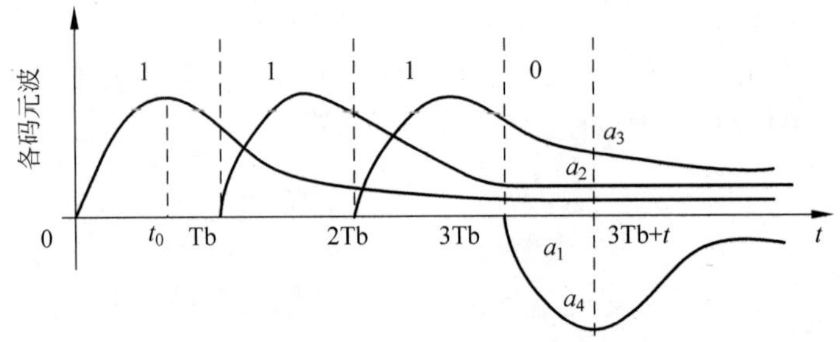

图 1.5.4　码间干扰示意图

多径效应在引起码间干扰的同时，还会引起信号的衰落，即在接收端，信号产生干涉现象，信号的幅值呈现忽大忽小的随机变化。在短波传播中，衰落有快衰落和慢衰落之分。持续时间仅几分之一秒的信号起伏称为“快衰落”，持续时间达 1h 或者更长的衰落称为“慢衰落”。衰落现象在时间轴和频率轴上同时存在，图 1.5.5(a)是衰落随时间变化的曲线，图 1.5.5(b)是衰落随频率变化的曲线。

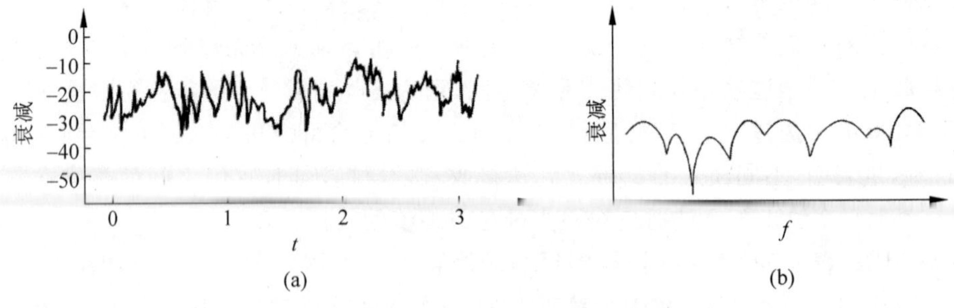

图 1.5.5　衰落随时间和频率的变化

(a) 衰落随时间变化的曲线；(b) 衰落随频率变化的曲线

1.5.2 无线电干扰

无线电干扰分为外部干扰和内部干扰。外部干扰指接收天线从外部接收的各种噪声，如大气噪声、工业干扰、电台干扰和宇宙噪声等。内部干扰是指接收设备本身产生的噪声。由于在通信中对信号传输产生影响的主要是外部干扰，所以在这里就不再讨论内部干扰了。

1）大气噪声

短波波段的大气噪声主要是天电干扰，也就是大气放电产生的干扰，具有以下特征：

（1）天电干扰所产生的高频振荡的电磁波，频谱很宽，对长波、中波的干扰较强，对短波的影响不是很大；对更高频率的超短波、微波的影响非常小，甚至可以忽略。

（2）一个地区受天电干扰的程度，要看该地区是否接近雷电中心。在热带和靠近热带的区域，因雷雨较多，天电干扰更严重。

（3）天电干扰虽然在整个电磁频谱上变化相当大，但是在短波接收机几千赫兹到十几千赫兹的接收频带内，实际上具有和白噪声近似的频谱特征。

（4）天电干扰具有方向性。对于纬度较高的区域，天电干扰由远方传播而来，而且带有方向性。如北京冬季受到的天电干扰主要是从东南亚、菲律宾地区传来的。

（5）天电干扰具有日变化和季节变化特性。一般来说，天电干扰夏季强、冬季弱，夜间强、白天弱。

2）工业干扰

工业干扰也称“人为噪声”，是由各种电气设备和电力网产生的。这种干扰的幅度除了和本地噪声源有密切关系外，也取决于供电系统，这是因为大部分工业干扰的能量都是通过商业电力网传送的。

3）电台干扰

电台干扰是指和工作频率相近的其他无线电台的干扰，包括敌人有意识的干扰。短波波段的频带较窄，而且用户越来越多，电台干扰已经成为影响短波通信质量的最主要干扰源。80 年前，一个 2W 的短波电台可以联通几千千米；现在，就是 400W 的发射功率，也不能确保正常通信。现在我国海军用的短波电台为克服电台干扰，其发射功率大都在千瓦量级。特别是在军事通信中，敌人会想方设法地进行干扰，抗电台干扰已经成为设计短波通信系统需要考虑的首要问题。

1.6 短波通信盲区分析与短波通信的优化

短波通信除了固有的通信不稳定性，还存在通信盲区。关于短波通信的盲区，不同的参考文献有不同的论述。一般说来，陆地上地波一般为 30km，而天波从发射到第一次反射落地（第一跳）的最短距离约为 100km，可见，陆地上 30～100km，地波和天波都无法覆盖到，形成了短波通信的“寂静区”，称为“盲区”[5]。盲区内的通信大多比较困难，解决盲区通信主要有两个方法：一个是加大电台功率以延长地波传播距离；另一个是选用高仰角天线，也称“高射天线”或“喷泉天线”，仰角越高。电波第一跳落地的距离越短，盲区越少；当仰角接近 90°时，盲区基本上就不存在[6]。

在海上低空进行短波数据通信时，由于海水具有导电性且海平面平坦，海上地波传输较为稳定可靠，传输距离比陆地上地波远，且信号场强具有与时间、季节无关的特征。文献[7]根据大气噪声、太阳黑子、季节、路径衰耗等因素，对海上200km距离上短波通信的电波传播形式进行了全面的计算分析，并以我国南海某接收点为例，参照CCIR建议，给出了该接收点不同频率下的最高可用频率及其对应的天、地波场强值，从理论上证明了频率在12～20MHz、海上200km以内短波地波传输的可行性。一般认为，天波的最短通信距离为100km，而海上地波传输在0～200km，基本可实现无盲区通信。

由于短波信道的时变色散特性，短波通信的质量不如超短波。为了确保短波信道通信畅通，实现稳定的数据通信，可以通过一些途径改善接收端短波信号质量，使其通信性能得到较大的改善。改善短波通信质量主要通过正确选用工作频率实现。一般来说，日频高于夜频；远距离通信载频高于近距离通信载频；夏季载频高于冬季；南方地区使用频率高于北方等。另外，在东西方向进行远距离通信时，因为受地球自转影响，最好采用异频收发以取得良好通信效果。当所用的工作频率不能顺畅通信时，可按照以下经验变换频率：

(1) 在接近日出时，若夜频通信效果不好，可改用较高的频率；

(2) 在接近日落时，若日频通信效果不好，可改用较低的频率；

(3) 在日落时，信号先逐渐增强，而后突然中断，可改用较低频率；

(4) 在通信中如信号逐渐衰弱、以致消失时，可提高工作频率；

(5) 在遇到磁暴时，可选用比平时稍低的频率。

改频时间经常在电离层电子密度剧烈变化的黎明和黄昏[8]。利用计算机测频软件预测短波通信可用频率，是国外经常采用的先进技术。计算机测频系统能够根据太阳黑子活动规律等因素，结合不同地区的历史数据，预测两点之间在未来一段时期每天各时间点的可用频段，具有较高参考价值。美国、欧盟、澳大利亚政府的计算机测频系统数据比较准确，它们通过分布在全球的监测点采集和跟踪各种环境参数的变化，为频率选择提供依据。其中，澳大利亚的ASPAS系统面向全世界提供测频服务，安装和服务费用不高，具有较高的使用价值。

1.7 短波通信的发展与关键技术

短波通信的发展与关键技术

目前，短波通信的发展从技术上一般可分为三个阶段：

第一阶段是从1921年到20世纪70年代末。在此期间短波通信发展迅速，成为无线通信的重要手段。第一代短波电台采用的技术以“人工、模拟”为主要特征：人工选频、手动调谐，其业务包括模拟话音和手键报，主要用于点对点通信。

第二阶段是从20世纪80年代初到20世纪末。在此期间短波通信进入了新的发展时期。第二代短波电台采用的技术以“自动、数字”为主要特征：在设定的频率点上自动选频、自动调谐，通信业务由模拟话音向数据通信过渡，组网方式采用点对点或星形网的方式。

第三阶段是从20世纪末至今。第三代短波通信系统采用的技术以“网络、综合”为主要特征：以满足“综合业务传输”需求为目标，以综合组网为基础，其关键技术主要包括高性能数据传输技术、自动建链技术、高效的组网方式、智能化业务管理、综合抗干扰技术。

1）高性能数据传输技术

随着短波通信业务量的增大，高速可靠的数据传输成为技术发展的方向。要提高数据传输速率，扩展通信带宽是最直接、最有效的方法。理论上，通信系统的带宽越宽，传输容量越大。但短波通信实际可用的频率窗口很窄，通常只有3kHz，且信道拥挤，干扰十分严重。如果带宽过宽，在实际通信中，寻找好的宽带窗口就会比较困难，在短波宽带高速数据传输中，信道带宽一般不大于25kHz。随着带宽的扩展，短波数据传输将遭受更加严重的频率选择性衰落和多径干扰。这是高速短波数据传输面临的一个主要问题。

2）自动建链技术

短波信道具有明显的窗口效应，而且频率窗口随时间而变化，使得频率选择对于短波通信而言非常重要。人工选频的方式不仅时效性低，而且操作准确性难以保证。为使短波通信过程变得更加可靠、便于操作，出现了自动链路建立的概念。

自动链路建立过程包括信道评估、链路建立和链路维持三个部分。信道评估通过主动探测、被动探测和本地噪声估计来完成链路质量分析。依据链路质量分析的结果，链路建立自动为点对点的单呼和点对多点的网呼选取最优信道，通过双向握手协议建立链路。由于短波信道的时变性，在通信过程中，依靠链路维持不断监测短波信道质量的变化，采用信道切换、频率捷变等方式，保证短波通信的持续畅通。

当前，基于频谱感知的自动链路建立是下一代自动建链技术的发展方向，以动态频率获取、宽带快速信号侦听、时分/码分相结合的信道接入机制为技术特点，全面提升短波通信系统的业务保障能力。

3）高效的组网方式

随着各种通信网络的发展以及不同业务需求的出现，传统短波网络的问题不断暴露。一方面，短波信道的局限性使其通信效果无法持续保证；另一方面，也无法满足各类业务的不同需求。高效的短波组网方式可以弥补短波信道本身的局限性，满足不同用户的业务需求。

国外的短波综合网络在20世纪90年代得到快速发展，使短波通信系统朝着智能化、数字化、网络化、综合化和标准化方向发展。短波数据通信已从原来的点对点或点对多点的传统通信方式，过渡到无线分组网络（图1.7.1）。针对不同的业务需求和应用环境，研究专用高效组网协议，提升系统性能，是短波组网的一个重要研究内容。另外，随着栅格化网络的

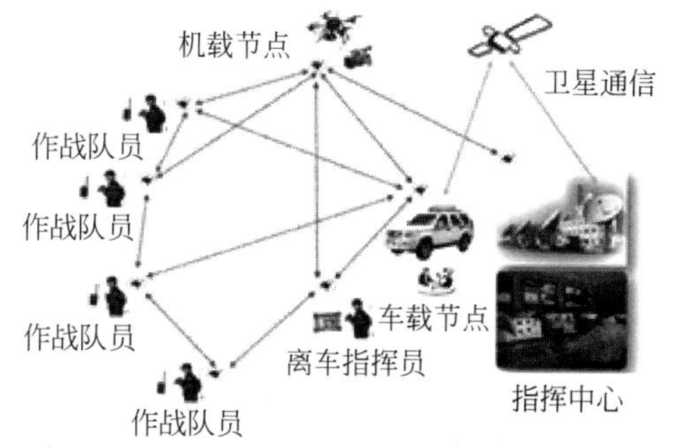

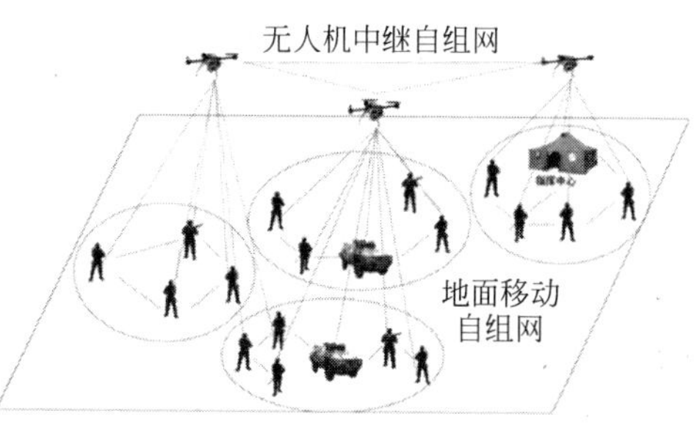

图1.7.1 通信组网示例

发展，研究将短波通信与超短波、卫星等通信手段融合，保证多种通信手段的互联互通，优势互补，并进一步提升短波通信的性能，也成为短波组网的另一个发展趋势。

4）智能化业务管理

短波智能化业务管理的目的是减少系统对操作人员的依赖性，降低人为因素对通信质量的影响，为用户提供稳定可靠的数据传输服务，提升用户服务质量。支撑智能化业务管理的关键技术包括三项自适应技术，分别是速率自适应、交织自适应和波形自适应：

（1）速率自适应。根据信道传输条件动态调整传输速率，当信道条件好时，增大传输速率高；当信道条件差时，降低传输速率。整个过程不需要人工干预，自动完成。

（2）交织自适应。数据交织是一种抗突发错误的有效手段。交织时间长，抗突发错误效果好，但传输时延大；交织时间短，抗突发错误效果有限，但传输时延小。为了有效抗突发错误，并尽可能减小交织引入的时延，需要根据信道传输条件和业务需求自适应调整交织长度。

（3）波形自适应。波形自适应主要是为了对抗多径干扰，主要技术途径有三种：一是被动保护方式，通过增加码元宽度，并在码元之间设置多径保护时间，减少多径干扰信号对接收码元的影响；二是主动抵消方式，接收端通过自适应均衡技术，抵消多径干扰信号分量，实现高速数据传输；三是合并利用方式，接收端通过有效的多径分离与合并，提高数据传输的性能。由于短波信道的复杂性和时变性，上述三种多径干扰处理方式分别适用于不同的信道情况，应依据信道估计的结果，自适应优选传输波形。

5）综合抗干扰技术

短波通信受天电干扰、工业干扰等自然干扰的影响大，并且频段拥挤、电台间相互干扰、敌方有意干扰严重。综合抗干扰处理是提高短波通信质量的关键技术。

针对不同的短波通信方式，抗干扰的策略也是不相同的。定频方式可采用极低速"硬抗干扰"和频率捷变实时"规避干扰"；跳频方式在固定频率集中快速切换，具有一定的抗跟踪干扰能力；扩频方式采用频谱扩展方法，具有难以截获、抗干扰能力强的特点；广域协同方式通过多点联合接收获取抗干扰增益，同时采用远距离异地收发机制增加干扰难度；综合组网采用动态选频、异构组网和迂回路由等多种手段，实现以网络抗扰，从整体上提高抗干扰能力。

抗干扰处理技术可分为时域滤波、频域抑制、干扰抵消、时变波形设计和智能天线等技术路线，已有很多文献对此进行了阐述，在此不再赘述。

1.8 短波通信的优势与不足

1.8.1 短波通信的优势

短波通信的优势与不足

1）无中继远距离传输

短波通信最大的优势是什么呢？是不需要中继就可以实现远距离的传输。远距离远到什么程度呢？可以绕地球转一圈。远距离通信的机理又是什么呢？是电离层反射，短波信号单次反射最大的传输距离可达4000km，多次反射可传输上万千米。

最常用最熟悉的通信设备——手机，从2G发展到3G再发展到现在的5G，一代一代的更新，工作频率是越来越高的，但基站的覆盖范围也越来越小，2G基站的覆盖半径可达10km，3G基站的覆盖半径是2～5km，4G基站的覆盖半径是1～3km，现在正在部署的5G系统，基站的覆盖半径只有100～300m。

卫星通信可以实现远程通信，但是单个卫星的覆盖范围达不到短波的覆盖范围，而且通信卫星本身就是一个人造的中继系统。其他的通信系统，如光纤通信、超短波通信、微波通信等，都需要很多中继才能实现远距离的通信。

2）抗毁性强

短波通信是唯一不受网络枢纽和有源中继制约的远程通信手段，且它的传输媒介——电离层是不可能被永久摧毁的，因此短波通信具有极强的抗毁性。由上文的知识可知，卫星通信的抗毁性和抗扰性都比较脆弱。对于长波通信，以军事通信中的长波对潜通信为例，其系统的机柜、天馈系统都异常庞大，天线通常都是依山体而建，天线长度能达10km。各个国家的长波台位置坐标都很明确，一旦发生大规模战争，长波电台是首先要摧毁的目标，所以长波对潜通信系统的抗毁性是很差的。相比其他的通信系统，短波通信的抗毁性是最好的。

3）机动灵活

短波通信设备具有很多种形式，包括固定式、背负式、车载式、舰载式、机载式等，具有机动灵活的特点，可满足不同场景的通信需求。

电缆、光纤等有线的通信方式因为线缆的束缚，既不机动也不灵活；在卫星通信中，地面上的卫星通信终端可以机动，但是天上的通信卫星基本不能机动。长波对潜通信台站就更不用说了，陆基的动都动不了，更不用谈机动；机载的倒是可以机动，但是不够灵活。

超短波通信系统具有比短波通信系统更好的机动灵活性，主要原因是它的通信频段更高，天线的尺寸可以做得更小，最常见的超短波通信设备是对讲机，和日常用的手机大小差不多。但是它是一种短距离通信的手段，在军事上只能用作战术通信。

4）网络重构快捷

短波通信具有建网速度快、组织方便、顽存性强的优点，在发生战争或重大自然灾害时，即使固定基础设施全面瘫痪，短波通信网络仍然能够快速开通，保障通信畅通。这一点还体现在短波通信系统的造价上，民用的短波电台几千元就能买到，军用的可靠性要求更高，价格仅几万元、十几万元，成本相对较低，并且会越来越便宜。有线通信网、长波通信台站、卫星通信系统都不具有这个优势，一旦瘫痪，很难重建。

以上四个方面是短波通信的主要优势，还有其他的优势，比如历经了近百年的发展，整个技术体系比较成熟、完善等，在此不再赘述。

1.8.2　短波通信系统的不足

1）通信频带窄、传输容量小

任何一个通信系统的传输速率和带宽是直接相关的，增大传输带宽是提高传输速率最直接、最有效的方式。但是整个短波通信系统可以使用的总带宽只有28.5MHz，而且用户不多，我们日常用的WiFi，带宽可以达到40MHz和80MHz。短波通信最重要的不足就是通信频带窄、传输容量小。

通常，短波通信系统使用的带宽只有 3kHz，当前发展起来的宽带短波通信系统的带宽只有 10～20kHz，只能完成语音和低速率的数据传输。这点和超短波通信、卫星通信、激光通信是没法比的，但是相比于长波对潜通信系统只能传输报文，短波通信可以传输语音、直接听到声音，具有一定的优势。

2）多径干扰严重

多径干扰是影响短波通信的主要因素，会引起数据传输过程中的码间串扰和衰落，导致接收信号起伏不定，严重影响通信质量，甚至导致通信中断。在超短波通信、卫星通信中，多径干扰的影响要小得多。

3）干扰复杂

当前最主要的干扰是电台干扰，对于军事通信而言，这个问题更为突出。干扰复杂的问题长波通信系统也存在，而超短波通信、卫星通信等其他通信方式则要好得多。

第2章

短波数据通信实现方式

2.1 短波数据通信的主要模式

短波数据通信的主要模式

综合目前国内外的研究情况，短波数据通信主要有三个重点研究方向：宽带短波数据通信、极低速短波数据通信和窄带短波数据通信，如图 2.1.1 所示。以 10kHz 带宽为界限，短波数据通信带宽高于 10kHz 的为宽带短波数据通信，反之为窄带短波数据通信。短波通信频段为 3～30MHz，在该频段范围内承载军事、航空、航海等领域应用，且由于通信距离远、设备架设方便，应用非常广泛，造成其在通信频段内的通信非常拥挤。使用短波通信时经常出现串台、可选频率越来越少，这些都是短波通信频段拥挤的印证。

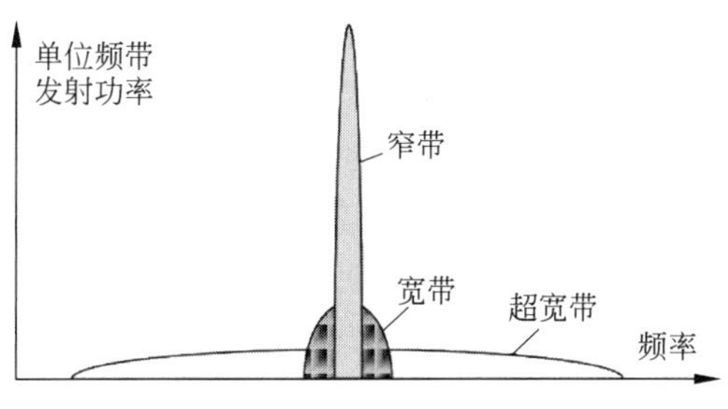

图 2.1.1　通信带宽描述示意图

2.1.1 宽带短波数据通信

短波数据通信带宽高于 10kHz 的为宽带短波数据通信。围绕短波超高速数据通信需求，各国纷纷在通信带宽、数据处理等方面开展研究，以提高数据通信数据率。国外对于短波宽带数据传输的技术主要集中在高速数据传输的研究上，典型的有以下几种。

多载波正交频分复用(orthogonal frequency division multiplexing，OFDM)：基于 125kHz 带宽，传输高达 64Kb/s 的数据。但发送信号峰均比很高，电台不能全功率发射，信噪比要求也非常高，特别是强窄带干扰会对子载波构成严重影响，难以克服[9]。

宽带直接序列(direct sequence，DS)扩频：基于 1.5MHz 带宽，利用 DS 技术传输 57.6Kb/s 数据。但在实际应用中短波信道拥挤，1.5MHz 的带宽内各种干扰十分严重，用户容量和通信效果都很有限。

高速差分跳频技术(correlated hopping enhanced spread spectrum，CHESS)：美国Lockheed Sanders公司开发，基于2.56MHz带宽，跳速5000跳/秒，利用差分跳频技术传输19.2Kb/s数据。

在国内，我军短波业务对高速数据传输的需求日益增长，在国外短波高速数据传输技术发展的驱动下，特别是CHESS系统的出现，国内开始着手研究和开发短波高速数据传输技术和系统。目前，解放军理工大学利用CHESS技术，研制了1MHz带宽、传输19.2Kb/s数据的原理样机，并开展了实际信道试验。采用宽带直接序列扩频技术，基于1MHz带宽、利用地波传输方式传输64Kb/s数据的原理样机也已经研制成功。

2.1.2 短波极低速数据通信

为了提高恶劣战争环境下军事通信系统的生存能力，美军分别建立了基本战略通信网和最低限度基本应急通信网(minimum essential emergency communication network，MEECN)，前者提供基本的战略指挥能力，后者则用于在最恶劣的战争条件下、特别是在核袭击下保证最低限度的指挥、控制与通信。短波最低限度通信是MEECN的一个重要组成部分，它可在信噪比低于－10dB、通信速率为2～16b/s时确保短波通信系统在恶劣电磁环境下的连通性，实现极低信息量的关键信息传递，使短波通信系统“打不烂、扰不断”。

对于最低限度通信或应急通信，美军在20世纪60—80年代先后建成了一批应急通信系统(如地波应急通信网和“塔卡木”对潜艇通信系统等)，用于核战争条件下的通信；在“9·11恐怖袭击事件”发生后，为了提高国家指挥当局和军方有关部门的应急通信能力，能在突发事件中做出快速有效的反应并顺利完成指挥控制任务，美国国防信息系统局推出了全国无线优先接入系统(PAS)计划，以确保全美500个重要人士在危急时刻的通信联络。极低速率短波通信在该系统中有着重要的作用。

国内从事极低信噪比下通信的研究单位相对较少。中电集团电子30所在2003年提出了极低信噪比下的短波通信模块研究规划，在高斯信道下、信噪比为－19dB时的传输速率为4b/s；电子科技大学通信抗干扰国防重点实验室对低信噪比下的信号设计、捕获、检测进行了深入研究，也取得了一定的成果[10]。在设备研制上，目前由解放军理工大学成功研制的短波极低速传输与处理系统，其传输速率为50B/min，频偏校正范围在50Hz内。在信噪比为－20dB时，误码率小于10^{-4}，具备抗45dB单音或多音干扰能力，可保证恶劣条件下数据通信的畅通。

2.1.3 窄带短波数据通信

无论是宽带短波数据通信，还是极低速短波数据通信，都不是目前主流的短波通信方式。在通信带宽与降低带宽内干扰的折中选择下，窄带短波数据通信是目前主流的通信方式。早期的短波通信主要是传输话音，语音信号的带宽一般是300～3300Hz，因此其带宽一般控制在3kHz以内。为兼容目前短波语音通信功能，窄带短波数据通信带宽一般为

3kHz。在 3kHz 语音信号带宽范围内传输数字信号，一般有单音串行和多音并行两种传输体制。

短波数据通信当前的主要方式如图 2.1.2 所示。

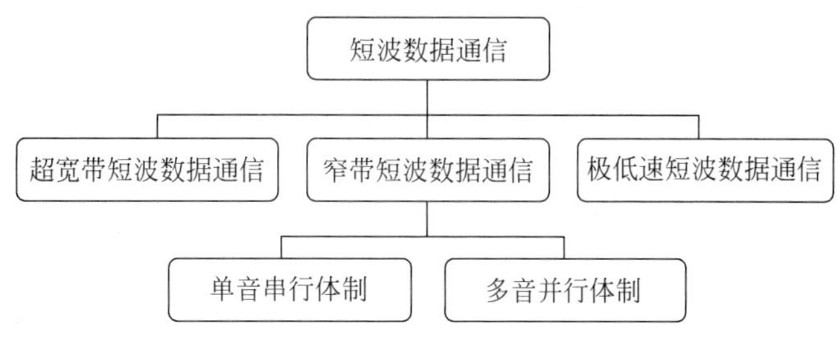

图 2.1.2　短波数据通信的主要方式

多音并行体制是一种比较成熟的技术，其设计思想是把高速串行数据经过串/并转换后，分裂成许多低速的并行子信道，以此降低每一子信道的数据率，满足短波信道带宽的要求；接收端经分路滤波器后对各路信号进行解调，获得若干路低速数据信号，再经并/串转换后恢复成高速数据流。多音并行体制存在多频同时发生而导致发射功率分散、信号平均功率和峰值功率比高等缺点。正交频分复用(orthogonal frequency division multiplexing，OFDM)就是典型的多音并行体制，其示意图如 2.1.3 所示。

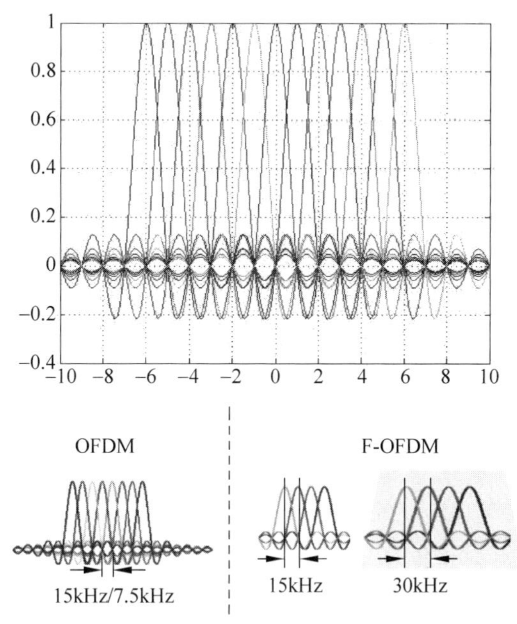

图 2.1.3　OFDM 通信系统示意图(后附彩图)

单音串行体制调制解调器在一个话路带宽内串行发送数据信号，提高了发射机的功率利用率，克服了并行体制功率分散的缺点；采用高效的自适应均衡、序列检测和信道估值等综合技术，有效克服了由多径传播和信道畸变引起的码间串扰。在接收电平相同的条件下，串行体制对频率选择性衰落不敏感，单边带发射机的互调失真造成的非线性串扰影响不大，串行体制性能优于并行体制，是目前主要的窄带数据通信方式[11-12]。

因此，本书主要以单音串行窄带短波数据通信系统为讲述对象，后续如不加以特别说明，均是指 3kHz 以内的单音串行窄带短波数据通信系统。

在窄带短波数据通信产品方面，美国 Rockwell-Collins 公司生产的串行高速短波调制解调器采用 4PSK 幅度正交调制的方式，最高传输速率为 4800b/s；美国 Harris 公司的 5254B 调制方式的体制为 8PSK，最高传输速率为 7200b/s；澳大利亚宝丽公司制造的新一代 950 短波电台的数据传输接口，最高传输速率达到 9600b/s；澳大利亚科麦克公司制造的 HF-90M 电台，使用专用超小型调制解调器，支持非压缩速率最高达 2400b/s；日本 OKI 公司研制生产的解调器 MSM 6882，支持数据传输速率最高可达 2400b/s，并可在 1200b/s 和 2400b/s 两个速率之间选择。但是它们在数据率高时，对信噪比的要求非常苛刻，不利于工程应用。

在国内，目前主要由解放军理工大学、西安电子科技大学等开展相关研究工作，并取得了良好的社会效益。应用广泛且效果较好的产品主要有：解放军理工大学研制的调制解调器，支持速率 75～4800b/s(倍数数据率递增)；西安电子科技大学研制的短波调制解调器，速率达到 2400b/s；陕西烽火通信集团生产的 XD-D12A 型短波电台，数据传输速率达到 2400b/s，并支持以 75b/s，/150b/s，/300b/s，/600b/s，/1200b/s 的速率传输等。

短波信道存在的多径延迟、多普勒频移和多普勒扩展等严重影响了短波通信的可靠性和有效性。信道均衡是一种能够有效抑制码间干扰(intersymbol interference，ISI)的方法，其基本思想是采用滤波或其他技术，减小码间干扰的影响，重构原始信号。目前，窄带短波信道均衡主要有两个研究方向：带训练序列的短波信道均衡技术和无训练序列的短波信道盲均衡技术。

带训练序列的短波信道均衡是通过在发送端将已知的训练序列周期性地插入要发送的数据中，接收端根据接收到的训练序列通过信道后的结果估计信道特征，调整均衡器为信道响应的“逆”，收敛后使用均衡器均衡信道对数据的畸变影响，以接收传递的数据信息。这种方式以牺牲信道容量为代价换取可靠性的提高[13-16]。自日本学者 Sato 于 1975 年首次提出多幅度调制数据传输中的自恢复均衡[17]，即盲均衡后，该算法的研究成为国际通信界的一个热点。

2.2 基带的认识与理解

基本频带，简称“基带”(baseband)，是信源发出的没有经过调制(进行频谱搬移和变换)的原始电信号固有的频带(频率带宽)。它负责完成移动网络中无线信号的解调、解扰、解扩和解码工作，并将最终解码完成的数字信号传递给上层处理系统进行处理，基带一般集成为一个通信模块，常被称为“调制解调器”。基带是频率范围非常窄的信号，也就是说幅度谱仅在原点($f=0$)附近才是非零的，在其他频率几乎可以忽略。在通信信号处理中，基带信号是无调变传输的，即该信号的频率范围没有任何移位，而且频率很低，包含频带从接近 0Hz 到更高截止频率或最大带宽。基带信号就是信源发出的、包含要传输的信息的信号，比如说话的声波。在信道中直接传送基带信号时，称为“基带传输”。进行基带传输的系统称为“基带传输系统”，其示意图如图 2.2.1 所示。在近距离范围内传输基带信号的衰减较小，大多数的局域网均使用基带传输，如以太网、令牌环网。

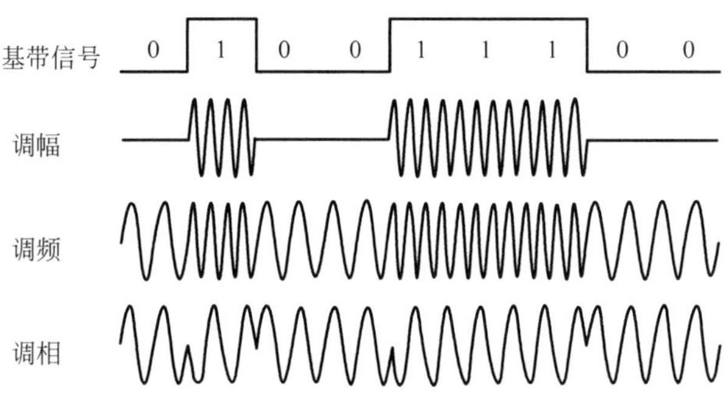

图 2.2.1 基带传输系统示意图

与基带传输相对应的是频带传输。在通信中,基带信号具有频率很低的频谱分量,出于抗干扰和提高传输率的考虑,一般不宜直接传输,需要把基带信号转换成其频带适合在信道中传输的信号,转换后的信号就是频带信号。在信道中传送频带信号的过程,称为"频带传输",可以实现远距离传输,但缺点是速率低、误码率高,其系统示意图如图 2.2.2 所示。如在公用电话线上传输的模拟信号,经模拟传输媒体传送到接收端后,再还原成原来信号的传输。这种频带传输不仅克服了许多长途电话线路不能直接传输基带信号的缺点,而且能够实现多路复用,从而提高了通信线路的利用率。频带传输在发送端和接收端都要设置调制解调器,将基带信号转换为频带信号再传输。

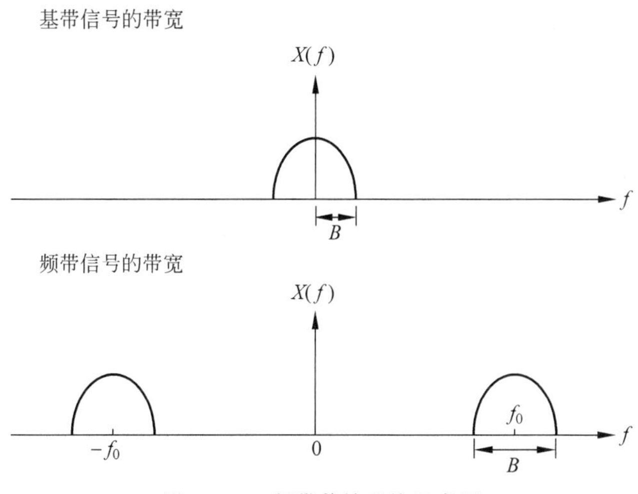

图 2.2.2 频带传输系统示意图

2.3 短波数据通信的实现方式

短波通信包括数据通信和模拟通信两种方式,二者的差别在于其信源是模拟信号还是数字信号。如果将短波的射频当作交通工具,数据通信和模拟通信就分别代表两类不同的乘客。实际上在各类通信系统中,由于数字信号占据的频谱带宽比较宽,在发射前需要经过子载波调制成模拟信号,最后从模拟通道调制、变频到射频发射出去。这个子载波,就是将数字信号实现数字调

短波数据通信的实现方式

制方式(调频、调相等)的载体,频点一般根据通信系统带宽选择。

短波数据通信的原理框图如图 2.3.1 所示。在发送端,用户数字信息输入到短波调制解调器,完成数字信息的模拟子载波调制,生成模拟信号发送到短波收发信机,进行射频载波调制,实现调制频率搬移,最后再经由天线调谐器进行阻抗匹配后,输出到天线端进行无线发射。接收端完成发送端的逆过程。

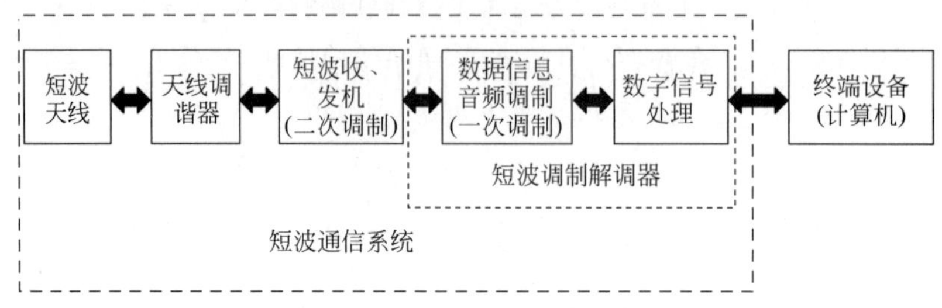

图 2.3.1 短波数据通信原理框图

常见的调制解调器,是完成数据信息子载波调制的解调模块,是介入用户终端与短波收发机(短波电台)之间的核心模块,现在大部分的短波电台(图 2.3.2)已集成该模块至电台内部,外置式的短波调制解调器相对少见;但也有将调制解调器与特定用途需求的加密器合成一体做成外置式的单独设备,如军事应用等。调制解调器实现通信的基带信号处理,完成

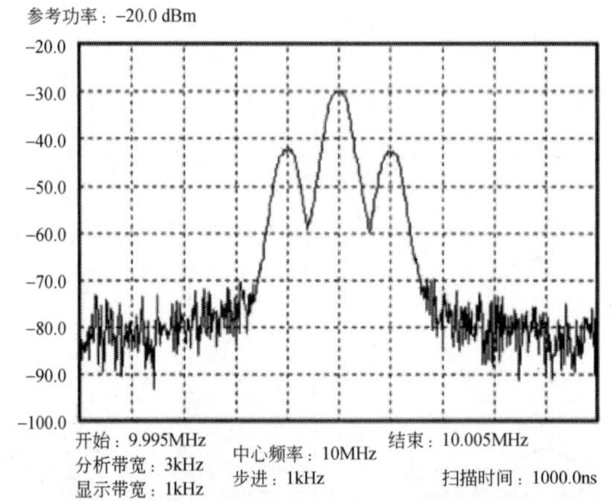

图 2.3.2 常见短波电台示意图

发送端用户信息的数字调制和接收端模拟信号的数字解调，高频调制示意图如图 2.3.3 所示。短波时变色散信道的各种信道干扰，如多普勒频移、多普勒扩展、多径、噪声等的影响，在经由短波收发信机射频解调后，将输出含有信道干扰和子载波调制的用户信息的模拟信号，这些信道干扰都被加载到该模拟信号上，由调制解调器进行解调处理；因此，本书所描述的基带，将针对发送端数字信号子载波调制、接收端模拟信号子载波解调这一闭环环节，涉及通信信号处理的全部核心算法，包括多普勒频移估计与补偿、同步与定时、信道估计与跟踪、信道均衡等，具有通信信号处理的普遍代表性，其信号处理性能直接决定通信系统的性能，是通信的核心组成部分。

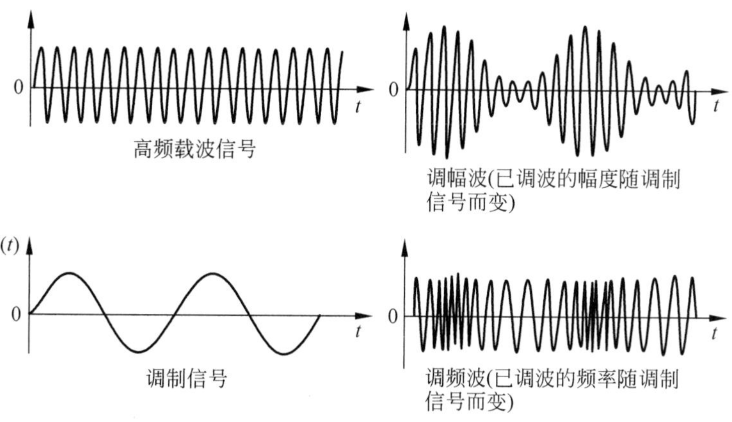

图 2.3.3　高频调制示意图

整个短波数据通信在发送端，可总结为两次调制：用户数字信息通过计算机等终端设备输入后，将进行数字信息的模拟调制和射频载波调制。前者将用户数字信息调制到子载波上，实现数字信号对子载波进行调制。在数字调制前，还要进行一系列的预处理，如纠错编码、交织、格雷编码、同步与训练序列加入、脉冲成型等，最后将发送端预处理的数字信号对子载波进行数字调制，生成短波模拟通道易于传输的模拟信号，进行射频调制。

射频载波调制主要实现频率搬移功能，利用子载波数字调制的模拟信号，对射频(或中频变频至射频)载波进行幅度、频率、相位调制等。调制的射频频点适宜短波与短波天线相互匹配、驻波比比较低，最终输出到天线端实现远距离无线传输。在工程实践上，短波电台内部还会进行中频调制，将信号的载波频率逐级提升至目标射频频段。

无线电波通过天线辐射至空间进行无线传输，其天线尺寸与射频频率有一定的对应关系要求，一般不低于其波长的 1/4。射频频率比较高，受分布参数影响，天线阻抗将呈现出随射频工作频点变化的动态特性，即天线在不同频点将呈现出不同的阻抗特性(图 2.3.4)。这时，为了使发射机内阻与天线外阻而匹配实现最佳功率辐射，需要在短波收发信机与天线之间加入天线调谐器，并在发射前进行天线调谐，使二者之间的阻抗网络实现最佳匹配，确保天线在任何频率上都有最有效的辐射功率，确保通信功率大、传输距离远。短波电台与天线调谐的连接示意图如图 2.3.5 所示。常见的短波天线形式——倒 V 天线如图 2.3.6 所示。

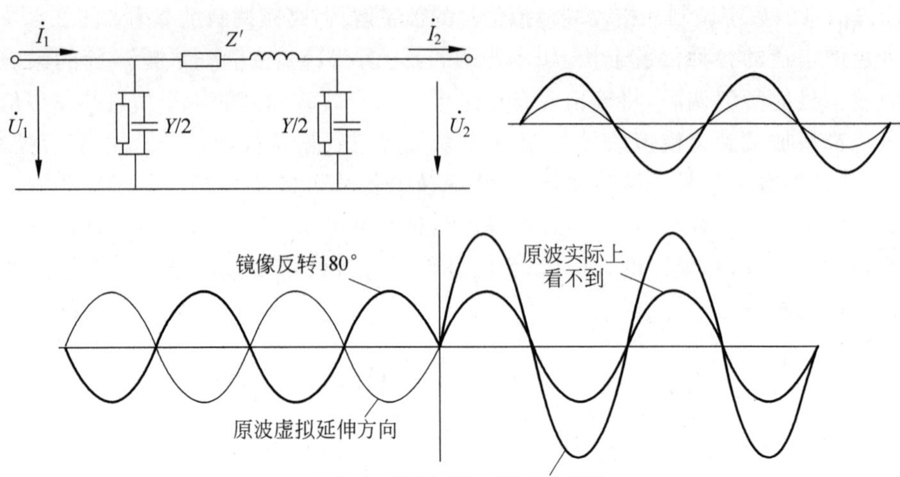

图 2.3.4　天线分布参数示意图

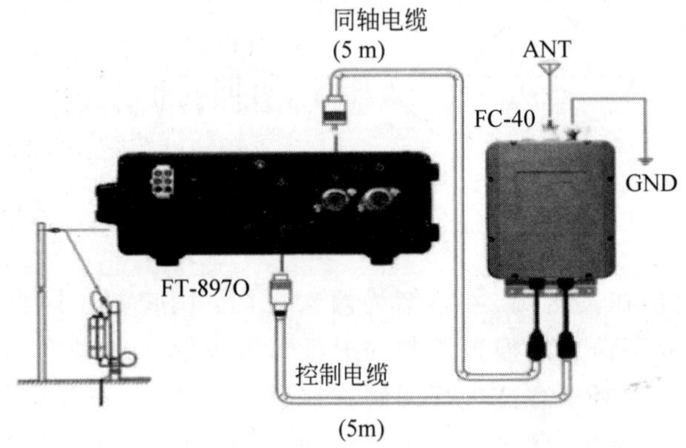

图 2.3.5　短波电台与天线调谐的连接示意图

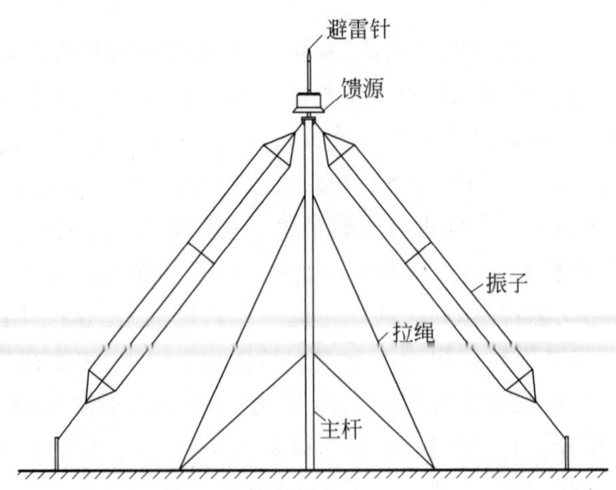

图 2.3.6　常见三线式短波倒 V 天线

2.4 短波基带数据通信协议

短波基带数据通信协议

基带数据通信协议是确保收发双方建立通信联系、确保通信顺畅的基础，涉及通信编码方式、交织方式、同步与训练序列符号、信道码符号扰码、子载波频率等通信元素的统一约定。任何一个因素的细微调整，都可能导致通信连接无法建立，因此，通信系统遵守标准统一的通信协议至关重要。

短波基带数据通信协议目前主要有美国军用标准 MIL-STD-188-110B 和中国国家军用标准 GJB 2826—97《高频 2400b/s 调制解调器通用规范》。美国军用标准起步较早，已发展得非常完善；中国国家军用标准在美国军用标准基础上进行了局部修订[18-19]。在此，以美国军用标准为对象进行分析讲解。

美国军用标准规定的通信数据率主要有 75b/s，150b/s，300b/s，600b/s，1200b/s，2400b/s 和 4800b/s，共计 7 挡。一旦通信数据率确定，其对应的编码方式、交织矩阵规模、格雷编码方式、训练序列长度等参数，全部都得到确定。发送端的数据格式如图 2.4.1 所示。其中，SYNC 为同步序列，具有自相关特性，包含确定的符号序列和待定的符号序列；待定的未知符号序列，蕴含着代表通信数据率和交织模式（长短交织、交织矩阵规模等）的信息，根据通信速率设定。同步序列用于在接收端同步及提取同步时间点、解调时子载波的相位估计、信道多普勒频移估计、短波信道初始估计等。用户数据代表经过预处理的用户数据序列；训练序列由特定的、交替变换的已知序列组成。用户数据和训练序列交替发送，用于通过信道均衡估计用户数据后的信道跟踪，以应对时变色散短波信道引起的干扰、多普勒频移的漂移、定时信号的调整等。

SYNC	用户数据	训练序列	用户数据	训练序列	……

图 2.4.1　发送端的数据格式

输入的用户数据，由字节数据转换成比特数据（byte 转换成 bit），依次输入纠错编码器、交织矩阵后，从交织矩阵提取用户数据进行格雷编码，在此处与通信同步序列、信道训练序列汇合，组合成特定结构的信道符号格式数据；为防止数据序列的规律性形成特定频点干扰，对即将发送的信道符号进行加扰，形成待发送的信道码符号，最终进行 1800Hz 子载波的 8PSK 调制。值得说明的是，为了便于信号进行处理，在信道码符号进行子载波的相位调制时，采用的是复信号进行处理，最后对复信号进行脉冲成型滤波后，在硬件电路中输出复信号的实部至 D/A 转换器，即形成待发送的基带信号，该信号频谱控制在 300～3400Hz，在语音信号频谱范围内，用耳机可以直接听见。按照美国军用标准，基带信号协议的关键通信参数参见表 2.4.1。

表 2.4.1　短波调制解调器参数设置汇总

用户数据率/(b/s)	编码效率	信道速率/(b/s)	b/信道符号	调制符号数/信道符号	用户信息长度	训练序列长度	调制方式
4800	无	4800	3	1	32	16	8PSK
2400	1/2	4800	3	1	32	16	8PSK

续表

用户数据率/(b/s)	编码效率	信道速率/(b/s)	b/信道符号	调制符号数/信道符号	用户信息长度	训练序列长度	调制方式
1200	1/2	2400	2	1	20	20	4PSK
600	1/2	1200	1	1	20	20	BPSK
300	1/2	1200	1	1	20	20	BPSK
150	1/2	1200	1	1	20	20	BPSK
75	1/2	150	2	32	全部	无	BPSK

按照以上配置，当用户数据率为 2400b/s 时，纠错编码后数据率为 4800b/s，每 3b 映射为一个信道符号数据，其对应的调制方式为 8PSK，转换成 1600 个信道码符号，即对应用户数据的未知符号速率；它与训练序列的配比为 2∶1，故对应的训练序列符号个数为 800，累计起来对应的信道码符号速率为 2400Baud。在其他用户数据率下，可以此类推。经分析可知，当速率为 75～600b/s 时，实际采用的是 BPSK 调制方式；当速率为 1200b/s 时，采用的是 4PSK 调制方式；而当速率为 2400～4800b/s 时，采用的是 8PSK 调制方式。这也可以从另一个维度印证，用户数据率越高、通信可靠性越低；因为通信数据率越高，同一个信道码元为了承载更多的用户信息，使用的调制阶数越高，信道符号之间的相似程度就越低，接收端发生错判的概率也就越大。

上述分析印证了不管用户数据率如何，通过信道符号映射和训练序列加入后，信道码符号速率均可保持为 2400Baud。在此请注意，字节(byte)，比特(bit)和波特(Baud)的区别。码符号速率是指在信道侧，发送一个含有用户信息的码元符号，在信道波形上持续的时间长度。

图 2.4.2 中的数据交织是通过交织矩阵实现的，数据的交织分为交织存和交织取两个步骤，必须将一个矩阵全部交织存满后，才能取交织数据。按照用户的通信数据率，把一定规模的交织矩阵存满需要一定的时间，考虑通信系统的连续性和实时性，在首次用户数据进入交织矩阵并填满交织矩阵的过程中，同时发送通信的同步信息；同步信息发送完毕，则开始交织取数据进行后续的处理。因此，同步序列发送的时间长度，与交织矩阵的规模密切相关。

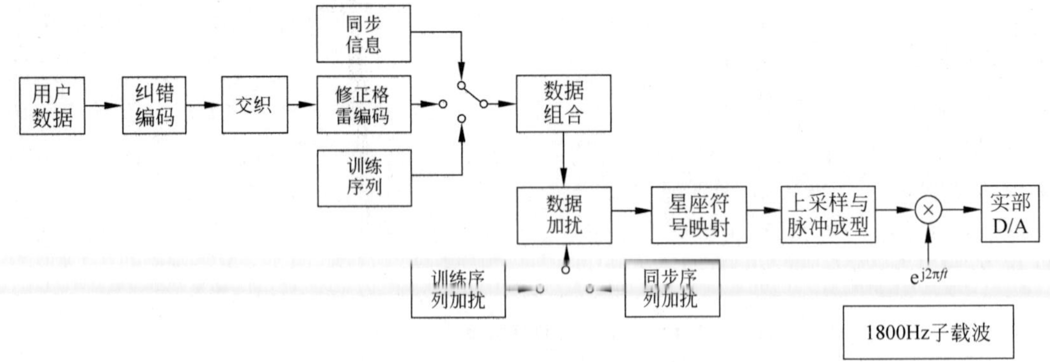

图 2.4.2 发送端信号处理流程图

在接收端完成信号发送的逆过程，如图 2.4.3 所示。短波接收机接收射频信号解调后，输出经受信道干扰且含有用户数据信息的音频信息。由于受信道多普勒扩展、多径等因素影响，接收端接收信号起伏比较大，可对接收信号进行数字AGC控制调整其幅度，A/D采样后进行希尔伯特变换(Hilbert transform)，形成其对应的虚部信号，组合成复信号，在复信号域对信号进行处理。首先对1800Hz子载波进行解调，并利用特定的同步码符号结构进行同步捕获、估计出信道传输过程中的多普勒频移和干扰，并解调通信交织规模参数，识别通信数据率和交织模式。在此基础上，对信道初始状态进行估计、找准信号处理采样点，进行信道均衡处理，并利用均衡识别的数据对短波信道进行持续的跟踪迭代，转换成软信息后的解交织与格雷编码解码、软信息的维特比译码(Viterbi decoding)等，完成用户数据的恢复。

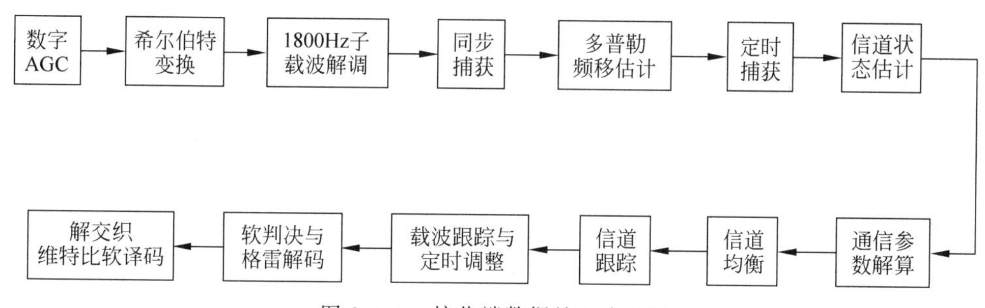

图2.4.3 接收端数据处理流程图

2.5 复信号的理解

复信号的理解

信号是信息的载体，实际的信号总是实信号，但在实际应用中采用复信号却可以带来很大好处。由于实信号具有共轭对称的频谱，从信息的角度来看，其负频谱部分是冗余的，将实信号的负频谱部分去掉，只保留正频谱部分的信号，其频谱不存在共轭对称性，所对应的时域信号应为复信号。

早期通信的载波为正弦波，将基带信号调制到载波上进行信号传输，接收后要把调制信号从载波里提取出来，通常的做法是将载频变频到零(通称为“零中频”)，发射和接收的都是实信号。我们知道，通常的变频相当于将载频下移，早期的调幅接收机将载频下移到较低的中频，其目的是方便信号的提取和放大，然后通过幅度检波(调幅信号的载波只有幅度受调制)得到所需的低频信号。为便于处理，需要将频带内的信号的谱结构原封不动地下移到零中频(通称为“基带信号”)。很显然，将接收到的实信号直接变到零中频是不行的，因为实信号存在共轭对称的双边谱，随着载频的下移，正、负相互接近，当中频小于信号频带的一半时，两部分谱就会发生混叠，当中频为零时混叠最严重，使原信号无法恢复，这时应在变频中注意避免正、负谱分量的混叠，正确地获取基带信号。

在通信信号处理的过程中，均使用了复信号。在物理信道中是没有复信号存在的，只存在实信号；所以通信系统在信号发送过程中只能将复信号的实部进行发送，而接收端需要将接收到的信号恢复成复信号再进行处理。采用复信号进行数字处理等于抵消了实信号在频谱中负半轴的部分，处理更简便，同时也相当于多提供了一个信号处理自由度。那么，信道中传输的都是实信号，为何要将实数信号转换到复数域进行后续处理呢？只传输信号的实部，是否会造成信息量的丢失、导致信号不完整呢？

首先回答第一个问题。实数域信号不能直接解析信号的相位信息,不便于信号相位信息的处理;通信基带信号处理涉及大量的相位信息处理,尤其是数字相位调制,为此,需要将实数信号转换成复信号。

从数学角度看,虚数真正确立其地位是在18世纪欧拉公式和高斯复平面概念建立起来之后。欧拉公式告诉了我们实数的正弦、余弦与任意一个复数的关系;高斯复平面则给出了形象表示复数的方法,并暗示了实部与虚部的正交性。对于一个时域复数信号,实部和虚部分别代表了正交的信息。根据傅里叶变换的定义,一个任意信号可以分解成谐波相加的形式;则对于一个实数周期信号,可以直观地将其分解成多个不同相位的余弦谐波。频域信号是在复频域上表现的,对于实数信号,复频域上的共轭对称,保证了所有基本信号的虚部抵消;在复频域,一个频率上的模的平方,表示这个频率分量能量的大小;相位,表示时域上的初始相位;正、负频率分别表示在时域复平面内,向逆、顺时针两个不同方向转动所展现的频率。把一个一维的实信号转换成二维复平面上的信号,复数的模和相角表示信号的幅度和相位,实信号只是在复平面的实轴上的一个投影,如图2.5.1所示。

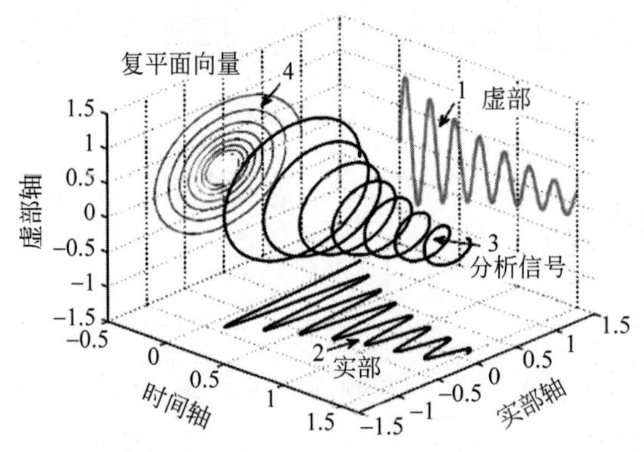

图2.5.1　复信号解析示意图

对于一个实信号的随机过程 $x(t)$,$\hat{x}(t)=\text{Hilbert}[x(t)]$为它的希尔伯特变换,那么定义复随机过程 $\tilde{x}(t)=x(t)+\hat{x}(t)$为 $x(t)$的解析过程。这个过程有如下特点:

(1) 实部和虚部功率谱相同,自相关函数相同;

(2) 实信号是双边功率谱,含有正、负频率成分;而解析信号具有单边功率谱,只含有正频率成分;

(3) 虚部与实部相位相差90°。

常见的欧拉函数 $e^{jx}=\cos x+j\sin x$,就是典型余弦函数 $\cos x$ 的解析信号。

图2.5.2很直观地表示了希尔伯特变换,在这里画出了对原始信号做1~4次希尔伯特变换的频谱示意图。图中说明了希尔伯特变换的两个性质:

(1) 在两次希尔伯特变换后,原信号相位翻转了180°,希尔伯特变换4次后就变回原信号了。

(2) 用复指数信号可以表示成一个实数信号和一个虚数信号的和的形式。这个实部和虚部是有关系的,虚部由实部通过希尔伯特变换而来,这也就回答了为什么只传输信号的实部而不会造成信息损失的问题。

正弦函数及其复信号变换示意图如图2.5.3所示。

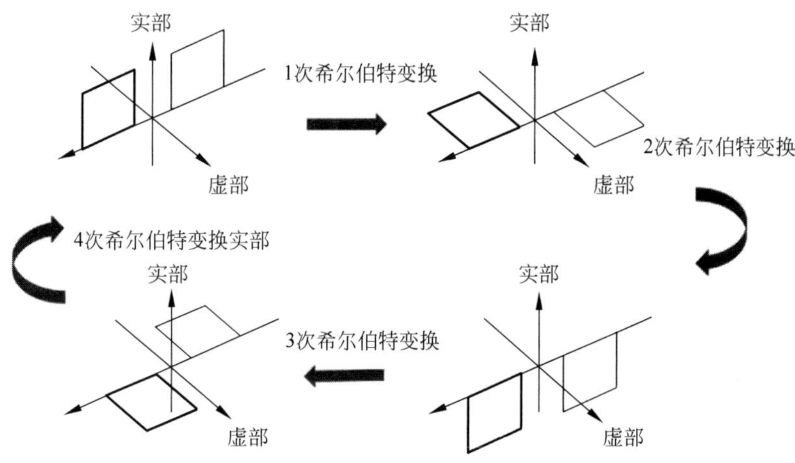

图 2.5.2 希尔伯特变换示意图

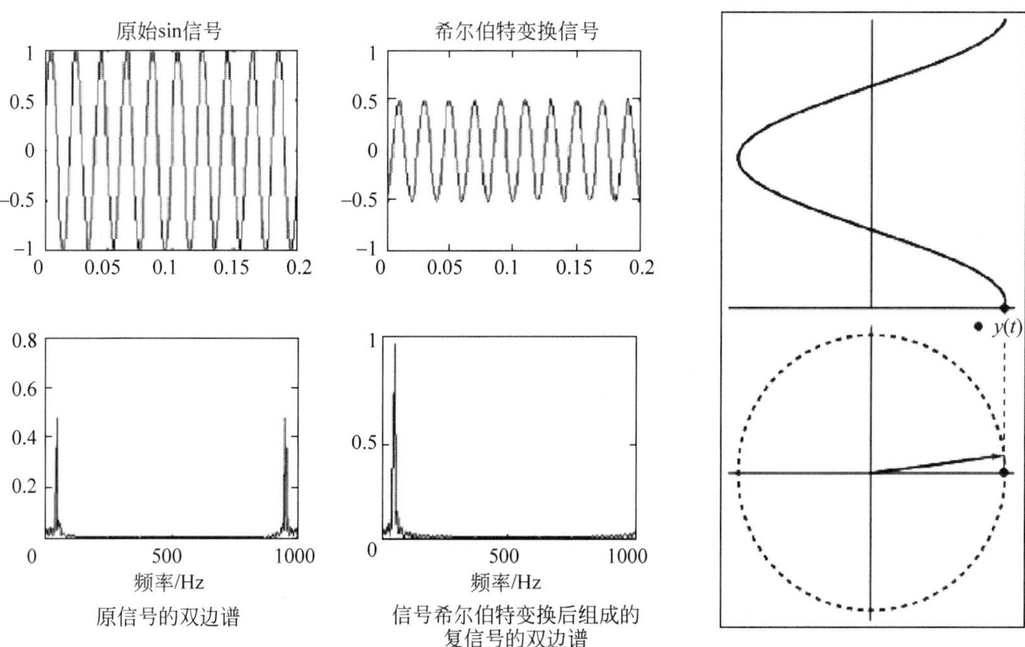

图 2.5.3 正弦函数及其复信号变换示意图

第3章

发送端信号处理

发送端信号处理，按照美国军用标准 MIL-STD-188-110B，先发送同步序列，然后交替发送用户数据序列与训练序列，直至所有用户数据发送完毕。本章主要讲解短波基带发送端信号的处理，其发送数据流程如图 2.4.2 所示。

3.1 纠错编码

纠错编码

短波基带信号编码包括数据前向纠错编码、数据交织和修正格雷编码三个阶段的数据处理，如图 3.1.1 所示。

前向纠错编码对用户数据按照比特位进行卷积编码，主要针对信道随机干扰引起的随机错误，每一个输出码元与其前后码元有一定的约束关系（图 3.1.2）。信道的突发干扰具有突发性和强扰性，主要采用交织方式解决。

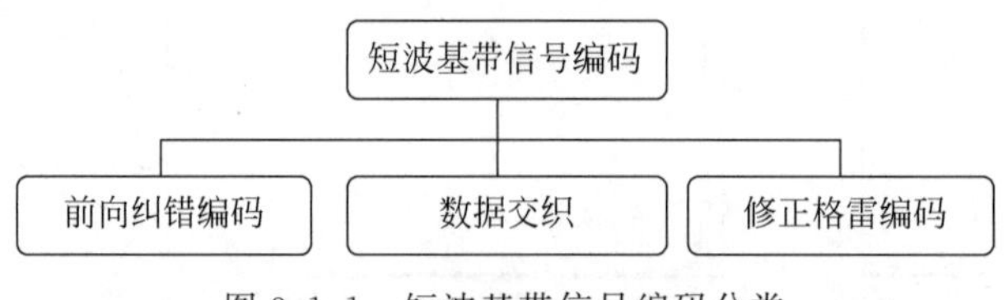

图 3.1.1　短波基带信号编码分类

图 3.1.2　前向纠错编码示意图

卷积编码属于信道编码类型。常见的信道编码种类主要包括线性分组码、卷积码、级联码、Turbo 码和 LDPC 码等，信道编码也称为“差错控制编码”，是所有现代通信系统的基石。

数字信号在传输中往往由于各种原因，在传送的数据流中产生误码，从而使接收端产生图像出现跳跃、不连续、马赛克等现象。为此，通过信道编码这一环节，在发送端对原数据添加和原数据相关的冗余信息，再在接收端根据这种相关性来检测和纠正传输过程产生的差错。加入的冗余信息就是纠错码，用它来对抗传输过程的干扰，使系统具有一定的纠错能力和抗干扰能力，可极大地避免码流传送中误码的发生。

与信道编码相对应的是信源编码，它是一种以提高通信有效性为目的对信源符号进行的变换，或者说是为了减少或消除信源冗余度而进行的信源符号变换。具体说，就是针对信源输出符号序列的统计特性来寻找某种方法，把信源输出符号序列变换为最短的码字序列，使后者的各码元所载荷的平均信息量最大，同时又能保证无失真地恢复原来的符号序列。最原始的信源编码就是莫尔斯电码，另外还有 ASCII 码和电报码等，现代通信应用中常见的信源编码方式主要有哈夫曼编码(Huffman coding)、算术编码、L-Z 编码等无损编码形式。MPEG-2 编码和 H.264(MPEG-Part10 AVC)等，是数字电视领域常见的信源编码形式。信源编码的目标就是使信源减少冗余，更加有效、经济地传输，其最常见的应用形式是压缩。

短波通信系统所采用的卷积编码由 Elias 于 1955 年提出。卷积码也可以分组，但它的监督码元不仅与本组的信息元有关，还与前面若干组的信息元有关。卷积编码的纠错能力强，不仅可纠正随机差错，而且可纠正突发差错。根据需要，卷积码有不同的结构和相应的纠错能力，但其编码规律都是相同的。尽管卷积码让通信编码技术腾飞了 10 年，但随着编码约束长度的增加，译码复杂度大幅提升，最终还是遇到了“计算复杂性”的瓶颈问题。该问题最终由维特比(Viterbi)于 1967 年提出的维特比译码算法得以解决。之后，卷积码在通信系统中得到了极为广泛的应用。卷积码和分组码是常见的纠错编码形式，其根本区别有两点：一是卷积码不是把信息序列分组后再进行单独编码，而是由连续输入的信息序列得到连续输出的已编码序列，在信号处理时具备很强的实时性；二是在编码器复杂度相同的情况下，卷积码的性能优于分组码。因此卷积码被应用在目前主要的无线通信标准之中，如 GSM，CDMA-IS95 和 WCDMA 的编码标准等。

以(n,k,m)来描述卷积码。其中，k 为每次输入到卷积编码器的比特数(b)；n 为每个 k 元组码字对应的卷积码输出 n 元组码字；m 为编码存储度，也就是卷积编码器的级数，也称为“编码约束长度”，其编码器通过移位寄存器实现，其结构一般用生成多项式标识。每个模 2 加法器的连接，可表示成一个多项式，按照输入的阶次顺序，距离输出最近的输入阶次为 0，其余按寄存器数的移位次数依次递增。

短波基带信号处理的卷积编码器为(2,1,7)结构；用户上位机数据由字节输入，进行卷积编码前先将字节数据转换成比特数据，这样每输入一个用户比特数据，卷积编码器按照生成函数逻辑计算输出编码数据，计算完毕后所有的寄存器状态按照箭头方向向右移位一次，并输出两个编码数据，其对应的编码效率为 1/2；编码器的约束长度为 7，对应的生成多项式分别为

$$T_1(x)=x^6+x^4+x^3+x+1 \tag{3.1.1}$$

$$T_2(x)=x^6+x^5+x^4+x^3+1 \tag{3.1.2}$$

式中，x 代表某一个移位寄存器的状态。卷积编码器的移位寄存器初始状态均为 0，随着用户数据的输入，逐级不断地对寄存器状态进行改写；每一组抽头抽取寄存器状态进行模 2

加法，输出一个用户编码数据，按照约定 $T_1(x)$在前、$T_2(x)$在后，形成两个输出比特数据流，如图 3.1.3 所示。

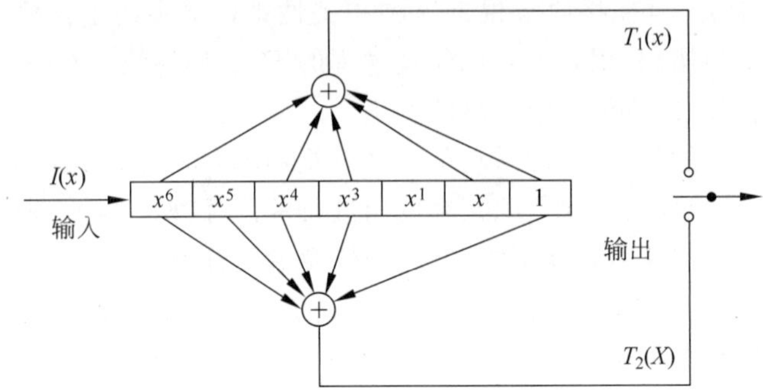

图 3.1.3 卷积编码框图

对于卷积编码器，在工程实现上，一般采用查表法实现。由卷积编码器的结构可知，卷积编码器的任意寄存器状态非 0 即 1，卷积编码器的约束长度为 7，则其对应有 $2^7=128$ 个状态，采用枚举法将 128 个状态的输出四进制数据全部计算出来，作为查询的基础，如图 3.1.4 所示；后续任意用户数据输入，只需要计算移位寄存器的状态，就可以直接查询出对应的输出数据。

	1	2	3	4	5	6	7	8
1	0	2	1	3	3	1	2	0
2	3	1	2	0	0	2	1	3
3	1	3	0	2	2	0	3	1
4	2	0	3	1	1	3	0	2
5	3	1	2	0	0	2	1	3
6	0	2	1	3	3	1	2	0
7	2	0	3	1	1	3	0	2
8	1	3	0	2	2	0	3	1
9	2	0	3	1	1	3	0	2
10	1	3	0	2	2	0	3	1
11	3	1	2	0	0	2	1	3
12	0	2	1	3	3	1	2	0
13	1	3	0	2	2	0	3	1
14	2	0	3	1	1	3	0	2
15	0	2	1	3	3	1	2	0
16	3	1	2	0	0	2	1	3

图 3.1.4 卷积编码示意图(2,1,7)

对短波基带信号编码，根据用户约定的通信速率不同，将采用重复编码的方式，提高编码输出速率和抗干扰能力。具体的编码效率和映射信道速率参见表 3.1.1。

表 3.1.1 短波调制解调器编码参数设置表

用户数据率/(b/s)	编码效率	实现方式	映射信道速率/(b/s)
4800	不编码	不编码	4800
2400	1/2	码率 1/2 编码	4800
1200	1/2	码率 1/2 编码	2400

续表

用户数据率/(b/s)	编码效率	实现方式	映射信道速率/(b/s)
600	1/2	码率 1/2 编码	1200
300	1/4	码率 1/2 编码,重复两次	1200
150	1/8	码率 1/2 编码,重复四次	1200
75	1/2	码率 1/2 编码	150

发送端卷积编码实现程序参见附录 1。

3.2 数据交织

数据交织

数据交织是短波基带编码的第二个阶段,主要用于应对信道突发干扰。对于随机干扰错误,可通过卷积编码的内部关系进行纠错计算予以克服;但对于信道突发干扰,由于其会持续性生成一连串的错码,使在一个约束长度周期内相互关联的编码大部分或全部受到信道干扰出错,无法进行纠错处理。为此,引入了数据交织技术,将数据流中的连续比特流在时域上分开,即将数据流中的相继比特以非相继方式发送,这样即使在传输过程中发生了成串差错,当其恢复成一条相继比特串的消息时,差错也会变成单个(或者长度很短)的错误比特,此时再用信道纠正随机差错的编码技术(FEC)消除随机差错。在现在广泛使用的移动通信系统中,信道的干扰、衰落等会产生较长的突发误码,采用交织可以使误码离散化,接收端用纠正随机差错的编码技术消除随机差错,能够改善整个数据序列的传输质量。

信道编码中采用交织技术可打乱码字比特之间的相关性,将信道中传输过程中的成群突发错误转换为随机错误,从而提高整个通信系统的可靠性。交织编码根据交织方式的不同,可分为线性交织、卷积交织和伪随机交织。其中,线性交织编码是一种比较常见的形式:把纠错编码器输出信号均匀分成 m 个码组,每个码组由 n 段数据构成,构成一个 $n \times m$ 的矩阵,这个矩阵称为"交织矩阵";数据以一定的顺序进入交织矩阵存储,然后又以特定的顺序从交织矩阵取出进入下一步的信号处理,完成对数据的交织编码,如图 3.2.1 所示。也可以按照其他顺序从交织矩阵中读出数据,不管采用哪种方式,其最终目的都是把输入数据的次序打乱。如果每段数据只包含 1 个数据比特,称为"按比特交织",反之称为"按字交织"。接收端的交织译码同交织编码的过程类似。

短波基带信号处理采用的交织方式是按照交织矩阵实现的比特交织模式。交织编码的目的是把一个较长的突发差错离散成随机差错,再用纠正随机差错的编码(FEC)技术消除随机差错。能够纠错克服突发干扰的时间长度,就是交织的深度,也对应着交织矩阵的规模。交织深度越大,离散度越大,抗突发差错能力也越强。但交织深度越大,交织编码处理时间越长,会造成数据传输时延增大。可见,交织编码是以时间为代价的,属于时间隐分集。

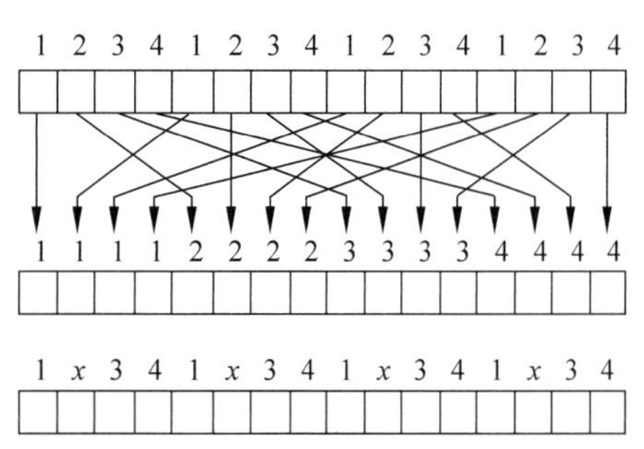

图 3.2.1 数据交织示意图

短波发送端信号一般有长交织、短交织和无交织三种方式,其对应的时间常数分别为4.8s,0.6s和0,无交织只在4800b/s用户数据率下使用,其他通信速率下可有长、短交织方式,由用户选择。

根据上述讨论分析,数据的交织分为交织存和交织取两个步骤,必须按照一定规则将一个矩阵全部交织存满数据后,才能按特定规则从交织矩阵取数据做下一步处理。交织矩阵的规模与用户数据率有关,不同用户数据率下的交织矩阵设置见表3.2.1。交织阵的行数与交织阵的列数联合组成交织矩阵的规模。

表3.2.1 短波基带交织参数设置表

用户数据率/(b/s)	长交织		短交织	
	交织阵的行数	交织阵的列数	交织阵的行数	交织阵的列数
2400	40	576	40	72
1200	40	288	40	36
600	40	144	40	18
300	40	144	40	18
150	40	144	40	18
75	20	36	10	9

数据交织存储的基本思想是将相近的比特流分开成发送时间相距较远的比特流。交织存储按照交织矩阵的列,从第1行第1列开始依次进行,每存储一次,行数加上交织因子α,并与交织矩阵的总行数进行模数处理,超过交织矩阵总行数时矩阵列数加1。记编码数据流中第i个比特在交织矩阵中的存储位置分别为Row_i和Column_i,则第$i+1$个在交织矩阵中存储位置,用矩阵的行Row_{i+1}和列Column_{i+1}表示,则:

$$\text{Row}_{i+1}=\text{mod}(\text{Row}_i+\alpha,\beta) \tag{3.2.1}$$

$$\text{Column}_{i+1}=\text{Column}_i+\left\lfloor\frac{\text{Row}_i+\alpha-1}{\beta}\right\rfloor \tag{3.2.2}$$

式中,$\lfloor A\rfloor$表示对数据A向下取整,$\text{mod}(A,B)$表示对A/B取余数。当用户数据率为4800b/s时,对数据不进行交织处理;不管是长交织还是短交织,当用户数据率为2400~150b/s时,对应的α和β分别为9和40;当用户数据率为75b/s时,长交织对应的α和β分别为7和20,短交织对应的α和β分别为7和10。

以75b/s的短交织数据率为例,第1个数据存储于第1行、第1列,第2个数据存储于第1列、第8行,第3个数据存储于第1列、第5行(由8+7−10=5所得),第4个数据存储于第1列、第2行(由5+7−10=2所得),以此类推,每存储一个数据行数加7;待新调整的行数正好为11后,行数减10,列数在原来基础上加1,得到新的行列数继续填充。

在图3.2.2中,按照时序顺序1~90排列的编码数据,依次存入交织矩阵(1,1),(8,1),(6,1)等位置,其中的数值表示应该存入对应序号的数字。可见,数据在存入时被打乱,在交织矩阵填满后,取出交织数据进行下一步处理。

按照交织矩阵的行,除75b/s通信数据率外,从第1列第1行开始依次取出数据,每取出一次数据,行数加1、列数减17,当列数不够减17时,加上交织矩阵规模的列数值;当行数超过矩阵的行数规模时复位为1,当列数复位为上一次行数复位时记录的值加1;直至取

	1	2	3	4	5	6	7	8	9
1	1	11	21	31	41	51	61	71	81
2	4	14	24	34	44	54	64	74	84
3	7	17	27	37	47	57	67	77	87
4	10	20	30	40	50	60	70	80	90
5	3	13	23	33	43	53	63	73	83
6	6	16	26	36	46	56	66	76	86
7	9	19	29	39	49	59	69	79	89
8	2	12	22	32	42	52	62	72	82
9	5	15	25	35	45	55	65	75	85
10	8	18	28	38	48	58	68	78	88

图 3.2.2　数据交织存示意图

完交织矩阵的全部数据。当通信数据率为 75b/s 时，列数每次减 7，其他相同。

仍以 75b/s 的短交织为例：

第 1 个数据从第 1 行、第 1 列位置开始取出；

第 2 个数据从第 2 行、第 3 列(1−7+9=3)取出；

第 3 个数据从第 3 行、第 5 列(3−7+9=5)取出；

第 4 个数据从第 4 行、第 7 列(5−7+9=7)取出；

第 5 个数据从第 5 行、第 9 列(7−7+9=9)取出；

第 6 个数据从第 6 行、第 2 列(9−7+0=2)取出；

第 7 个数据从第 7 行、第 7 列(2−7+9=4)取出；

第 8 个数据从第 8 行、第 6 列(4−7+9=6)取出；

第 9 个数据从第 9 行、第 8 列(6−7+9=8)取出；

第 10 个数据从第 10 行、第 1 列(8−7+0=1)取出；

第 11 个数据从第 1 行、第 2 列(1+1=2)取出。

其他以此类推，直至取完交织矩阵的所有数据。

为了便于展示，将取出的数据按照列的顺序依次读出，如图 3.2.3 所示，读出的数据可与交织存矩阵对比。

	1	2	3	4	5	6	7	8	9
1	1	11	21	31	41	51	67	71	81
2	24	34	44	54	64	74	84	4	14
3	47	57	67	77	87	7	17	27	37
4	70	80	90	10	20	30	40	50	60
5	83	3	13	23	33	43	53	63	73
6	16	26	36	46	56	66	76	86	6
7	39	49	59	69	79	89	9	19	29
8	52	62	72	82	2	12	22	32	42
9	75	85	5	15	25	35	45	55	65
10	8	18	28	38	48	58	68	78	88

图 3.2.3　数据交织取示意图

这就意味着，1 号编码数据经过交织矩阵后第一个被取出，第二个被取出的数据为原来时序的 24 号数据、第三个被取出的数据为原来的 47 号数据，以此类推。由此可见，通过交织后，原来的编码顺序数据从时间顺序上被分开了，以此对抗信道的突发连串干扰。

每一次交织取数据，将取出 1b 的数据；数据经过交织后，为了保障下一步的码符号成型，将根据用户数据率决定每一次交织取数据执行一次或多次，并将取出的数据进行格雷编码，做下一步处理。每次取出的数据个数参见表 3.2.2。

表 3.2.2　交织存储步进参数表

用户数据率/(b/s)	取出交织数据个数	对应的进制
2400	3	八进制
1200	2	四进制
600	1	二进制
300	1	二进制
150	1	二进制
75	2	四进制

如果交织矩阵未满便无法执行交织取操作，因此，交织必然会引入时间延迟。按照用户的通信数据率，把一定规模的交织矩阵存满，需要一定的时间。因此，在首次用户数据进入交织矩阵并填满交织矩阵的过程中，系统发送同步数据序列，待同步信息发送完毕，则开始交织取数据及后续的处理。可见，同步序列发送的时间长度与交织矩阵的规模密切相关。

接收端均衡并进行软判决后的用户数据，按照发送端的反顺序，完成交织矩阵的存取操作。即接收端的交织存按照发送端的交织取规则执行、接收端的交织取按照发送端的交织存规则执行，即可还原出信号对应的时序位置，以便下一步的译码操作。

发送端数据交织存与取的实现程序参见附录 2 和附录 3。

3.3　修正格雷码

修正格雷码

在一组数的编码中，若任意两个相邻的代码只有一位二进制数不同，则称这种编码为“格雷码”(Gray code)。格雷码是短波基带编码的第三个阶段编码，主要将相邻码符号间隔从欧氏距离视角将其区分，以便在进行码符号判决时，防止发生错误判决。在进行欧氏距离判决时，由于相邻码符号的欧氏距离近，容易发生相邻码符号的误判；为减小误判发生时对比特数据的影响，数据交织完成后将比特流转换成八进制数据，并进行格雷码修正。格雷码码元欧氏距离对比如图 3.3.1 所示。

在 8PSK 调制的通信系统中，码符号 3 和码符号 4 对应的码字为 011 和 100，映射到星座图上分别在第二象限和坐标轴横轴负向上，归一化的欧氏距离为 0.7654，距离比较近。在传输信道码符号受到干扰后，会形成一个待判决的疑似符号，二者之间容易形成误判。按照短波基带信号规程进行格雷码后，码符号 3 和码符号 4 对应的格雷码码字为 010 和 111，分别落在坐标轴的纵轴正向和第四象限，归一化的欧氏距离为 1.8476，距离比较远。

按照短波基带信号处理规程，不同通信速率下的格雷码规则见表 3.3.1 和表 3.3.2。

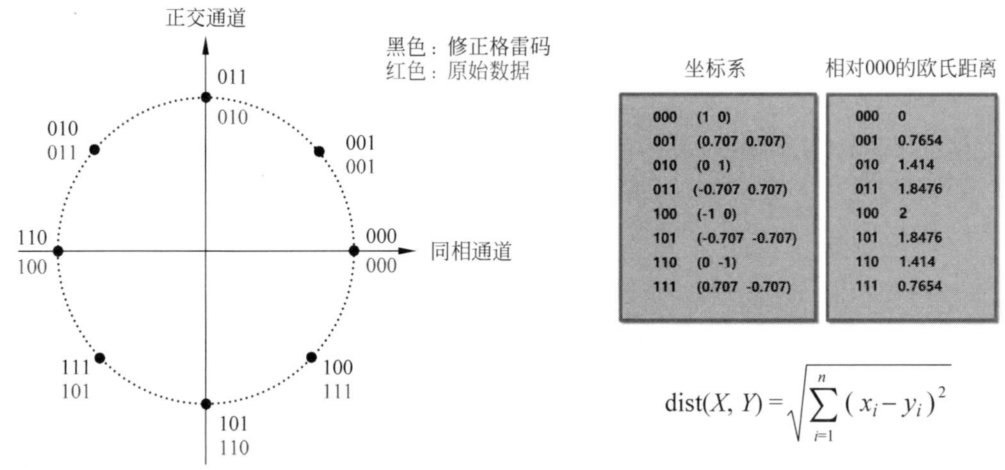

图 3.3.1 格雷码码元欧氏距离对比(后附彩图)

表 3.3.1 八进制数据修正格雷码

输入数据流	000	001	010	011	100	101	110	111
修正格雷码	000	001	011	010	111	110	100	101

表 3.3.2 四进制数据修正格雷码

输入数据流	00	01	10	11
修正格雷码	00	01	11	10

将数据进行修正格雷码处理后：

八进制数据最终将进入到发送数据流中进行处理；

对四进制数据修正格雷码后，进行 2 倍处理，转换成 0,2,4,6 共计 4 个八进制数据；

对二进制数据修正格雷码后进行 4 倍处理，转换成 0,4 共计 2 个八进制数据。

对八进制数据进行 8PSK 调制时，在 4800b/s 和 2400b/s 数据率下对应的是 8PSK 调制；1200b/s 数据率下对应的是 4PSK 调制；而 600b/s,300b/s,150b/s 和 75b/s 数据率下对应的是 BPSK 调制。当降低用户数据率时，可降低系统的调制阶数，从而提高通信的可靠性。当数据率为 75b/s 时，系统数据的处理方式与其他数据率不同，其高可靠性并不仅仅通过降低调制阶数予以保障，后续还将对此进行说明。

发送端修正格雷码程序包含在数据交织取实现程序中，参见附录 3。

至此，用户数据的编码已完成，形成了用户待发送的八进制码符号数据，后续其将和同步码符号、训练序列码符号按照一定的时隙发送出去。

3.4 同步码符号

同步码符号

在短波基带信号处理中，发送的数据流包括同步信息数据流、用户数据流和训练序列数据流(图 3.4.1)，三者根据不同的时隙分配发送。

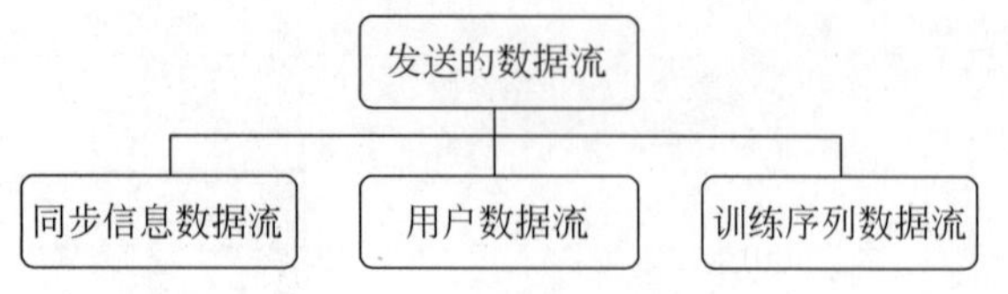

图 3.4.1　发送的数据流

在每次数据发送启动时，先根据用户选择的交织形式，发送同步信息，同步信息的长度与交织矩阵的深度一致；当同步信息发送完毕后，数据流从交织矩阵中输出，开始进入信息发送流程。用户信息和训练序列交替发送。发送数据流的格式如表 3.4.1 所示。

表 3.4.1　发送数据流结构

SYNC	用户数据	训练序列	用户数据	训练序列	……

发送的同步码符号，由特殊的八进制码序列构成，主要有三方面的作用：

(1) 进行系统同步；

(2) 提取通信参数，包括通信数据率、长短交织情况；

(3) 提取信道参数，包括多普勒频移估计、相位估计和信道初始估计。

同步数据以段为单位，每段数据的长度为 200ms。根据系统的交织长度，调整同步数据段的发送次数。同步数据段包括 15 个八进制数据 0,1,3,0,1,3,1,2,0,Dl,D2,C1,C2,C3,0。其中，D1 和 D2 表示用户数据率和交织长度，当接收端收到不完整的 D1 和 D2 时，将重新搜索同步。D1 和 D2 的取值，与长、短交织的方式有关。从表 3.4.2 中可以看出，通过设置 D1 和 D2，可以唯一确定通信的数据率和长短交织情况，这也是为什么大部分短波通信系统不用在收发双方对通信参数进行约定、直接通过系统同步即可自适应实现的原因。

表 3.4.2　交织参数的取值

用户数据率/(b/s)	短交织		长交织	
	D1	D2	D1	D2
4800	7	6	—	—
2400	6	4	4	4
1200	6	5	4	5
600	6	6	4	6
300	6	7	4	7
150	7	4	5	4
75	7	5	5	5

C1,C2,C3 代表同步数据段的发送次数计数。每一个同步数据段发送的时长为 0.2s，长交织时同步数据段发送 24 次，短交织时同步数据段发送 3 次，对应的时长分别为 4.8s 和 0.6s。C1,C2,C3 分别为 3 个八进制数据，范围限制在 4,5,6,7 内，每个八进制数据，按照这个方式映射为 1 个四进制数据，然后按从右至左的顺序，组合 C3,C2,C1 成一个 6b 的数据，转换成十进制即按照减法计数余下的发送次数；当计数为 0 时，同步序列发送完毕，转入数据发送阶段，如表 3.4.3 所示。

表 3.4.3 C1、C2、C3 与计数次数的解算

发送计数器中的 2b 数据	映射成 C1,C2,C3 的 3b 数据	发送计数器中的 2b 数据	映射成 C1,C2,C3 的 3b 数据
00	4(100)	10	5(101)
01	6(110)	11	7(111)

长交织时同步序列发送 24 次,将从 23 开始进行减法计数;当前还需发送 23 次同步序列,则将 23 转换成二进制数据为 010111,对应的 C1,C2,C3 分别为 5,5,7。短交织时同步序列发送 3 次,将从 2 开始进行减法计数。

对于接收端,Dl,D2,C1,C2,C3 是未知的,在同步过程中,主要依据前 9 个码符号作为初同步的依据。为了实现对同步序列中的未知码符号识别,并降低它们对已知码符号的干扰,在同步序列中,将前 9 个已知码符号数值范围限制在 0～3,未知码符号设置在 4～7。该方法一方面可降低对已知符号识别的计算数据量,比如 0～3 只需循环判断 4 次,而 0～7 需要循环判断 8 次;另一方面可以加大已知符号与未知符号的区分度,增大码符号之间的欧氏距离,提高识别效果。

在同步序列中的通信参数和计数参数全部映射为具体数值后,将对同步码符号进行二次映射,即每一个同步码符号映射为 32 个八进制的信道码符号,具体的映射方式见表 3.4.4。

表 3.4.4 同步数据到发送符号的映射

同步符号	映射的同步码符号	同步符号	映射的同步码符号
000	(0000 0000)重复 4 次	100	(0000 4444)重复 4 次
001	(0404 0404)重复 4 次	101	(0404 4040)重复 4 次
010	(0044 0044)重复 4 次	110	(0044 4400)重复 4 次
011	(0440 0440)重复 4 次	111	(0440 4004)重复 4 次

至此,待发送的同步码符号已经形成,等待下一步处理。根据映射的同步码符号,为验证其自相关和互相关特性,将映射的同步符号 4 转换为−1,0 转换为 1,相关值 $R(j)$的计算公式为

$$R(j)=\sum_{i=1}^{n-j} x_i x_{i+j}=\begin{cases} n, & \text{当 } j=0 \\ 0,+1,-1, & \text{当 } 0<j<n \end{cases} \tag{3.4.1}$$

其相关时序如图 3.4.2 所示。

映射的同步码符号自相关为峰值、互相关值为 0,如图 3.4.3 所示,具有两个好的自相关和互相关特性,根据此特性可以检测同步序列的时间起点。

c_8^2两两组合,按照符号顺序进行相关处理:

0-0 0-1 0-2 0-3 0-4 0-5 0-6 0-7
1-1 1-2 1-3 1-4 1-5 1-6 1-7
2-2 2-3 2-4 2-5 2-6 2-7
3-3 3-4 3-5 3-6 3-7
4-4 4-5 4-6 4-7
5-5 5-6 5-7
6-6 6-7
7-7

图 3.4.2 同步符号的相关计算时序图

综合上述分析,同步码符号发送长度与交织矩阵的深度是这样对应起来的:

(1) 同步序列数据段每次持续为 0.2s 是如何设计的?每一个同步符号映射成 32 个待发送的八进制数据,每一段同步符号的长度为 15×32＝480 个八进制码符号,按照信道 2400Baud 的码符号速率,

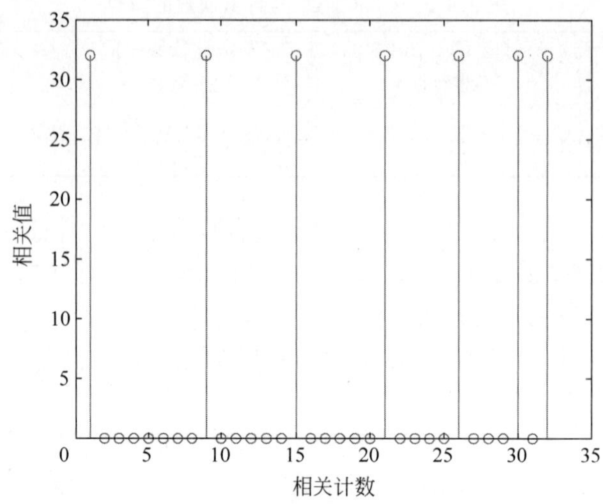

图 3.4.3　两两互相关特性图

即每段同步符号发送时间为 0.2s。

(2) 以 2400b/s 的用户数据率短交织模式为例,同步序列应该发送 3 次,则同步时间持续 0.6s;0.6s 能发送的用户数据为 2400×0.6=1440b,用户的比特数据流是经过编码效率为 1/2 的卷积编码后进入到交织矩阵的,因此该时间内将产生 1440×2=2880b 的数据待进入交织矩阵;设计的交织矩阵规模为 40×72=2880b,正好是一个完整交织矩阵规模。其他数据率以此类推,也符合该规律。

通过交织矩阵规模和调制方式的设计,实现了同步序列发送长度与交织矩阵深度的统一,在同步序列发送完毕后,即可以从一个填充完毕的交织矩阵中取出用户数据进行发送。

通过以上分析,可以看出待发送的同步码符号全部是 0,4 结构,这么设计有何考虑?直接发送又有何弊端?这些问题留待后续讨论。

3.5　训练序列码符号

训练序列码符号

同步序列发送后,开始发送用户数据;但在发送用户数据的过程中,需要周期性地插入训练序列。本节将认识训练序列,分析训练序列的作用。

短波信道是时变色散信道,信道参数一直处于动态变化;在工程实践中,一般采用相关算法,利用识别的用户数据对信道进行跟踪,以适应信道的动态调整变化。但是,如果用户码符号识别错误,将会导致信道跟踪也出现错误,再基于这种错误的信道状态去解算后续的用户数据,势必造成这种错误的误差传播。为了解决这一问题,训练序列对接收端而言是已知序列的特征,系统将周期性地发送训练序列,对信道状态进行校准,防止错误的误差传播。

那么,到底间隔多长时间发送一次同步序列、发送多长时间的同步序列呢?同步序列的插入长度与用户数据率密切相关。按照标准规定,在用户数据率为 4800b/s 和 2400b/s 时,每发送 16 个训练符号后,发送 32 个用户数据符号,训练序列与用户数据符号的比例为 1∶2;当用户数据为 1200b/s,600b/s,300b/s,150b/s 时,每发送 20 个训练序列符号后,发送 20 个用户数据符号，训练序列与用户数据符号的比例为 1∶1；当用户数据为 75b/s 时，将不发送训练序列，而采取其他的技术手段，确保通信的可靠性。各种数据率下发送的用户数据码符号序列和训练序列长度见表 3.5.1。

表 3.5.1　非 75b/s 数据率下码符号映射关系表

用户数据率/(b/s)	编码后的信道速率/(b/s)	用户数据符号速率	插入训练序列码符号速率	用户数据编码方式
4800	4800	1600samples/s	800samples/s	8PSK
2400	4800	1600samples/s	800samples/s	8PSK
1200	2400	1200samples/s	1200samples/s	4PSK
600	1200	1200samples/s	1200samples/s	BPSK
300	1200	1200samples/s	1200samples/s	BPSK
150	1200	1200samples/s	1200samples/s	BPSK
75	150	2400samples/s	0	BPSK

当信源速率为 75b/s 时，不插入训练序列，经过编码后的用户数据，每 2 个编码比特映射一个码符号，该码符号按照表同步码符号的方式映射成 32 个信道码符号发射，信道码符号取值为 0 或 4，见表 3.5.2。因此，数据调制方式为 BPSK。

表 3.5.2　75b/s 数据率下码符号映射关系表

75b/s 编码后码符号	映射信道符号	75b/s 编码后码符号	映射信道符号
00	(0000)重复 8 次	10	(0044)重复 8 次
01	(0404)重复 8 次	11	(0440)重复 8 次

解决了训练序列的长度问题，再来看训练序列的具体值，见表 3.5.3。它由 D1 或者 D2 组成，每次按照发送时隙交替设置为 D1 和 D2，D1 和 D2 又根据同步码符号映射表映射为 16 个八进制数据。与同步映射表不同的是，此时数据只重复两次。当训练序列的长度是 20 个码符号长度时，其后的 4 个符号为 0。

表 3.5.3　训练序列 D1 和 D2 取值

用户数据率/(b/s)	短交织		长交织	
	D1	D2	D1	D2
4800	7	6	—	—
2400	6	4	4	4
1200	6	5	4	5
600	6	6	4	6
300	6	7	4	7
150	7	4	5	4
75	7	5	5	5

D1 和 D2 取值后，还要将其映射为信道码符号，其映射表见表 3.5.4。

表 3.5.4 训练序列 D1 和 D2 引映射表

训练符号	映射的信道符号	训练符号	映射的信道符号
100	(0000 4444)重复 2 次	110	(0044 4400)重复 2 次
101	(0404 4040)重复 2 次	111	(0440 4004)重复 2 次

至此，训练序列已经生成，等待和用户数据组合成时序帧对外发送。待发送的训练序列符号也全部是 0,4 结构，这个问题待后续讨论。

3.6 信息加扰

信息加扰

同步序列的特定构造形成了伪随机序列，即具有类似白噪声的随机特性，但是又能重复产生。伪随机系列具有良好的自相关特性，序列对准时形成自相关峰值，其他情况下自相关值显著降低。

在前两节的分析中发现，待发送的同步序列和训练序列全部为 0,4 结构，当特定码符号持续从信道发射时，容易形成特定的频谱特征和高功率频点，形成对其他通信系统的干扰，这在通信系统内是不允许的。

以同步序列映射的信道码符号为例，在进行 8PSK 调制后，形成了明显的特定频点谱线，容易对其他通信系统形成干扰，如图 3.6.1 所示。为此，针对同步序列、训练序列和用户数据长时间发送同一个码符号，容易形成特定谱线，需要进行加扰处理，使进入信道的数据具有伪随机特性，不对其系统形成干扰。所谓加扰，就是生成一串具备伪随机特性的八进制数据，与待发送的八进制同步码符号、训练码符号和用户数据码符号，进行模 8 相加，去除原有的序列规律特征，使待发送的数据序列也具备伪随机特性。

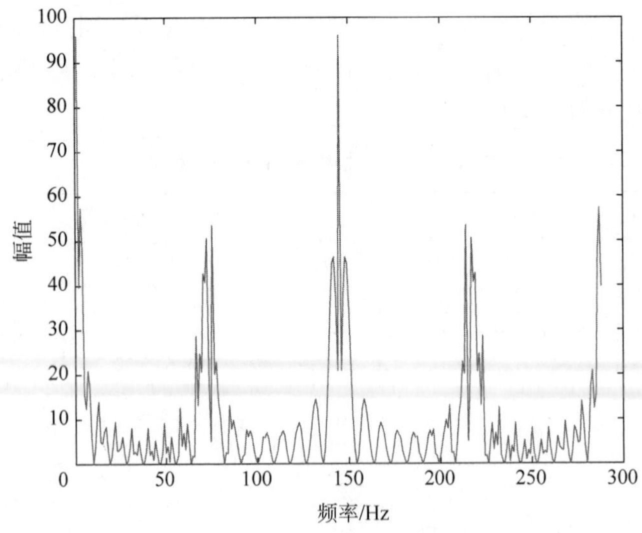

图 3.6.1 9 个已知同步码符号映射成信道同步序列进行 8PSK 相位调制后的谱线(长度为 288)

同步序列的扰码生成方式与训练序列和用户数据不同。前者要保证接收端的同步序列的完全可知，故使用已知的特定的扰码序列对同步码符号进行加扰。同步信息加扰一般固定地采用 7,4,3,0,5,1,5,0,2,2,1,1,5,7,4,3,5,0,2,6,2,1,6,2,0,0,5,0,5,2,6,6 序列，对应每一个同步码符号映射的信道码符号，进行模 8 运算，生成发送的同步码符号序列。由图 3.6.2 可以看出，同步序列加扰进行 8PSK 调制后，谱线变得均匀，具有噪声特性，不易对其他系统造成干扰。

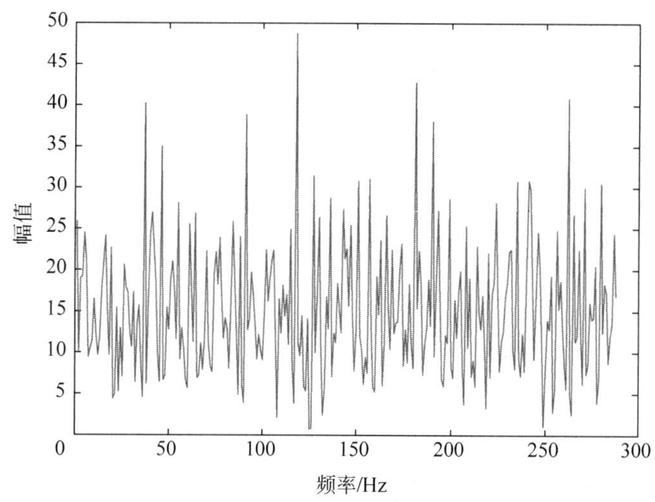

图 3.6.2 9 个已知同步码符号映射成信道同步序列加扰后进行 8PSK 相位调制后的谱线(长度为 288)

训练序列和用户数据加扰采用移位寄存器生成扰码数据，设计 12 位移位寄存器、带有特定的 3 抽头输出，生成八进制的扰码数据；扰码数据与发送端数据进行模 8 和运算生成加扰数据，其生成方式如图 3.6.3 所示。

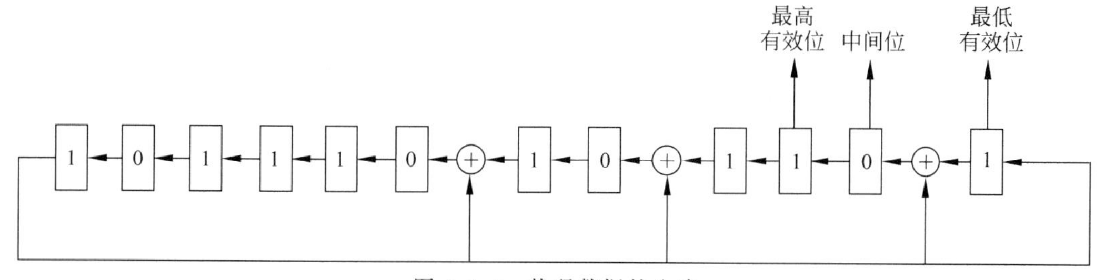

图 3.6.3 扰码数据的生成

该移位寄存器的初始值设置为 1011 1010 1101(0×BAD)，每生成 160 个八进制扰码数据后，移位寄存器复位至初始状态。从图 3.6.4 可以看出，训练和用户数据加扰进行 8PSK 相位调制后的谱线，具有伪随机特性，可以有效消除训练序列和用户数据，在直接进行 8PSK 调制发射时可能形成特定的增强谱线。

扰码生成时的移位寄存器的状态、计数数据都需要记录，在同步阶段如果使用移位寄存器生成扰码，势必会造成同步符号的不确定，无法进行同步相关；而同步后采用移位寄存器生成扰码，则可对生成的扰码个数进行计数，接收端可识别相应的移位寄存器状态，从而生成对应的扰码进行去扰。

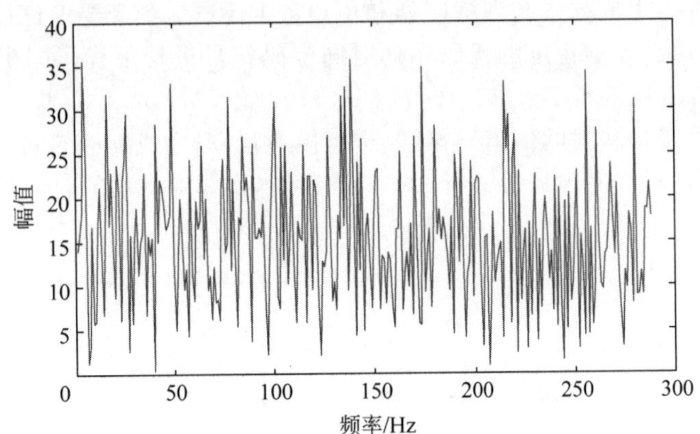

图 3.6.4 训练和用户数据加扰扰码序列进行 8PSK 相位调制后的谱线(长度为 288)

发送端扰码的生成程序参见附录 4。

3.7 数据的 8PSK 调制

数据的 8PSK 调制

形成待发送的码符号后,进行 8PSK(八相移相键控)调制,将数据信息映射成八进制星座图,生成复基带数据。

8PSK 通过在载波的八种不同相位状态来表征传递的数字信息,每一种载波相位代表 3b 的八进制信息。8PSK 是一种性能优良、应用十分广泛的数字调制方式,它的频率利用率高,是 BPSK(二相相移键控)的 4 倍。在一个调制符号中传输 3b,八相移相键控(8PSK)比 BPSK 的带宽效率高 4 倍。载波的相位为 8 个间隔相等的值,比如 0,π/4,π/2,3π/4,π,5π/4,3π/2 和 7π/4,每一个相位值对应于唯一的一对消息比特。8PSK 信号间隔见表 3.7.1。

表 3.7.1 8PSK 信号间隔

3b 值	相　移	相位实部(I)	相位虚部(Q)
0	0	1.0	0.0
1	π/4	$1/\sqrt{2}$	$1/\sqrt{2}$
2	π/2	0.0	1.0
3	3π/4	$-1/\sqrt{2}$	$1/\sqrt{2}$
4	π	−1.0	0.0
5	5π/4	$-1/\sqrt{2}$	$-1/\sqrt{2}$
6	3π/2	0.0	−1.0
7	7π/4	$1/\sqrt{2}$	$-1/\sqrt{2}$

对子载波进行相位调制,数学模型为

$$s(t)=A\cos[\omega_c t+\phi(t)] \tag{3.7.1}$$

式中,A 为信号幅度;ω_c 为载波的角频率,$\omega_c=2\pi f_c$;f_c 为子载波频率;$\phi(t)$为调制信号的相位,对应短波基带 8PSK 调制方式,则为$\dfrac{2\pi\times \text{data}(t)}{8}$;data($t$)为 t 时刻对应的待发送

的八进制数据。

上文解释过，通信基带信号处理一般转换成复信号在复数域处理更为便捷，$s(t)$即复信号的实部。利用欧拉公式：

$$e^{j\omega t} = \cos(\omega t) + j\sin(\omega t) \tag{3.7.2}$$

式中，j 代表信号的虚部。将子载波信号转换为复信号，则其表述为

$$s(t) = A e^{j[\omega_c t + \phi(t)]} = A e^{j\omega_c t} e^{j\phi(t)} \tag{3.7.3}$$

将时间系数进行离散化，由于子载波频率一般选为 1800Hz，8PSK 后调制的信号频率一般在 3400Hz 以内，按照香农定理，其采样频率不低于 2 倍的信号频率，工程应用中结合硬件器件采样率配置，采样率一般设置为 9600Hz。由于信道码符号速率为 2400Baud，信号采样频率为 9600Hz，二者相差 4 倍，所以对信号数据进行 4 倍的上采样后，进行脉冲成型滤波，以便信号的平滑处理。

$A e^{j\omega_c t}$ 不含有用户信息，因此可以先对信道码符号映射的星座图数据进行卷积滤波，然后再进行子载波频率搬移。

$$m(t) e^{j\frac{2\pi \times \mathrm{data}(t)}{8}} \tag{3.7.4}$$

式中，$m(t)$即脉冲成型的卷积滤波器。根据以上数学分析，可对即将发送的信道码符号分解成四个步骤进行处理：星座图映射、上采样、脉冲成型滤波、子载波频率调制。信道码符号的星座图映射是将信道码符号转换为待发送的复数星座图符号：

$$e^{j\frac{2\pi \times \mathrm{data}(t)}{8}} = \cos\frac{2\pi \times \mathrm{data}(t)}{8} + j\sin\frac{2\pi \times \mathrm{data}(t)}{8} \tag{3.7.5}$$

式中，$\mathrm{data}(t)$为 0～7 范围内的离散整数取值，8PSK 调制星座图正好将幅度保持恒定的圆形分成 8 份，在 8 个离散值之间取值。8PSK 信号的映射星座图和相位编码图分别如图 3.7.1 和图 3.7.2 所示。

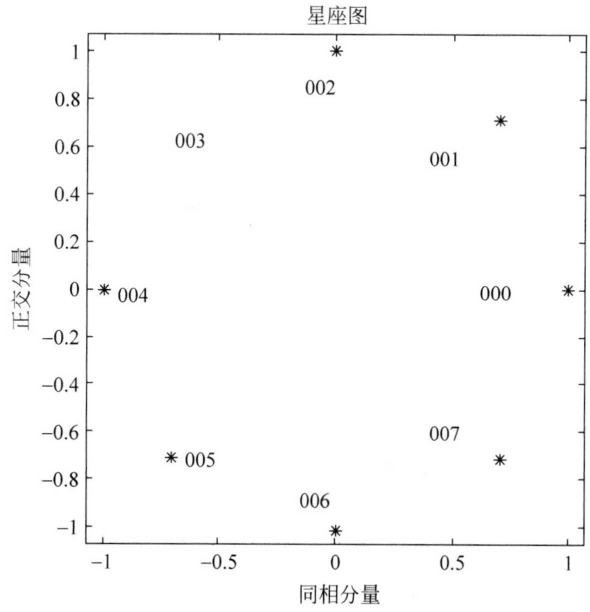

图 3.7.1 8PSK 信号映射星座图

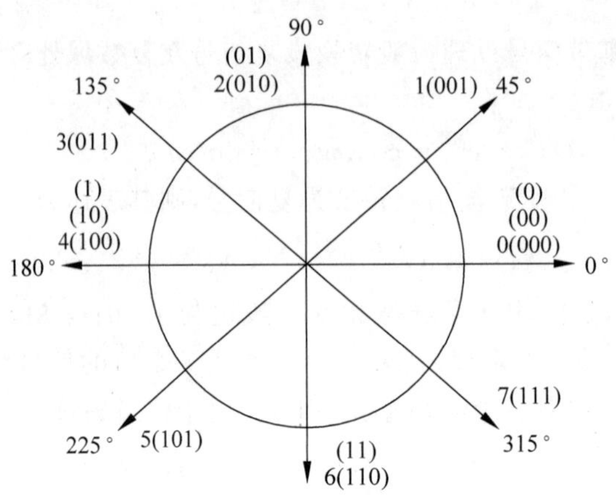

图 3.7.2　8PSK 信号的相位编码图

其他三个步骤——上采样、脉冲成型和子载波频率调制三者连为一体，将在 3.8 节介绍。

3.8　脉冲成型与子载波调制

脉冲成型与子载波调制

8PSK 信号调制速率为 2400 波特(Baud)，信号调制理论指出，对于码元宽度为 T 的二元数字移相信号，其功率谱主瓣宽度为 $2/T$，即波特率的 2 倍。那么 2400Baud 的信号，其主瓣宽度为 4800Hz，显然不能直接通过 3kHz 的话带传输，必须对信号频谱进行成型处理，将带宽限制在话音频带内。奈奎斯特解决了既克服符号间干扰又保持小的传输带宽的问题。他发现只要把通信系统(包括发射机、信道和接收机)的整个响应设计成在接收机端每个抽样时刻只对当前的符号有响应，而对其他符号的响应全等于 0，那么符号间干扰 ISI 的影响就能完全被抵消。根据无码间干扰的要求，即奈氏第一准则，波形成型的基本方法有两类：一类是时域成型，另一类是频域成型。用得较多的是频域升余弦滚降法。在此，脉冲成型滤波器的传递函数是一个平方根升余弦滚降函数，其传递函数为

$$H_{\mathrm{RC}}(f)=\begin{cases}1, & 0\leqslant |f|\leqslant (1-\alpha)/2T_s \\ \dfrac{1}{2}\left[\cos\left(\dfrac{\pi(2T_s\,|f|)-1+\alpha}{2\alpha}\right)\right], & (1-\alpha)/2T_s<|f|\leqslant (1+\alpha)/2T_s \\ 0, & |f|>(1+\alpha)/2T_s\end{cases} \tag{3.8.1}$$

式中，α 为滚降因子，取值范围为 0～1。当 $\alpha=0$ 时，升余弦滚降滤波器对应于具有最小带宽的矩形滤波器。这种滤波器的冲激响应可由对其传递函数做傅里叶变换得到：

$$h_{\mathrm{RC}}(t)=\left(\frac{\sin(\pi t/T_s)}{\pi t}\right)\left(\frac{\cos(\pi\alpha t/T_s)}{1-(4\alpha t/(2T_s))^2}\right) \tag{3.8.2}$$

升余弦滚降滤波器的阶数选择既要考虑随阶数增大带来的运算量问题，又要保证滤波器的性能尽量趋于理想，减少因有限阶数字结构造成的滤波器失真。滚降系数的选择视目

标而定，若追求频谱利用率，滚降系数应较小，多在 0.5 以下，但一般不会低于 0.2，因为滚降系数越小，实现的复杂度越高。这样选择的代价是对接收定时恢复的准确性要求高，因为滤波器特性下降速度越快，相应的时域冲击响应的副瓣幅度越大，且衰减速度慢，定时偏差所造成的误判概率必然加大。如果不追求频率利用率，滚降系数可选得大一些，一般在 0.5～1，这样，冲击响应的前导和后尾衰减速度加快，且副瓣幅度小，允许有较大的定时偏差，对降低误码率有利。余弦滚降传递函数可以通过在发射机端和接收机端使用同样的 $\sqrt{H_{\text{eff}}(f)}$ 滤波器来实现，即半余弦滤波器，同时在平坦衰落信道中为实现最佳性能提供了匹配滤波。

短波基带信号处理的脉冲成型作用主要有两个：一是针对信道码符号速率(2400b/s)与子载波采样速率(9600b/s)之间的不匹配问题，对信道码符号进行上采样后的数据平滑，防止信号跳变引入的干扰和信号失真；二是对发送的基带信号进行频谱整形，限制其频率范围，防止对其他通信系统的干扰。

对 8PSK 调制的星座图数据的上采样，一般在每个星座图数据后面以填充 0 数字实现。对应短波基带通信系统，信道码符号速率要从 2400Hz 上采样到 9600Hz，则要进行 4 倍的上采样，即在每一个星座图数据后面填入 3 个 0 数据，再对数据序列进行脉冲成型滤波。

在典型的参数配置下，平方根升余弦滤波器频谱特性的影响，分别参见图 3.8.1 和图 3.8.2。分析表明：随着阶数增大，滤波器的通带特性趋于一致，而且阻滞特性越好，即阻滞衰减越大，越能有效地抑制噪声。但随着阶数的不断增大而产生的运算量问题，对硬件的资源消耗很大。因此在实际应用中，既要考虑随阶数增大带来的运算量问题，又要保证滤波器的性能尽量趋于理想，减少因有限阶数结构造成的滤波器失真。

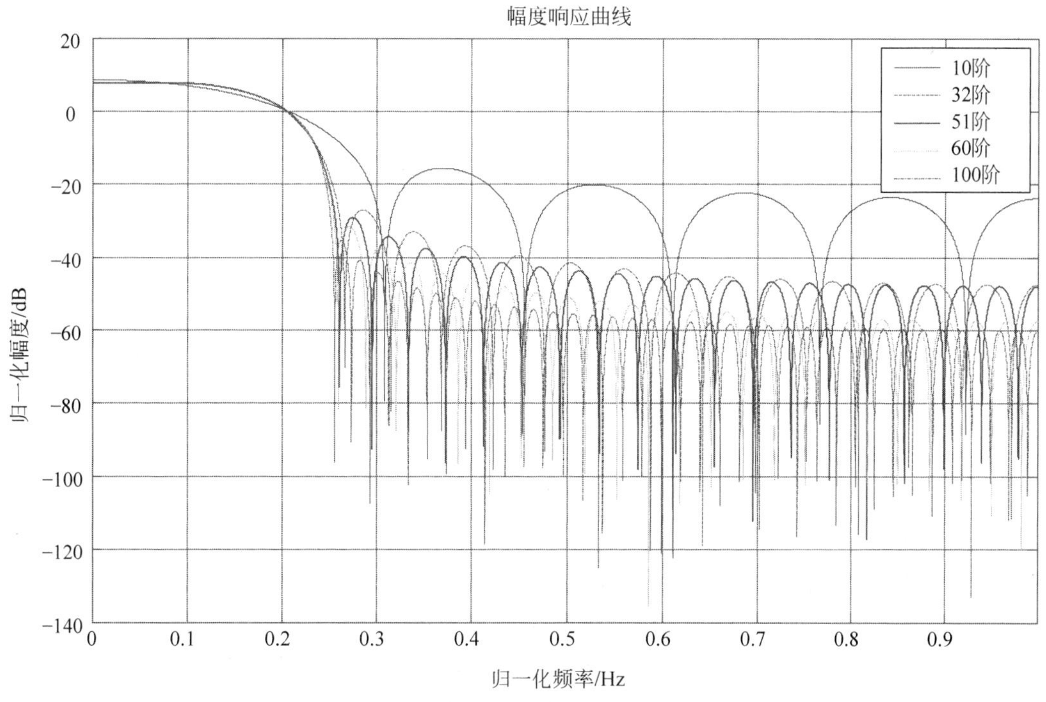

图 3.8.1　滤波器采样率、滚降系数相同，阶数不同的幅度特性

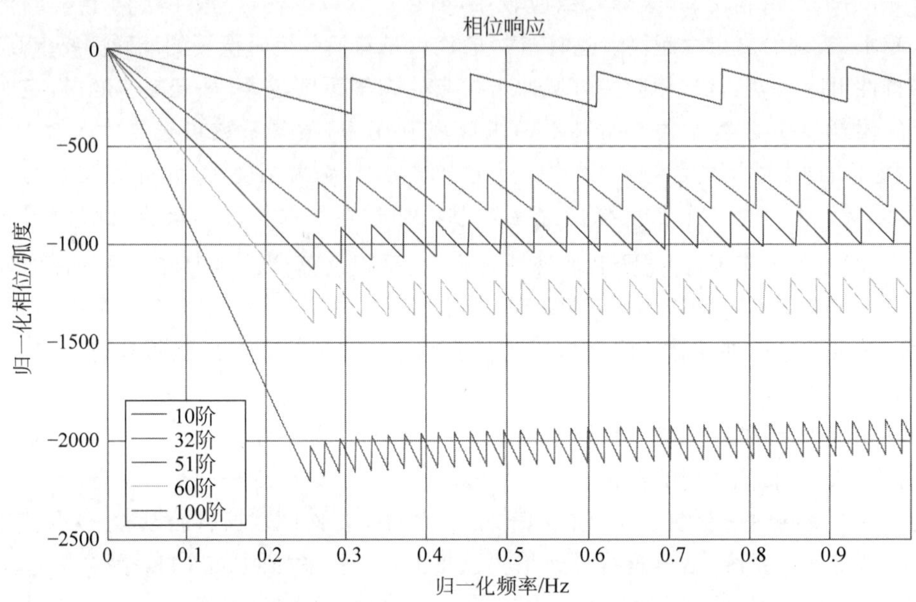

图 3.8.2 滤波器采样率、滚降系数相同，阶数不同的相位特性

针对短波基带特性，选择的脉冲成型滤波器滚降系数为 0.35，滤波器长度为 18 阶，卷积滤波器的初始状态为 0，随着后续数据的加入，逐步进行移位计算，其横向滤波器的图形结构如图 3.8.3 所示。在对信号进行上采样后的卷积滤波计算时，针对上采样填充 0 的特性，运算时可以进行简化计算。

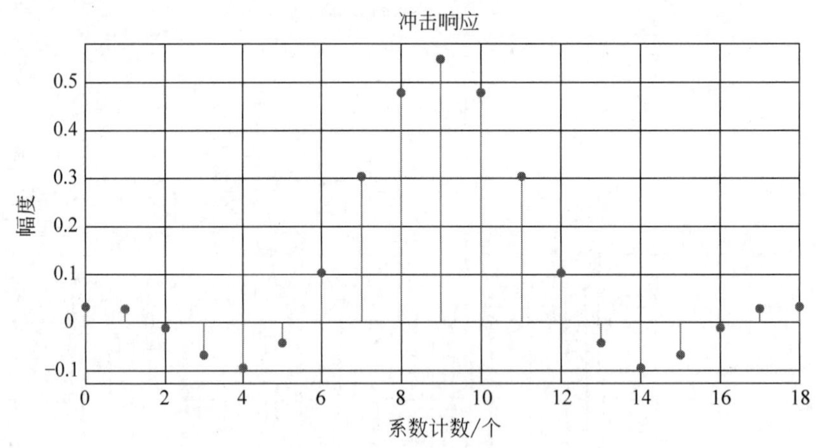

图 3.8.3 升余弦滤波器

经过脉冲成型后的输出数据，采样率与子载波采样频率相同，这样就可以直接进行复数域的乘积运算，完成子载波调制，即完成短波基带信号的生成；从处理器中输出该信号的实部至硬件电路的 D/A，形成含有用户数据信息的数字音频信号，这个信号能用耳机听见或用示波器监测到，且可从直接接入短波电台的音频通道，实现短波基带的射频调制，即常见的上/下边带调制、调频等。

值得说明的是，工程应用中大多采用16位的D/A，为了便于计算，结合硬件电路设计，信号幅度一般可根据需要选择合适的数值。图3.8.4和图3.8.5分别是经过子载波调制后典型数字音频信号的时域信号波形和功率谱，由图可以看出信号频谱被限制在300～3400Hz。

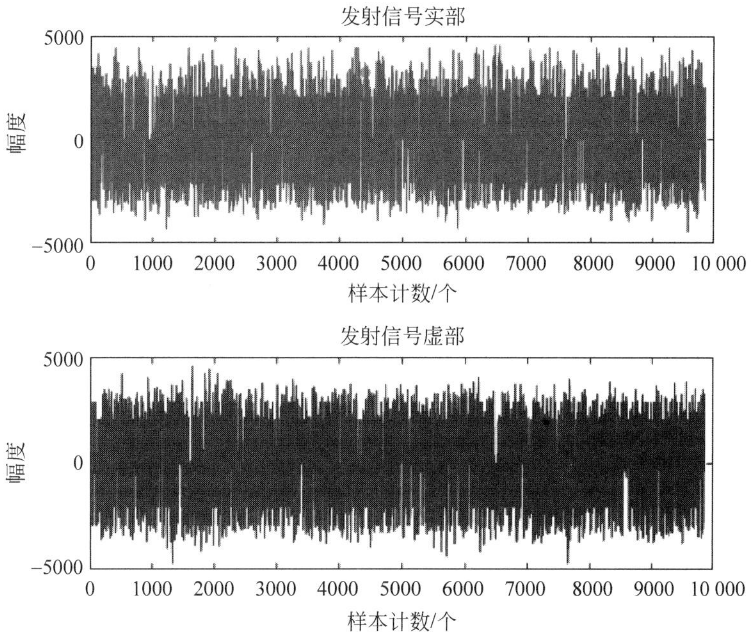

图3.8.4 1800Hz子载波调制后的信号时域波形

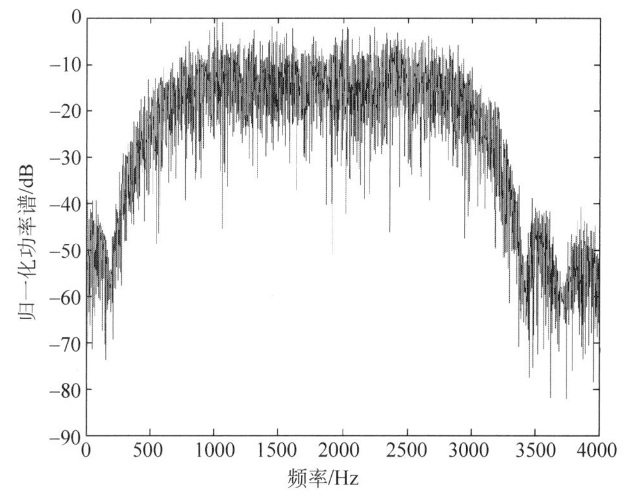

图3.8.5 1800Hz子载波调制后的信号归一化功率谱

脉冲成型滤波器程序参见附录5。

3.9 发送端数据格式总结

发送端数据格式总结

经过以上各流程数据处理分析，现将数据发送前各阶段数据处理参数汇总，见表 3.9.1。

表 3.9.1 短波调制解调器参数设置汇总

用户数据率/(b/s)	编码效率	信道速率/(b/s)	b/信道符号	信道码符号	用户信息长度	训练序列长度	调制方式
4800	无	4800	3	1	32	16	8PSK
2400	1/2	4800	3	1	32	16	8PSK
1200	1/2	2400	2	1	20	20	4PSK
600	1/2	1200	1	1	20	20	BPSK
300	1/4	1200	1	1	20	20	BPSK
150	1/8	1200	1	1	20	20	BPSK
75	1/2	150	2	32	全部	无	BPSK

从表 3.9.1 可以看出，当用户数据率为 4800b/s 时，每 3b 数据映射为一个信道码符号，则 1s 内的用户数据码符号数为 1600 个，与训练序列的配比为 2∶1，则 1s 内插入的训练序列长度为 800 个，累计信道码符号为 2400 个，对应的码符号速率为 2400Baud。当用户数据率为 75b/s 时，1s 用户数据为 75b，编码后为 150b，每 2b 映射为 32 个信道码符号，则 1s 内的信道码符号数为 150×32/2＝2400，即该用户数据率下的信道码符号速率为 2400Baud。其他用户数据率下的信道码符号速率分析方法同上。由此可以看出，不管用户数据率如何，在通过信道符号映射和加入训练序列后，信道码符号速率均可保持为 2400Baud。当用户数据率为 75～600b/s 时，实际采用的是 BPSK；当用户数据率为 1200b/s 时，采用 4PSK；而当用户数据率为 2400～4800b/s 时，采用的是 8PSK；调制阶数越高，信道符号的相似程度也越大，接收端发生错判的概率也就越大。

后续数据处理以数据帧为单位。对同步序列而言，一个数据帧就是一个同步码符号映射为 32 个信道符号的数据长度；在用户数据处理阶段，一个数据块加上一个训练序列块，组成一帧数据。75b/s 下没有训练序列，每 2b 数据映射为 32 个信道码符号，为一帧数据。这是在不同通信数据率下，每一个交织矩阵可分解的数据帧长度，该数据将作为一个交织矩阵数据是否处理完毕的依据。

在各种用户数据率下，一个交织矩阵所蕴含的数据帧数见表 3.9.2。如在 2400b/s 情况下，采用的是 8PSK 调制方式，每个信道码符号为 3b，一帧有 32 个未知用户数据(16 个训练码符号，不参与交织不做统计)，则一帧用户数据的长度为 96b(编码后的)，长交织下其行数和列数分别为 40 和 576，则每个交织矩阵所拥有的数据帧数为 576×40/96＝240 帧。短交织下其行数和列数分别为 40 和 72，则每个交织矩阵所拥有的数据帧数为 72×40/96＝30 帧；依次可计算 1200b/s 下的每帧用户数据长度为 40b，长短交织下一个交织矩阵所蕴含的数据分别为 288 帧和 30 帧；其他数据率下可以此类推。

而在 75b/s 下，每 2 个交织数据映射为 32 个信道码符号进行发射，因此每帧用户数据长度为 2b，长短交织下一个交织矩阵所蕴含的数据帧分别为 360 帧和 45 帧。

表 3.9.2　交织矩阵所蕴含的数据帧数

用户数据率/(b/s)	每帧用户数据长度	长交织			短交织		
		交织阵行数	交织阵列数	数据帧数	交织阵行数	交织阵列数	数据帧数
2400	96	40	576	240	40	72	30
1200	40	40	288	288	40	36	36
600	20	40	144	288	40	18	36
300	20	40	144	288	40	18	36
150	20	40	144	288	40	18	36
75	2	20	36	360	10	9	45

综合上述分析，发送端有相关标准做约束，其数据处理的流程和方法有规则可依，相当于在信号处理领域给出了一道公平的考题，能否把这道考题做好，核心在接收端的算法和设计上。

第4章

短波信道建模与仿真

经发送端数据处理之后，数据将进入短波信道。短波信道有什么特征？如何来描述短波信道？短波信道对发送端信号有什么影响？本章将围绕上述问题展开分析。

4.1 短波信道建模与仿真的需求

短波信道建模与仿真的需求

短波信道是时变色散信道，需要采用有效的信道均衡算法对接收信号进行处理，才能取得较好的数据通信效果。在衡量信道均衡算法的性能时，应充分考虑各种可能的短波信道环境。由于开展短波通信试验需要跨越几百千米，远距离试验测试成本高；而且，一次通信只能对特定信道参数分布进行测试，依靠远距离通信试验获取到不同信道环境参数情况下的短波信道均衡性能，需要在不同时间、不同地点，开展大量的远距离通信试验，成本高、效率低。因此，在短波数据通信中，一般采用短波信道模拟的方法，模拟不同的信道环境，对短波信道均衡的性能进行测试。

短波信道建模主要针对天波传播模式建模，由于电离层实时变化，不可能给出精确的预测。短波信道依据参数选择方式的不同，通常有两种建模方式：一种方式是根据实际测量结果重现若干条实际信道的各个细节参数，称为“实测模型”；另一种方式是基于典型信道参数的统计规律建模，仿真虚拟的通信环境，称为“统计模型”。统计模型的优势在于：①该模型是一种相对简易的短波建模方案；②根据典型参数不同分布模式的选择，可以对多种多样的信道条件进行仿真实验；③仿真结果更具有普遍意义。因此，短波信道建模一般采用统计模型。

常用的统计模型有 Watterson 模型和 Wide-band 模型。Watterson 模型适用于窄带短波信道建模，且是一个静态模型，只能对少于 10min 时段里的信道做出准确描述[20-23]；Wide-band 模型是宽带短波统计模型。根据本书的研究对象定位，需利用窄带短波电台语音通道传输数据信息，可采用 Watterson 信道模型对其进行建模。本章主要在窄带短波信道环境下对 Watterson 模型及其实现算法开展研究。

4.2 短波信道的参数描述

短波信道的参数描述

按照美国军用标准 MIL-STD-188-110B 协议设计短波发送端数据格式，当接收端采用相关算法对信号进行解调时，CCIR 给出的解调最低性能下限见表 4.2.1。

表 4.2.1 性能指标

用户数据率/(b/s)	信道路径	多径/ms	衰落带宽/Hz	SNR/dB	BER
4800	1 固定	—	—	17	$\times10^{-3}$
	2 衰落	2	0.5	27	$\times10^{-3}$
2400	1 固定	—	—	10	$\times10^{-5}$
	2 衰落	2	1	18	$\times10^{-5}$
	2 衰落	2	5	30	$\times10^{-3}$
	2 衰落	5	1	30	$\times10^{-5}$
1200	2 衰落	2	1	11	$\times10^{-5}$
600	2 衰落	2	1	7	$\times10^{-5}$
300	2 衰落	5	5	7	$\times10^{-5}$
150	2 衰落	5	5	5	$\times10^{-5}$
75	2 衰落	5	5	2	$\times10^{-5}$

注：(1) “1 固定”表示一条固定路径，“2 衰落”表示 2 条衰落路径；
(2) 信号和噪声功率均在 3kHz 带宽内衡量。

以 2400b/s 的用户数据率为例，在无衰落路径、信噪比为 10dB 的情况下，误码率不低于 1×10^{-5}；在两条衰落路径、延迟为 2ms、多普勒扩展为 1Hz 的信道环境下，信噪比为 18dB 情况下，误码率不低于 1×10^{-5}。在其他信道环境下以此解读。

从表 4.2.1 中可以看出，影响短波通信的因素有多径、衰落带宽、噪声，此外还有多普勒频移。因此，描述一个短波信道的特征主要有多普勒频移、多径、衰落带宽、噪声 4 个要素；其中，衰落带宽即多普勒扩展，反映着信号衰落变化的幅度和深度。为了检验接收端信号处理算法的性能，需要按照以上 4 个参数对信道进行建模，以生成符合要求的受扰数据，便于对接收信号处理性能进行评估。

对短波信道建模，除了按照 CCIR 的要求达到接收端信号处理性能的信道参数，还可以依照统计规律，对短波信道的多径时延、多普勒频移和多普勒扩展等关键参数进行设定，其分布规律统计分布如图 4.2.1、图 4.2.2 和图 4.2.3 所示[24-29]。

根据短波分布统计特性，基于 Watterson 模型，CCIR 在 1986 年提出了 3 组标准的窄带短波信道仿真参数，涉及短波安静信道、中度信道和恶劣信道。由于短波信道在不同的地理纬度上有不同的特性，CCIR 又根据地理纬度的不同，分别在低纬度、中纬度和高纬度对上述信道参数进行细分。具体参数设置见表 4.2.2。

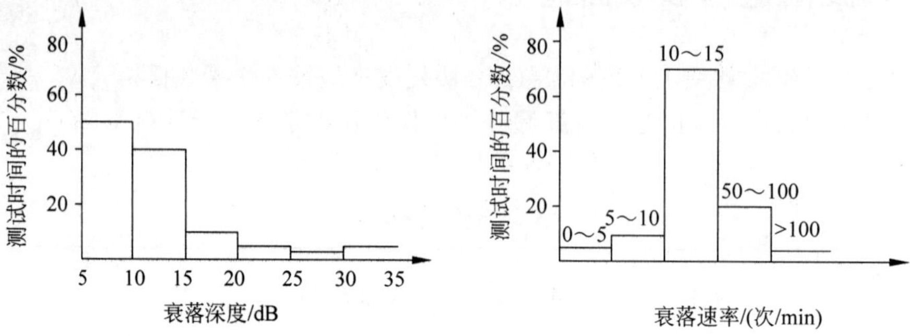

图 4.2.1　短波信道衰落深度与频率统计

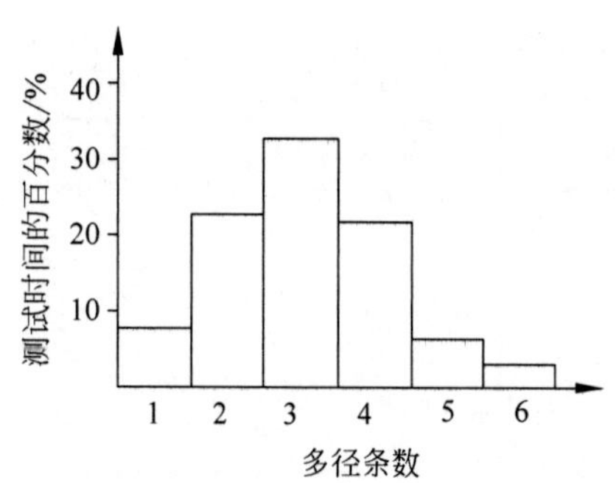

图 4.2.2　短波信道多径条数分布统计

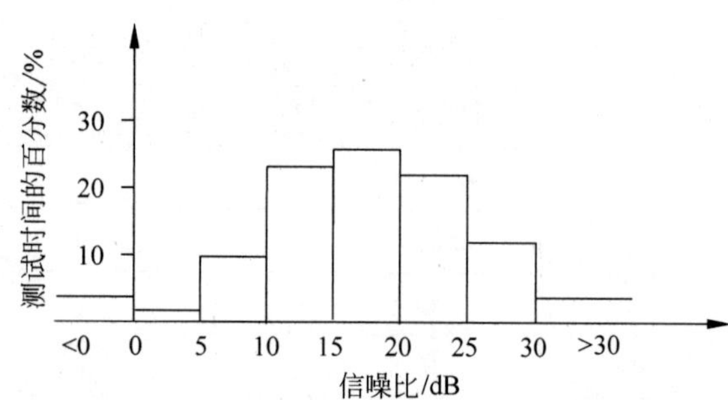

图 4.2.3　短波信道信噪比分布统计

表 4.2.2　CCIR 推荐 HF 信道仿真参数

信　　道	多径延迟/ms	多普勒扩展/Hz
低纬度安静信道	0.5	0.5
低纬度中度信道	2	1.5
低纬度恶劣信道	6	10
中纬度安静信道	0.5	0.1
中纬度中度信道	1	0.5
中纬度恶劣信道一	2	1
中纬度恶劣信道二	7	1
高纬度安静信道	1	0.5
高纬度中度信道	3	10
高纬度恶劣信道	7	30

在低纬度安静信道环境下，多径延迟一般为 0.5ms，多普勒扩展为 0.5Hz；在中纬度中度信道环境下，以上参数翻倍；在高纬度恶劣信道环境下，多径延迟和多普勒扩展分别高达 7ms 和 30Hz。工程试验表明，这 3 组标准信道加入高斯白噪声后，能较准确地反映电离层反射的短波信道特性。

4.3　短波信道多普勒频移效应的实现

短波信道特征主要用多普勒频移、多径、衰落带宽、噪声 4 个要素描述，下面依次对其进行分析。多普勒频移（Doppler shift）是指当移动台以恒定的速率沿某一方向移动时，由于存在传播路程差，在接收端会造成相位和频率的变化，通常将这种变化称为"多普勒频移"。它揭示了电波属性在运动中发生变化的规律，如图 4.3.1 所示。

短波信道多普勒频移效应的实现

多普勒频移现象在日常生活中比较常见，当一列鸣着汽笛的火车经过某观察者时，你会发现火车汽笛的声调由高变低。为什么会发生这种现象呢？这是因为声调的高低是由声波振动频率的不同决定的，如果频率高，声调听起来就高；反之声调听起来就低，这种现象称为"多普勒效应"，它是以发现者克里斯蒂安·A. 多普勒（Doppler Christian A.）的名字命名的。多普勒是奥地利物理学家和数学家，于 1842 年首先发现了这种效应。为了理解这一现象，需要考察火车以恒定速度驶近时，汽笛发出的声波在传播时的规律。当火车迎面驶来时，鸣笛声的波长被压缩（如图 4.3.2 所示），频率变高，因而声音听起来尖利刺耳，这就是观察者为什么会感觉声调变高的原因；相反，当火车驶向远方时，声波的波长变大，好像波被拉伸了，因此声音听起来低沉。

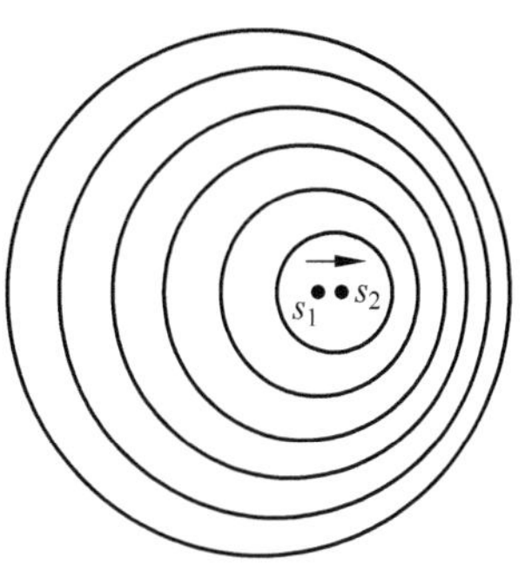

图 4.3.1　多普勒频移示意图（波源向右移动）

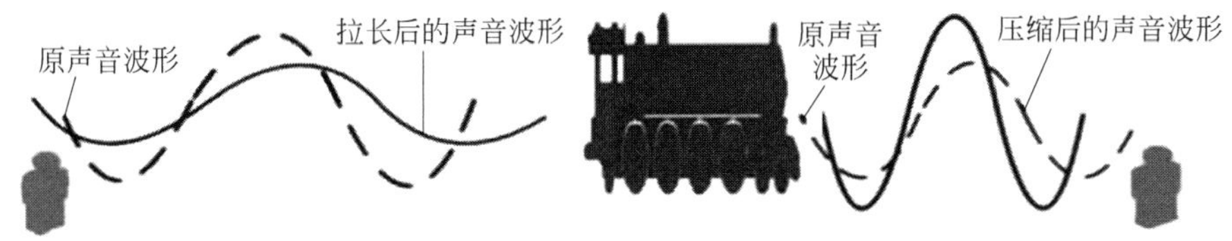

图 4.3.2　鸣笛声波形的变化示意图

多普勒频移是对信号整体进行频率搬移，如果不对其进行消除处理，仍以原子载波对信号进行解调，会造成解调不充分，相当于还有一个二者频率差的载波对基带信号进行调制，造成基带信号时强时弱，影响数据解调效果，所以多普勒频移必须予以消除。接收端基于同步信号的特征规律，可以实现对多普勒频移的估计，并通过算法对其进行补偿，以消除信道多普勒频移对接收端信号的影响；这是通信的起始段发送同步序列的重要原因之一。

信道的多普勒频移仿真可通过在发送信号上直接与一个固定频率因子相乘实现，设复基带或复带通信号为 $r(t)$，对该信号进行多普勒频移 f_0，输出信号为 $y(t)$，则：

$$y(t)=r(t)\mathrm{e}^{\mathrm{j}2\pi f_0 t} \tag{4.3.1}$$

由此即可实现接收信号的多普勒频移。

以 1800Hz 的单音信号为例，其频谱特性为一脉冲信号；在对其进行多普勒频移 200Hz 后，脉冲信号特性不变，但频点发生了偏移，偏移值即信道的多普勒频移值，如图 4.3.3 所示。在时域将单音信号生成声音文件播放，通过音频播放单音信号，可以听出声音发生了变

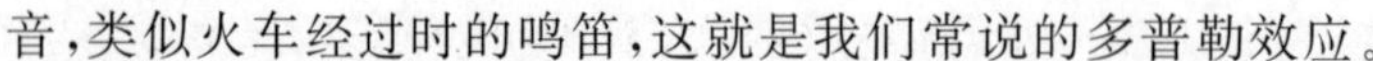

音，类似火车经过时的鸣笛，这就是我们常说的多普勒效应。

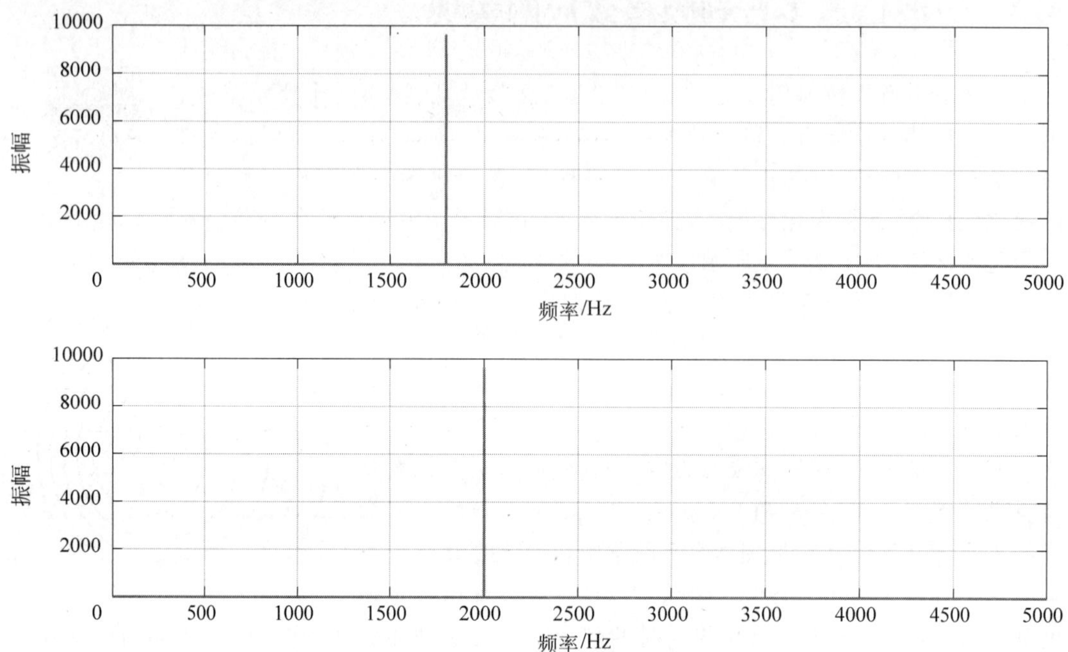

图 4.3.3　1800Hz 单音信号的多普勒效应频谱图

多普勒频移程序实现代码参见附录 6。

4.4　短波信道多径效应的实现

短波信道多径效应的实现

多径效应(multipath effect)是通信系统非常常见的一类影响因素，它指电磁波经过不同的路径传播后，各分量场到达接收端的时间不同，按各自的相位相互叠加而造成干扰。比如电磁波沿不同的两条路径传播，而两条路径的长度正好相差半个波长，那么两路信号到达终点时正好相互抵消了(波峰与波谷重合)。这种现象在以前看模拟信号电视的过程中会经常遇到。看电视时如果信号较差，会看到屏幕上出现重影，这是因为电视上的电子枪在从左向右扫描时，后到的信号在稍靠右的地方形成了虚像。多径效应对于数字通信、雷达最佳检测等都有着十分严重的影响。

多径效应在信号传播的过程中经常发生而且后果很严重。其主要有两种形式：一种是分离的多径，由不同跳数的射线、高角和低角射线等形成，其多径传播时延差较大；另一种是微分的多径，多由电离层不均匀体引起，其多径传播时延差很小。对流层电波传播信道中的多径效应问题也很突出。多径产生于湍流团和对流层层结。在视距电波传播中，地面反射也是多径的一种可能来源。典型的多径传播示意图如图 4.4.1 所示。

多径传播的数学模型实现：

设复基带发送信号为 $r(t)$，多径延迟有一条路径，延迟时间为 τ，接收端信号可以表述为

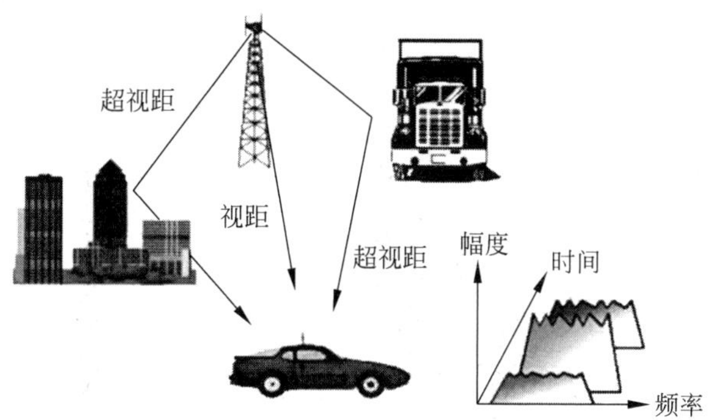

图 4.4.1　多径传播示意图

$$y(t)=r(t)+A_0r(t-\tau) \tag{4.4.1}$$

式中，A_0 为某条路径上信号的衰落因子，与多普勒扩展有关，其分布符合一定的特性，如莱斯信道等；多径延迟一般与信道多普勒扩展一起联合实现。在具体实现方式上，按照信号采样频率对发送端复基带信号 $r(t)$ 进行离散化处理，根据系统的采样速率和多径延迟时间，计算多径延迟的采样样本数，然后采用移位寄存器，通过对时间滞后的前端数据补零、后续数据移位的方式，实现多径延迟。多条多径延迟数据可以按最先到达的数据为时间起点，按时间关系进行多路合并叠加。由于多径延迟在仿真时以样本数为单位进行统计，计算出的样本数为非整数时可向上取整。音频信号的采样频率比复基带信号的采样频率高，为了更加准确地反映多径延迟的特性，一般在处理音频信号的采样频率上实现多径延迟。

以单音信号为例，其频谱特性为一脉冲信号；为了便于观察，对多径信号先进行频移，再对多径延迟信号进行叠加，则会在原来的谱线旁边出现另一条幅度相对较低的谱线，即第二路信号达到的谱线，如图 4.4.2 所示。在时域上，如果将某一句话音信号进行多径延迟后

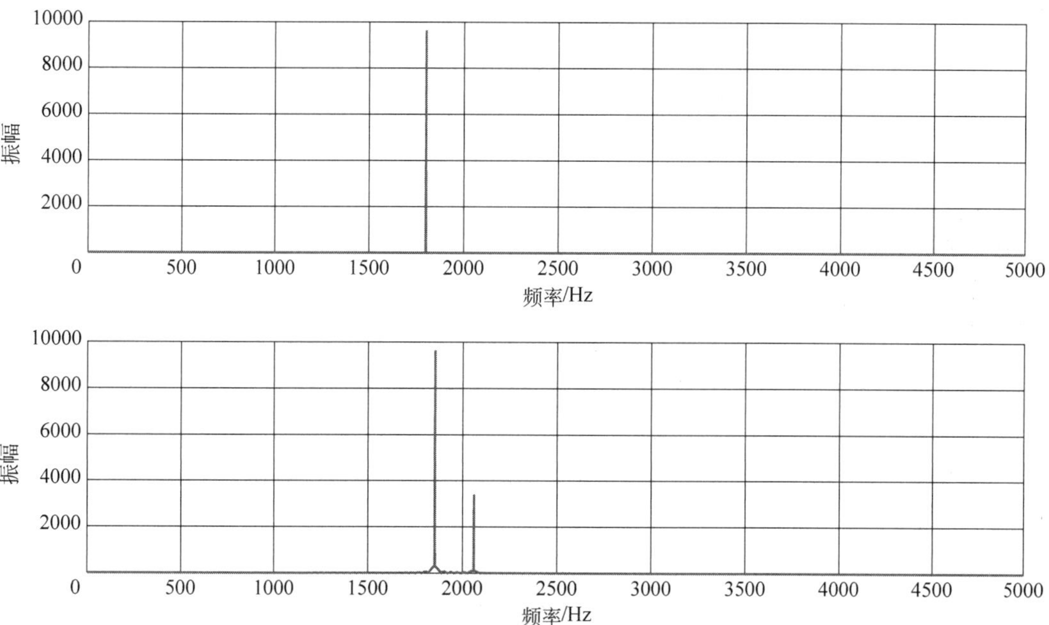

图 4.4.2　单音信号多径效应的频谱图

叠加,可以听到像二重唱的效果；如果在这个过程中有多普勒扩展的影响,则会听出后续到达声音的忽高忽低。

以“文字合成短波基带信号编码,包括数据前向纠错编码、数据交织和修正格雷编码三个阶段的数据处理”的语音为例,合成软件输出的采样率为 16kHz。为体现效果,进行 300ms 的多径延迟。如图 4.4.3 所示,(播放音频文件)从时域图像和音频播放的声音可以看出时域信号波形的变化和语音上的延迟回声效果。

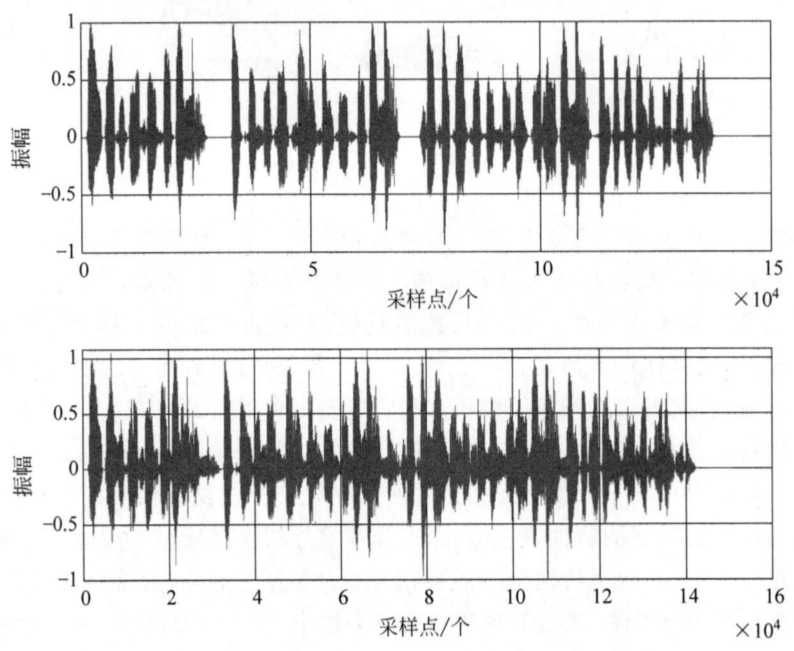

图 4.4.3　语音信号多径效应的仿真图

短波信道多径效应实现代码参见附录 7。

4.5　短波信道噪声的加入

短波信道噪声的加入

在仿真时,短波信道中加入的噪声一般用白噪声(white noise)描述。白噪声是指在所有频率上具有相同能量密度的随机噪声。短波信道加入的白噪声一般是带通白噪声。

为便于复信号处理,需要生成复信号白噪声。设生成的两个随机数为 r_1 和 r_2,均归一化在±1 范围内：

$$r = r_1^2 + r_2^2,\quad r < 1 \tag{4.5.1}$$

式中,r 为噪声功率。若 r 不满足小于 1 的要求,则继续重复生成该随机数。在满足上述条件下,设：

$$r = \sqrt{-\frac{2\log(r)}{r}} \tag{4.5.2}$$

式中,r 即噪声的功率因子。满足上述要求的噪声,即符合要求的高斯复白噪声。根据信噪比设定的要求,计算噪声应该放大的倍数,乘以 r_1,r_2,即可得出复信号的噪声数据。模拟生成的复噪声实部和噪声频率分布特性,部分截取如图 4.5.1 所示。

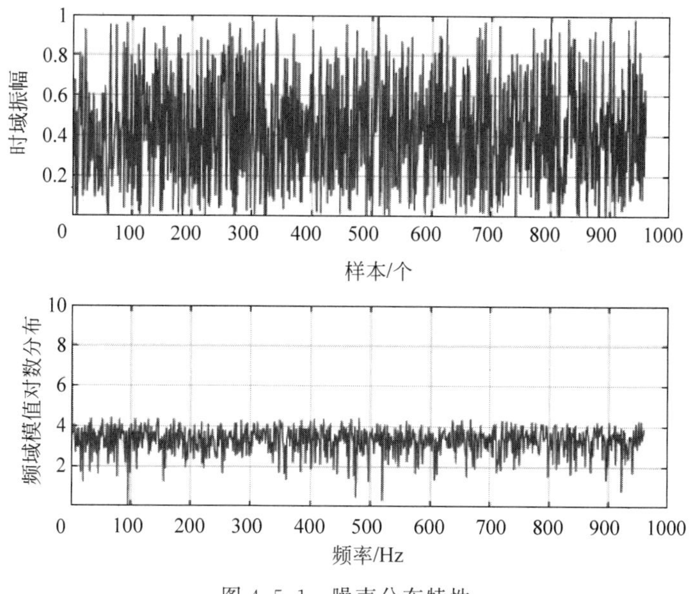

图 4.5.1 噪声分布特性

可见,模拟生成的复噪声具备白噪声特性。之后进行带通滤波处理以抑制带外噪声功率,采用脉冲成型滤波器即可实现。

信道噪声现象特别常见,音频里"嗞嗞"的声音即由噪声现象引起;"嗞嗞"声越大,信道的信噪比越低、信道环境越恶劣,反之亦然。

短波信道噪声效应实现代码参见附录 8。

4.6 短波信道 Watterson 模型表征

短波信道 Watterson 模型表征

短波信道单一路径的时变衰落系数,即多普勒扩展,主要用 Watterson 模型描述,可由复高斯白噪声通过一个高斯滤波器生成[30]。高斯滤波器在时域可表述为

$$f(t)=\sqrt{2}\,\mathrm{e}^{-\pi^2 t^2 d_j^2} \tag{4.6.1}$$

其中,d_j 为信道的多普勒扩展。设采样频率为 f_s,对式(4.6.1)进行离散化可得:

$$f(i)=\sqrt{2}\,\mathrm{e}^{-\frac{\frac{i^2}{f_s^2}}{2\frac{2}{2\pi^2 d_j^2}}} \tag{4.6.2}$$

可知,高斯滤波器的标准差为 $\sigma=\dfrac{f_s}{\sqrt{2}\,\pi d_j}$。高斯滤波器的长度至少为 6σ(高斯低通滤波器的衰减相对主瓣至少必须到 -35dB),这种对高斯白噪声进行滤波生成信道衰落系数的方式,称为"直接滤波方式"。

设计合理的高斯滤波器是生成衰落信道系数的基础。设计高斯滤波器需注意如下 3 个问题：

(1) 高斯低通滤波器要具有高斯脉冲的形状，其标准差为信道的多普勒扩展；

(2) 高斯低通滤波器的旁瓣相对主瓣至少要衰减到 −35dB，以此确定滤波器的长度；

(3) 高斯滤波器的采样频率至少为多普勒扩展值的 32 倍；采用低的采样值，然后进行多次上采样，倍频至带通信号采样速率，主要是为了降低算法实现的复杂度。

以上方法实现的是单一路径的多普勒扩展。根据 Watterson 模型的要求，可设计单一路径短波信道系数生成过程如下。

(1) 根据多普勒扩展，设计合适的中间采样速率；该采样速率至少为多普勒扩展值的 32 倍；

(2) 根据多普勒扩展值及初始采样率，计算高斯滤波器的标准差。

$$\sigma = \frac{\sqrt{2}F_s}{2\pi F_{2\sigma}} \tag{4.6.3}$$

式中，$F_{2\sigma}$ 为高斯滤波器 2σ 的频率宽度，其值为多普勒扩展值；设计高斯滤波器旁瓣衰减要达到主瓣衰减的 −35dB，则高斯滤波器长度至少为 6σ 长度。一般根据式(4.6.4)和式(4.6.5)设计高斯滤波器的长度，并确保其长度为奇数：

$$N' = \left\lfloor K\frac{F_s}{F_{2\sigma}} \right\rfloor \tag{4.6.4}$$

$$\begin{cases} N = N', & N' \text{为奇数} \\ N = N' + 1, & N' \text{为偶数} \end{cases} \tag{4.6.5}$$

式中，$\lfloor A \rfloor$表示对 A 向上取整；K 为控制滤波器长度的系数，K 值越大，匹配高斯滤波器的效果越好；但 K 增大意味着高斯滤波器增长，会降低高斯滤波器效率；该值一般可取 1.4，这样计算的高斯滤波器长度为 σ 的$\sqrt{2}K\pi$ 倍，约 6.22 倍。

(3) 计算高斯滤波器系数值。

$$A(n) = \frac{1}{\sqrt{2\pi}\sigma}\exp\left[-\frac{(n-\mu)^2}{2\sigma^2}\right] \tag{4.6.6}$$

式中，n 依次取$-\frac{N}{2}\sim\frac{N}{2}$的整数，$\mu$ 取值为 0。

(4) 依照初始采样速率，选取适当内插因子(4 或 5)对高斯滤波器进行上采样，直至上采样频率达到语音带通信号的采样频率，即输出信道衰落因子。

根据 MIL-STD-188-110B，码符号速率为 2400Baud，设引入的多普勒扩展为 1Hz，直接滤波时高斯滤波器至少需要 3260 阶；如果对基带信号进行 1800Hz 子载波的带通调制，在音频信号采样频率上设计高斯滤波器，则设计的高斯滤波器阶数将更高。过长的 FIR 滤波器不仅效率低，还会在一定程度上恶化计算精度[31-32]，常采用多级内插滤波的方式，以降低 FIR 滤波器阶数过高带来的计算效率低的问题。

多级内插滤波技术(multiple interpolation filtering)的基本思想是先在一个较低频率 F_s 上对复高斯信号进行高斯滤波，然后进行多次的零值内插、倍频到所需的采样频率，生成信道衰落因子。内插因子不能选择过高，一般为 4～5；在设计较低的采样频率 F_s 时，必须考虑该采样速率至少应为多普勒扩展值的 32 倍。显然，多普勒扩展越小，零值内插的次数越多。进行多级内插滤波时，上一级每产生一个滤波数据，就会在下一级滤波中产生内插因子个滤波数据；经过多级滤波，产生的数据相对内插因子将成几何级数增长。数据越多，要求的存储空间越多；而且，当需要产生的数据个数不是内插因子的几何级数倍时，会产生大量的冗余数据，且不利于信道系数的实时生成。该方法也不是有效的信道衰落因子生成方法。

4.7　Watterson 模型的算法实现

Watterson 模型的算法实现

针对直接高斯滤波和多级内插滤波存在的问题，可采用基于多级迭代滤波技术，降低运算复杂度和存储空间，以便实时生成信道的衰落因子。

多级迭代滤波技术（multiple iteration filtering）主要利用了数据的零值内插特性。设内插因子为 α，内插滤波器的长度为 P，则每次滤波需要用到的滤波数据为 P/α（一般设计为整数值）个，将滤波产生的数据再次内插滤波，累计进行 K 级滤波后，可将数据倍频到采样频率：

$$K=\log_{\alpha}(f_{\mathrm{s}}/F_{\mathrm{s}}) \tag{4.7.1}$$

记在 $\alpha^{m}F_{\mathrm{s}}$ 采样频率上，第 m 级内插滤波（$m<K$）的输入数据为 $x^{(m)}$，输出数据为 $y^{(m)}$，则：

$$y^{(m)}(i)=\sum_{l=1}^{P}x^{(m)}(l)L(N-i) \tag{4.7.2}$$

式中，L 为内插滤波器系数，$x^{(m)}(i)$ 中含有 N/α 个非零数据（$1\leqslant i\leqslant N$），这意味着每一个非零 $x^{(m)}(i)$ 数据的输入，将产生 α 个非零输出数据 $y^{(m)}$；新产生的输出数据将作为下一级内插滤波的输入数据，产生 α^{2} 个输出数据 $y^{(m+1)}$。可见，在第 K 级每输出一个数据，平均需要第 $K-1$ 级的 $1/\alpha$ 个数据，第 $K-2$ 级的 $1/\alpha^{2}$ 个数据，……，以此类推。

由后往前看，在第一级每产生一个数据，将会在第 $1/\alpha$ 级产生 α^{K} 个输出数据；对每一级滤波生成的数据进行储存，根据样本的序号抽取相应级别的滤波数据进行下一级的滤波。按照以上思路，可归纳出多级迭代滤波算法的流程，见表 4.7.1。

表 4.7.1　多级迭代滤波算法的流程

步骤	内容
步骤 1	初始化内插滤波器、内插因子 α、扩展频段划分与中间采样频率值
步骤 2	根据多普勒扩展值生成高斯滤波器，选择中间采样频率和内插级数 K
步骤 3	样本计数 index=1：M（M 为需要产生的样本个数）
步骤 4	$J=K$：1，依次判断 index 是否为 α^{J} 的整数倍；若是，则执行步骤 6，反之执行步骤 5
步骤 5	进行当前状态的内插滤波，滤波状态加 1；若滤波状态超过内插滤波器长度，则滤波状态清零；滤波数据存入第 $J-1$ 级内插滤队列中
步骤 6	产生一个噪声样点，存入第 J 级滤波器的滤波数据队列中
步骤 7	产生一个衰落因子，index 加 1，若 index 小于 M，重复步骤 4

设需要生成的衰落系数为 M 个（为便于计算，取 M/α^{K} 为整数），高斯滤波器长度均选择为 6 倍方差值，分别对直接滤波、多级内插滤波和多级迭代滤波算法从算法复杂度和存储

空间上进行对比。

直接滤波：滤波器长度为 $N_1=\left\lfloor 6\times\frac{f_s}{\sqrt{2}\pi d_j}\right\rfloor$，表示对 N_1 向上取整并取奇数，则需要乘法和加法的次数均为 MN_1，存储空间为 $2N_1$；

多级内插滤波：中间高斯滤波器长度为 $N_2=\left\lfloor 6\times\frac{F_s}{\sqrt{2}\pi d_j}\right\rfloor$，则：

$$\frac{N_1}{N_2}\approx\frac{f_s}{F_s}=\alpha^K \tag{4.7.3}$$

需要的乘法和加法的次数均为

$$\left(\frac{M}{\alpha}+\frac{M}{\alpha^2}+\cdots+\frac{M}{\alpha^{K-1}}\right)\frac{N}{\alpha}+\frac{M}{\alpha^{K-1}}N_2=\frac{M(\alpha^{K-1}N-N+\alpha^2N_2-\alpha N_2)}{\alpha^K(\alpha-1)} \tag{4.7.4}$$

需要的存储空间为

$$\left(\frac{M}{\alpha}+\frac{M}{\alpha^2}+\cdots+\frac{M}{\alpha^{K-1}}\right)+N_2+P=\frac{M(\alpha^{K-1}-1)}{\alpha^{K-1}(\alpha-1)}+N_2+P \tag{4.7.5}$$

多级迭代滤波：高斯滤波器长度与多级内插滤波相同，则需要乘法和加法的次数均为(忽略状态计数)

$$\left(M+\frac{M}{\alpha}+\frac{M}{\alpha^2}+\cdots+\frac{M}{\alpha^{K-1}}\right)\frac{P}{\alpha}+\frac{M}{\alpha^K}N_2=\frac{M(\alpha^KP-P+\alpha N_2-N_2)}{\alpha^{K-1}(\alpha-1)} \tag{4.7.6}$$

需要的存储空间为

$$\frac{P}{\alpha}K+N_2+P \tag{4.7.7}$$

为了更直观地比较以上3种滤波方法的算法复杂度和需要的存储空间，以具体的数据为例进行说明。假设采样数据频率为 $f_s=9600\text{Hz}$，内插滤波器的内插因子为4，内插滤波器长度为40，数据量为9600个采样符号，当多普勒扩展值在0.1～1Hz时，设置初始采样频率为37.5Hz；在1～4Hz时，设置初始采样频率为150Hz；在4～15Hz时，设置初始采样频率为600Hz。分别在多普勒扩展值为0.5Hz，1.5Hz，2.5Hz，5Hz和10Hz时进行测算，结果见表4.7.2。

表4.7.2　算法复杂度与存储空间对比

多普勒扩展因子/Hz		0.5	1.5	2.5	5	10
直接滤波算法	复杂度	248 937 600	82 992 000	49 795 200	24 892 800	12 451 200
	存储量	51 862	17 290	10 374	5186	2594
多级内插滤波算法	复杂度	46 950	112 200	79 800	415 200	223 200
	存储量	3293	3177	3123	2603	2523
多级迭代滤波算法	复杂度	131 360	146 550	138 450	217 800	169 800
	存储量	183	207	153	223	143

由表4.7.2可以看出：在不同多普勒扩展因子下，多级内插滤波算法复杂度分布相对平均，算法复杂度总体上与多级内插滤波相当，直接滤波算法复杂度最高；整体上多级迭代滤波算法复杂度最小，且存储空间与产生的样本数无关；当生成样本数不是 α^K 的整数倍

时，多级内插滤波将会产生大量多余数据，且不能实时生成信道衰落因子，而多级迭代滤波算法则回避了该问题。

4.8 短波信道多普勒扩展实现

短波信道多普勒扩展实现

高斯滤波器的设计与多级迭代滤波算法密切相关。在多级迭代滤波技术中，设置3级内插滤波，内插因子为5，设置三挡多普勒扩展值，分别为0.4Hz，2Hz和30Hz，对应的采样频率分别为15.36Hz，76.8Hz和384Hz；即在多普勒扩展值小于0.4Hz时，选择采样频率为15.36Hz，经过4级内插滤波后，采样频率倍频到9600Hz；在多普勒扩展值大于0.4Hz、小于2Hz时，选择采样频率为76.8Hz，经过3级内插滤波后，采样频率倍频到9600Hz；在多普勒扩展值大于2Hz、小于30Hz时，选择采样频率为384Hz，经过2级内插滤波后，采样频率倍频到9600Hz。该方式大幅降低了高斯滤波器的长度，并提高了FIR滤波器的滤波效率。

当设定的多普勒扩展为1Hz时，对应的采样频率为76.8Hz；则高斯滤波器的长度为107。设计的高斯滤波器时域及其频谱如图4.8.1和图4.8.2所示。由设计的高斯滤波器频率响应可以看出，旁瓣相对主瓣的衰减达35dB，说明选择的高斯滤波器长度符合高斯滤波器的设计要求。

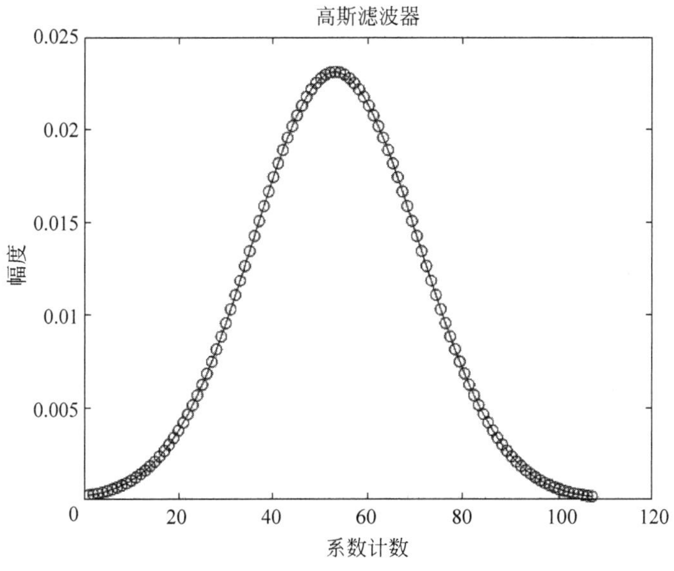

图4.8.1 高斯滤波器时域图

高斯白噪声经过高斯滤波器后，将进行上采样，上采样因子为5，在上采样后进行内插滤波，将采样数据5倍频到上一级采样频率上。上采样内插滤波器是一个低通平滑滤波器，如图4.8.3所示。1Hz多普勒扩展，逐级经过5倍上采样内插滤波后倍频到9600Hz。其中，设计的5倍上采样内插滤波器频谱图如图4.8.4所示。

图4.8.5是采用直接滤波和多级迭代滤波算法生成的信道衰落因子幅度，由图可看出信道衰落因子呈现缓慢变化的特征。

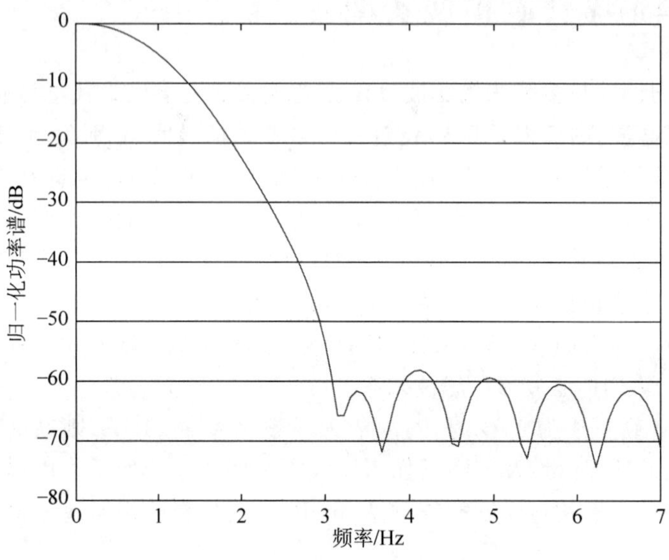

图 4.8.2 高斯滤波器频谱图

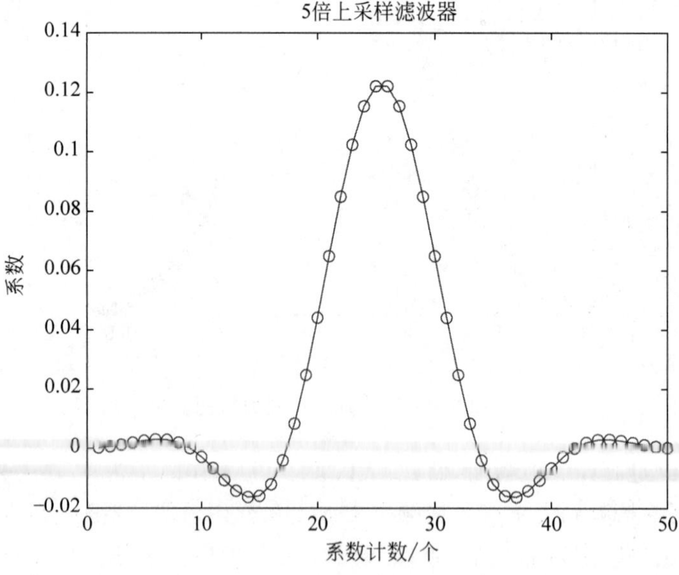

图 4.8.3 内插滤波器时域图

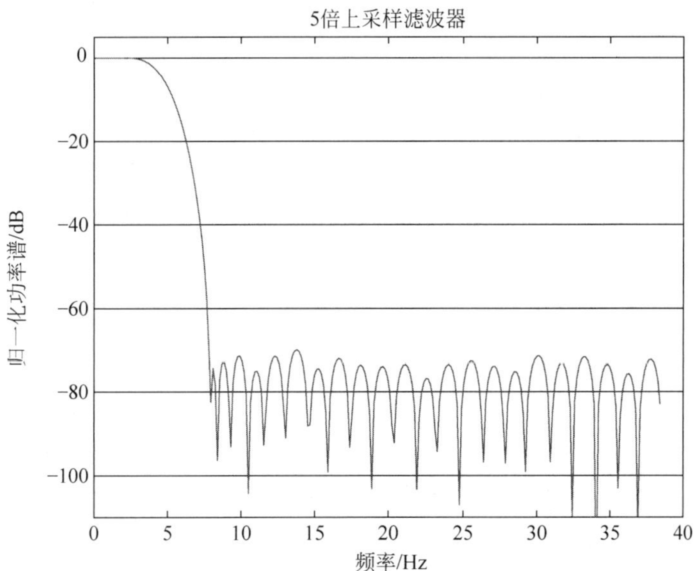

图 4.8.4　内插滤波器频谱图(频率为 15.36～76.8Hz)

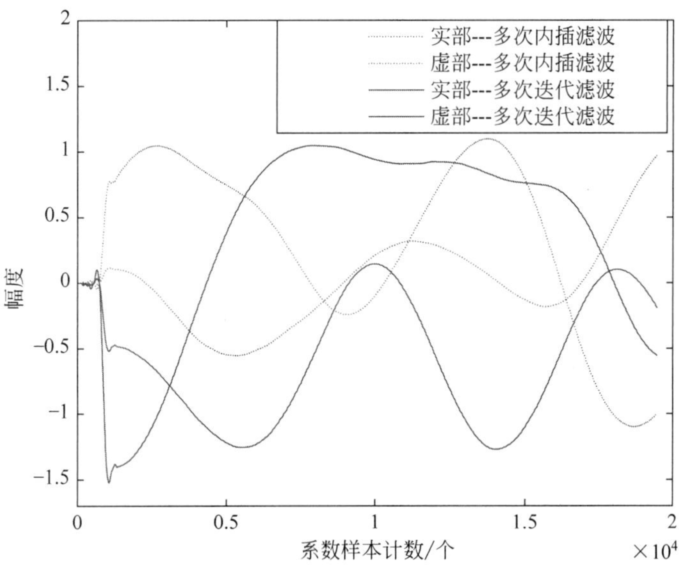

图 4.8.5　短波信道衰落因子(1Hz 扩展)(后附彩图)

图 4.8.6 和图 4.8.7 分别展示了单音信号经过信道多普勒扩展后的时域和频域图形。由仿真图形可以看出，在注入 1Hz 多普勒扩展值时，500Hz 单音正弦信号的频谱明显发生了扩展；在其时域图形图 4.8.6 中，也可以明显看出信号的衰落。

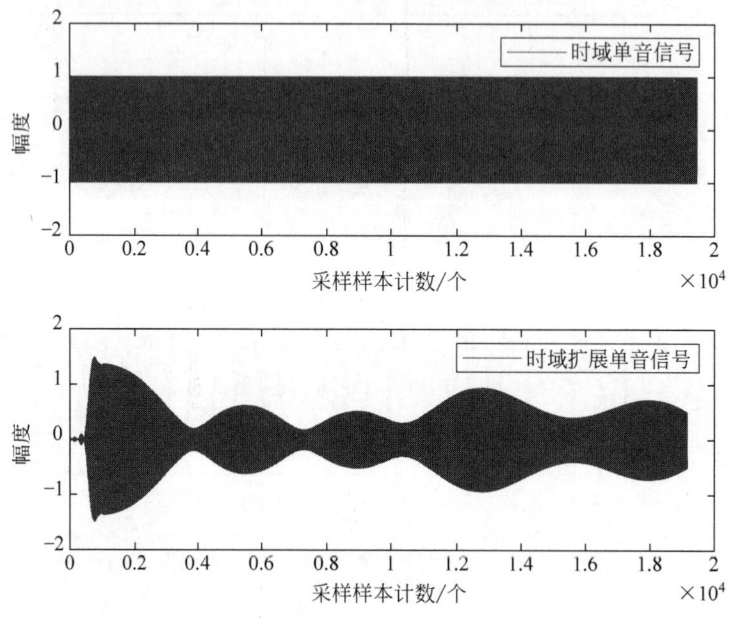

图 4.8.6 单音信号及经过 1Hz 多普勒扩展

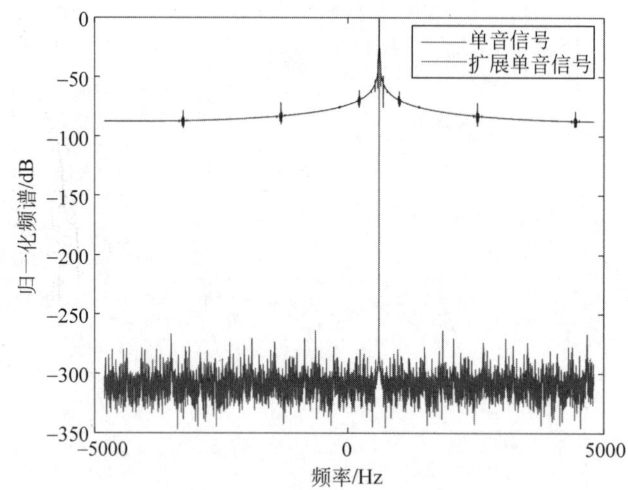

图 4.8.7 原始信号与多普勒扩展后的频谱(后附彩图)

短波信道多普勒扩展的实现代码参见附录 9。

值得注意的是，短波信道多普勒扩展一般与其信道的多普勒频移、多径效应和噪声同步实现，反映出在特定信号传输路径上的信道的衰落特性和噪声特性。

第5章

接收端同步信号处理

5.1 接收信号处理流程

接收信号处理流程

在通信系统中，发送端数据协议是统一规定要求的。接收端的信号处理，反映着信号处理的理论研究水平及动态进展，在通信协议中不做要求，体现出信号处理的开放性。电台射频载波解调后，从语音通道输出含有子载波和用户数据的模拟信息。接收端收到含有子载波的基带信号后，将进行 A/D 采样，采样后的数据进入数字处理器进行算法处理，从而完成发送端的逆过程，主要信号处理流程参见图 5.1.1。

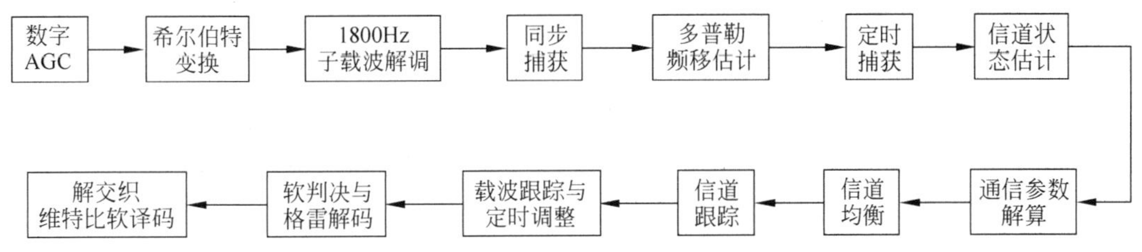

图 5.1.1　接收端信号处理流程

因为受到短波时变色散信道影响，在进行 A/D 采样前先要进行数字自动增益控制(automatic gain control，AGC)，抑制信号幅度起伏变化。在进行数字 AGC 之前，要进行模拟信号处理；在进行数字 AGC 之后，要将模拟信号转换为数字信号进行数字处理。首先对信号进行希尔伯特变换，将信号变换到复数域便于处理；在 1800Hz 子载波的解调后，才是真正意义上含有用户数据的复基带信号，也是通信基带信号处理的核心环节，包括同步捕获、多普勒频移估计、定时捕获、信道状态估计、通信参数解算、信道均衡、信道跟踪、载波跟踪、软判决与维特比译码等，后续将对各个环节进行具体阐述。

5.2 接收端信号 AGC 控制——功能

接收端信号 AGC 控制——功能

短波射频信号在信道传输过程中存在自由空间衰减损耗、电离层吸收损耗、多跳模式传播时的地面吸收损耗等衰减现象，使接收端信号振幅呈现或大或小的随机变化，动态变化可达 60dB。短波电台的接收机电路都有一个信号强度的正常工作范围：如果输入信号过小，噪声将可能淹没信号；如果输入信号过大，电路将可能过载或饱和，以致不能正常工作。为保证后续数据解调的正常进行，需要在A/D采样前，使接收机自动适应输入信号的变化。AGC的存在将有效压缩信号的动态范围，抑制过大的信号和放大过小的信号，以使信号大小以高概率维持在一个适合的范围。

窄带短波数据通信过程经历了二次调制：基带数据调制到单音（一般选取1800Hz单音）信号上；经过音频滤波后，传输到短波电台进行射频幅度或频率调制。调制完成后将进行射频功率放大和天线配谐，再由短波天线发射高功率的射频信号，实现远距离传输。为实现可靠的数据解调，接收端将至少进行3次自动增益控制。

（1）短波电台为可靠输出单音调制的、语音频段范围内的数据信号，对其接收的射频信号在处理过程中进行自动增益控制。

（2）音频信号输出至数字信号处理电路（一般是调制解调器），对音频信号进行模拟AGC，将音频信号幅度调整到A/D范围内，并与短波信道机音频通道实现有效隔离。

（3）在音频信号进行采样后，对其进行信号处理，实现子载波解调、信道均衡和数据译码等；在对采样信号进行处理前，采用数字AGC算法对采样数字信号进行预处理，确保功率变化稳定[33]。

短波电台前端模拟AGC只是将信号电平控制在A/D变换范围内，使数字信号得到可靠处理。如阴影效应、路径损耗等引起的信号衰落，可以由RF慢速AGC（也称“模拟AGC”）进行处理，并可由后端的信道估计进一步的补偿。本章的数字AGC算法在短波数字通信自动增益控制的第三阶段进行，主要针对采样后的数据信号进行处理，通过数字AGC将大幅起伏的信号保持在一定的功率上。数字AGC并非试图完全消除信道衰落，而是对信道快速衰落进行跟踪，以使AGC输入信号的动态范围保持在一定限度之内，防止AGC带来的量化噪声进一步扩大，为后续诸如信道估计等算法的运行创造条件。

为研究方便，在仿真过程中，不对数据基带信号进行单音音频调制，直接将经过码符号映射、上采样和脉冲成型的数据信息，通过特定参数的短波信道后进行数字AGC控制，省略第一、第二阶段的自动增益控制过程。

在工程实现上，AGC是一个数字与模拟相结合的模块，用以调整模拟信号的放大或衰减的幅度，这个放大或衰减的幅度倍数，要在A/D之后的数字域依据接收信号的功率进行判断；并计算信号放大或缩小倍数的自动变化，反馈到硬件电路对接收信号进行模拟处理。

5.3 接收端信号AGC控制——实现

数字AGC控制算法，常用的主要有线性AGC算法、对数AGC算法、指数AGC算法和混合式AGC算法等，下文分别予以介绍。

接收端信号AGC控制——实现

5.3.1 常用AGC算法

1）线性AGC算法

线性AGC算法通过误差信号的线性关系调整AGC控制因子。图5.3.1是线性AGC

控制的关系图。其中，$x(n)$为输入信号，$y(n)$为输出信号，$g(k)$是时刻 n 对应的 AGC 第 k 次自动控制因子，R 为发送信号的参考幅度，幅度估计值 L 采用取均方根方式求得。

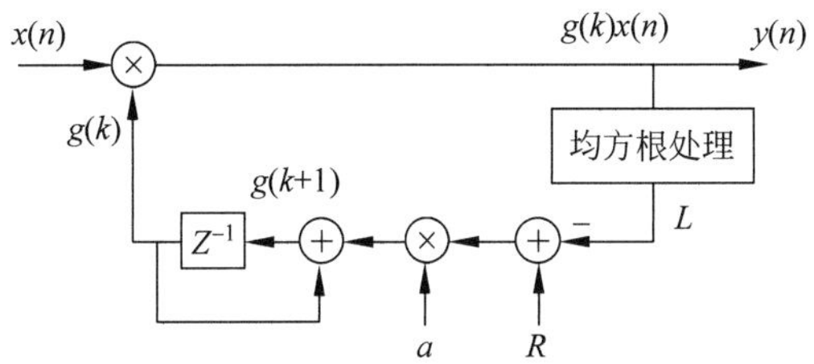

图 5.3.1　线性 AGC 算法调整关系图

由图 5.3.1 可得：

$$y(n)=x(n)g(k) \tag{5.3.1}$$

设 AGC 调整速率为 K，即每 K 个采样符号进行一次 AGC 调整，则：

$$k=\left\lceil \frac{n}{K} \right\rceil \tag{5.3.2}$$

式中，$\lceil A \rceil$表示对 A 进行向下取整。

$$L=\sqrt{\sum_{n=1}^{K}(|\ y(n)\ |^2/K)} \tag{5.3.3}$$

$$g(k+1)=g(k)+a(R-L) \tag{5.3.4}$$

K 越小，计算幅度估计值 L 所采用的样本数越少，AGC 调整时间越短，即 AGC 速率越高；反之，AGC 速率越低。为分析其幅度跟踪性能，设输入信号为突变的阶跃信号，即 $x(n)=cu(n)$，可得：

$$g(k+1)=g(k)+a(R-c) \tag{5.3.5}$$

在式(5.3.5)的差分方程中，c 可视为跳变的信号幅度。在估计信号幅度值时，如果 c 大于参考信号 R，则下一周期的调整因子 $g(k+1)$相对当前时刻 $g(k)$的调整因子将减小，反之增大；说明该调整算法能跟踪信号幅度的变化，可对信号幅度进行调整。但从该差分方程也可以看出，其环路延迟常数与 $1/ac$ 成正比，说明当信号幅度有小幅突变时，AGC 控制环路具有较大的时间延迟，所以才能到达稳定状态，不利于快速衰落信道的幅度跟踪。

2）对数 AGC 算法

对数 AGC 算法将 AGC 增益因子的调整关系由线性形式调整为对数形式。对数 AGC 算法的原理框图如图 5.3.2 所示。

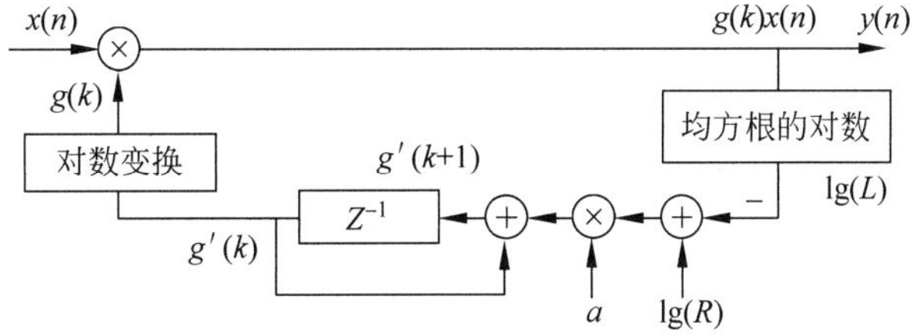

图 5.3.2　对数 AGC 算法调整关系图

对数 AGC 算法中相关符号说明同线性 AGC 算法。由图 5.3.2 可得：

$$g'(k+1)=g'(k)+a(\lg(R)-\lg(L)) \tag{5.3.6}$$

$$g(k+1)=10^{g'(k+1)} \tag{5.3.7}$$

在对数 AGC 算法中，当输入跳变信号 $x(n)=cu(n)$ 时，其差分方程环路延迟常数将与 $1/[a\lg(c)]$ 成正比，说明当信号有小幅突变时，AGC 环的时间延迟将明显快于线性 AGC 算法，AGC 的时间延迟可以通过对数关系得到有效改善，系统达到稳定速度加快；在计算 AGC 调整因子时，通过 10 的幂次方调整，说明 AGC 因子调整深度比较深，可能会导致系统对信号幅度变化非常敏感，对数 AGC 算法易受噪声干扰。

3）自然对数 AGC 算法

自然对数 AGC 算法原理与对数 AGC 算法相同，只是在求取 AGC 增益因子和误差时进行自然对数运算，其原理框图如图 5.3.3 所示。

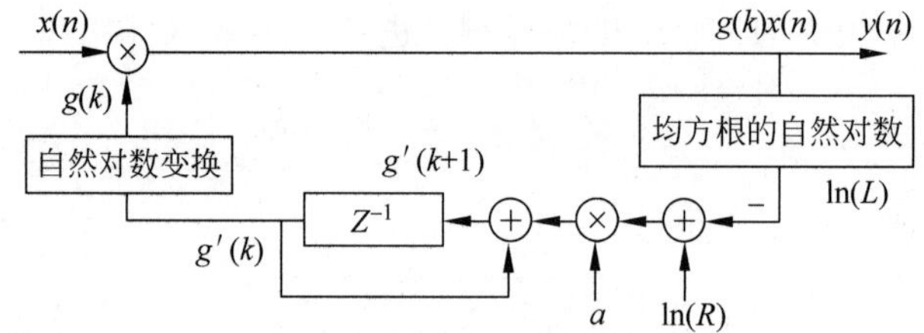

图 5.3.3　自然对数 AGC 算法调整关系图

对图 5.3.3，同样有如下关系：

$$g'(k+1)=g'(k)+a(\ln(R)-\ln(L)) \tag{5.3.8}$$

$$g(k+1)=\mathrm{e}^{g'(k+1)} \tag{5.3.9}$$

式中，e 为自然对数。相比于对数运算，当输入跳变信号 $x(n)=cu(n)$ 时，其差分方程环路延迟常数与 $1/[a\ln(c)]$ 成正比；AGC 环的时间延迟慢于对数 AGC 算法，但快于线性 AGC 算法；自然对数 AGC 算法调整因子采用自然对数的幂次方，相比于对数 AGC 算法，其调整深度降低，说明对数 AGC 算法对信号幅度的敏感性有所降低，但其对信道衰落跟踪性能也随之降低。为此，本书提出了混合式数字 AGC 算法，在跟踪精度与对噪声敏感问题间采取折中措施，提高算法的性能。

4）混合式数字 AGC 算法

混合式数字 AGC 算法在解算误差时采用对数运算，以降低环路延迟时间、提高跟踪速度；在求取 AGC 增益因子时，采用指数运算，减小 AGC 调整因子的调整深度，降低噪声干扰的影响，从而在 AGC 环达到稳定所需时间和对信号幅度的敏感性之间采取折中，以求得 AGC 算法的优异性能。混合式 AGC 算法的组成框图如图 5.3.4 所示。

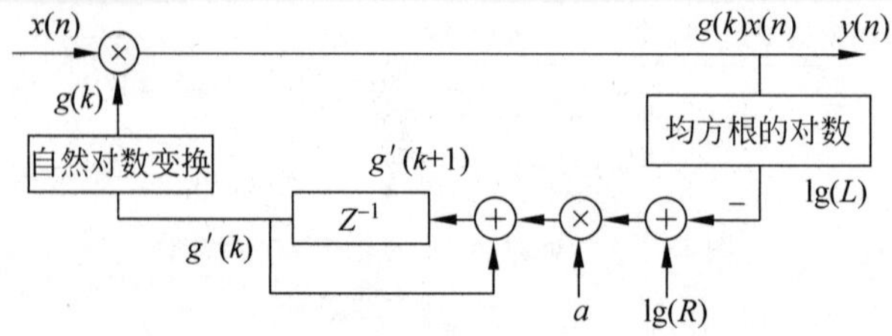

图 5.3.4　混合式 AGC 算法调整关系图

其 AGC 因子调整关系为

$$g'(k+1)=g'(k)+a(\lg(R)-\lg(L)) \tag{5.3.10}$$

$$g(k+1)=e^{g'(k+1)} \tag{5.3.11}$$

由此可见，当输入跳变信号 $x(n)=cu(n)$ 时，该算法的延迟常数与对数 AGC 算法一致，其 AGC 调整深度将与自然对数 AGC 调整深度一致。这说明，混合式 AGC 算法，相比于线性 AGC 算法、对数 AGC 算法和自然对数 AGC 算法，可以保证算法达到稳定的速度，也可以降低 AGC 调整深度因噪声存在而非常敏感的问题，可以在算法跟踪速度与信号幅度对噪声的敏感度间实现折中。

5.3.2 不同 AGC 算法的性能分析

对上述 4 种算法从误码性能上进行仿真分析。

1) 不同 AGC 算法的误码性能比较

对于不同 AGC 算法，在相同 AGC 速率下进行误码性能测试。所谓 AGC 速率，是指每多少个采样点进行一次 AGC 算法计算并调整控制因子。性能测试仿真条件：数据长度 60 帧(每帧未知数据和训练序列长度分别为 32 个和 16 个码符号)，过采样因子为 4，每 32 个采样符号进行一次数字 AGC 控制；在数据引导信道均衡算法(data-directed equalization algorithm，DDEA)下进行 100 次蒙特卡罗仿真，比较未编码系统的误码率特性。短波信道为 CCIR 推荐的中纬度中度短波信道，即多径延迟为 1ms，多普勒扩展为 0.5Hz；数字 AGC 调整因子、接收信号及其各种调整算法调整后的幅值是信噪比为 13dB 时的一次实现，未对其进行统计平均。

图 5.3.5 是原始接收信号的时域图。图 5.3.6(a)～(d)依次是在混合式 AGC 算法、线性 AGC 算法、对数 AGC 算法、自然对数 AGC 算法下，对接收信号进行处理后的时域波形。

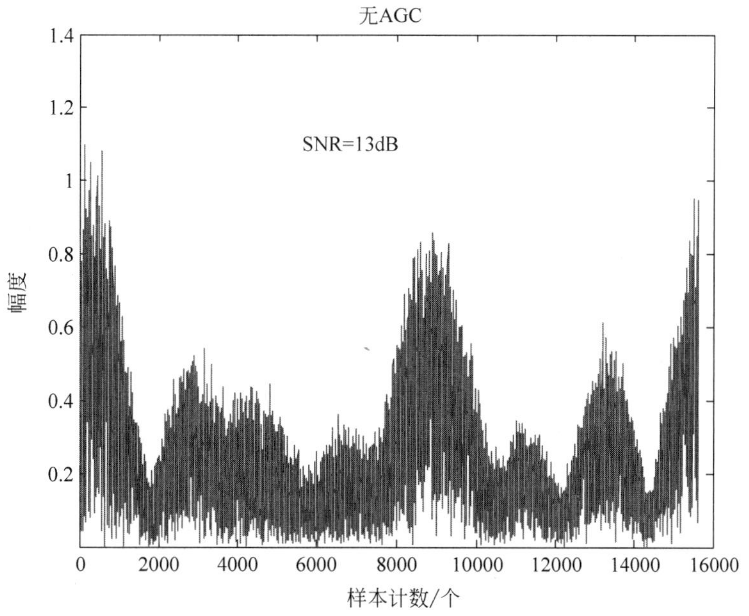

图 5.3.5 未经 AGC 处理的信号

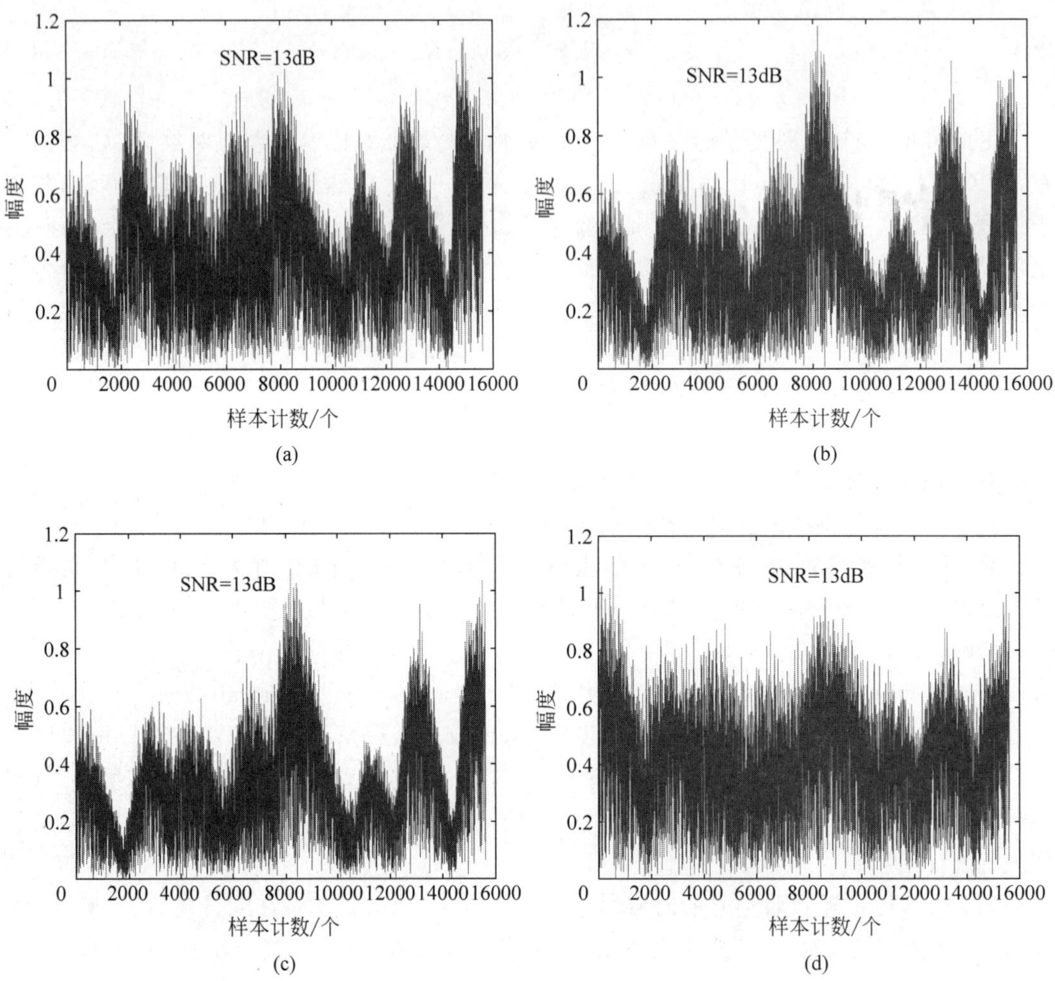

图 5.3.6　不同 AGC 算法处理后的信号

(a) 混合式 AGC 处理的信号；(b) 线性 AGC 处理的信号；(c) 对数 AGC 处理的信号；(d) 自然对数 AGC 处理的信号

图 5.3.7 反映了不同 AGC 算法下调整因子(信号放大倍数)的动态变化情况。

图 5.3.8 反映了不同 AGC 算法在同一信道均衡算法下的误码性能，从图中可以看出：

(1) 以上数字 AGC 算法都能起到幅度控制调整的作用；

(2) 信号经过信道均衡后，采用 AGC 算法后的误码性能明显优于不采用 AGC 算法调整的性能；

(3) 从信噪比角度考虑，在线性 AGC 算法、对数 AGC 算法、指数 AGC 算法和混合 AGC 算法中，混合 AGC 算法性能最优；

(4) 综合考虑信号功率变化平稳和跟踪信道衰落变化特性，混合式 AGC 算法性能最优。

2) 同一算法下不同 AGC 速率的性能比较

在混合式 AGC 算法中，AGC 处理速率影响对信号衰落的抑制。AGC 处理速率过快，对信号衰落的调整速度加快，反之 AGC 处理速率过慢，对信号衰落的调整速度放缓，AGC

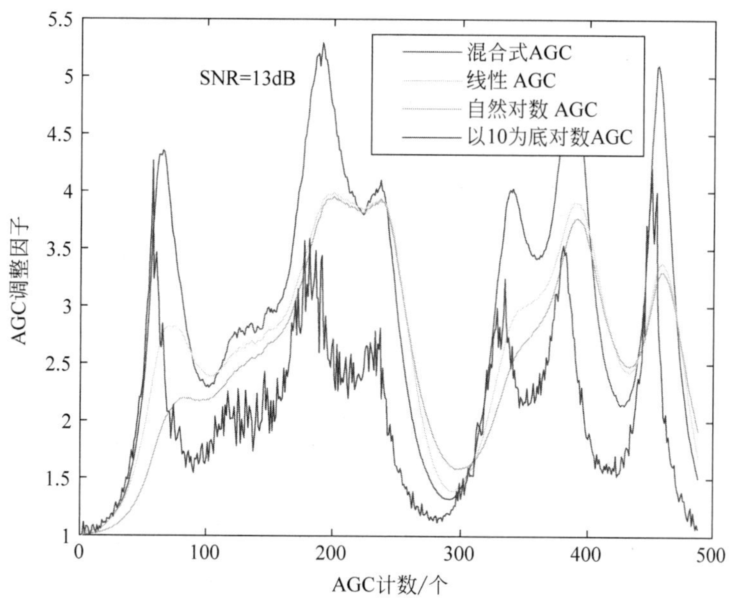

图 5.3.7 不同 AGC 算法下的 AGC 调整因子(后附彩图)

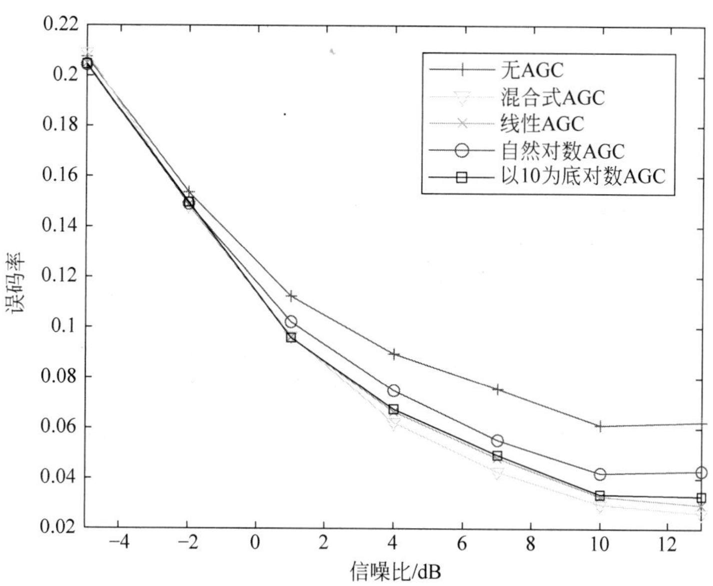

图 5.3.8 不同 AGC 算法下的误码性能(后附彩图)

调整作用有限。因此，本节研究混合式 AGC 算法下不同 AGC 速率的误码性能。仿真条件同 5.3.2 节 1)中所述，采用混合式 AGC 算法，但将 AGC 速率分别调整到 16 个，32 个和 48 个采样符号进行一次 AGC 处理，然后进行性能对比。图 5.3.9 是混合式 AGC 算法下未经处理的信号，图 5.3.10(a)～(c)分别是混合式 AGC 算法下 AGC 速率分别为 16，32 和 48 的处理信号幅度，图 5.3.11 是混合式 AGC 算法下不同 AGC 速率下的 AGC 调整因子。图 5.3.12 是混合式 AGC 算法下不同 AGC 速率下的误码性能。

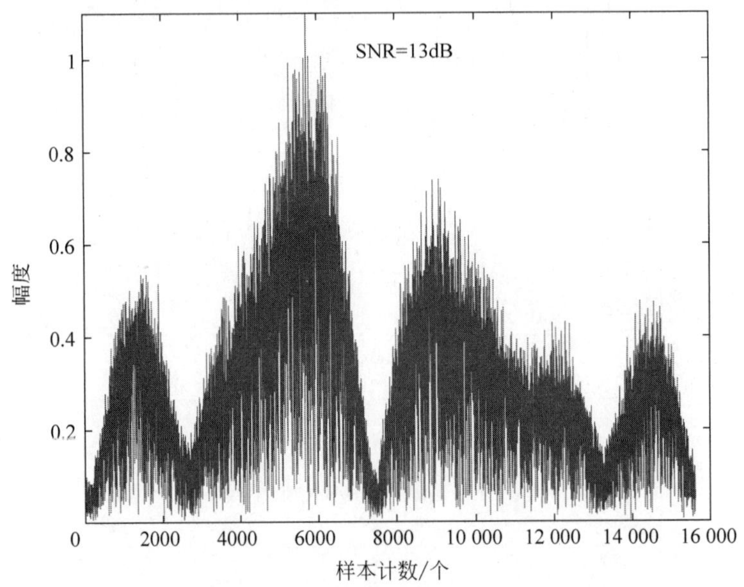

图 5.3.9　混合式 AGC 算法下未经处理的信号

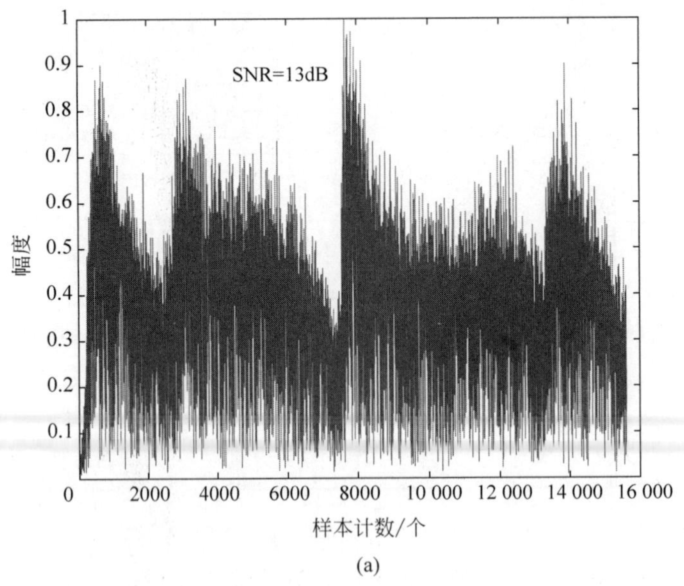

(a)

图 5.3.10　混合式 AGC 算法下不同速率的处理信号幅度

(a) AGC 速率为 16 个采样符号/次；(b) AGC 速率为 32 个采样符号/次；(c) AGC 速率为 48 个采样符号/次

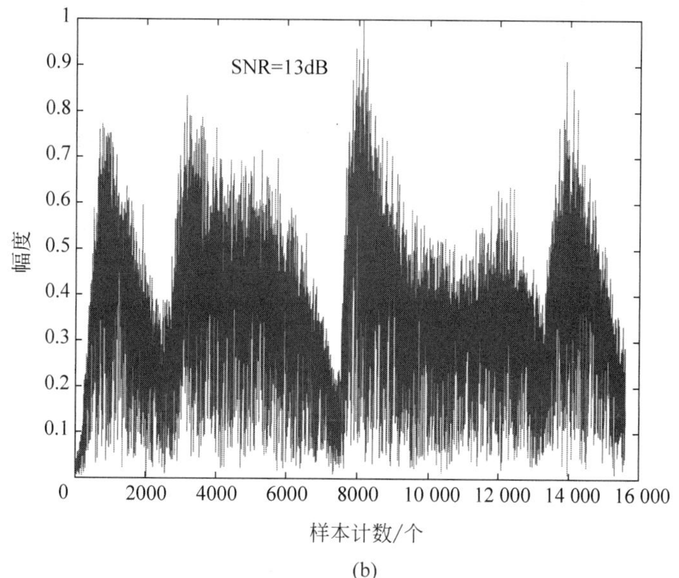

(b)

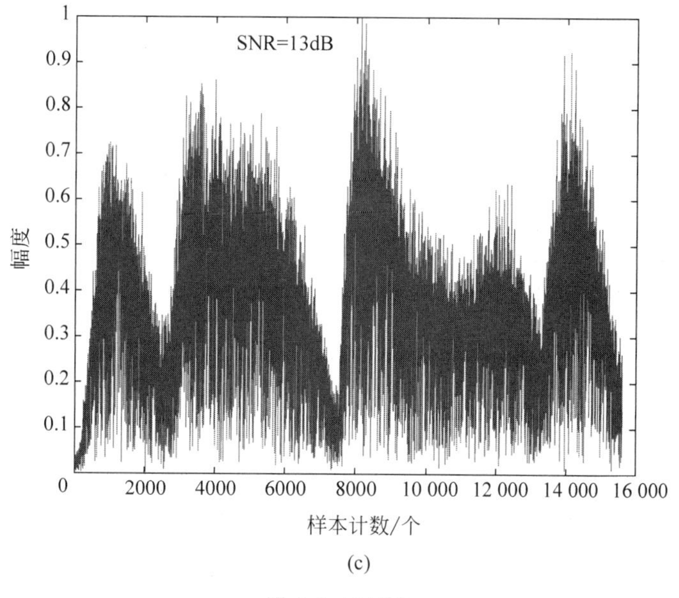

(c)

图 5.3.10(续)

不同速率的混合式 AGC 算法性能均优于不采用 AGC 控制算法的性能；不同速率的 AGC 算法性能略有差别：48 点 AGC 速率性能略劣于 32 点 AGC 速率、32 点 AGC 速率略劣于 16 点 AGC 速率，说明 AGC 调整频率越高，对功率控制效果越好，信道均衡后误码率性能越优；但随着 AGC 速率的增大，其性能改善程度逐渐降低。AGC 调整频率越高，运算复杂度越高。

3）算法复杂度分析

AGC 算法一般以信号采样速率进行，由于经过了上采样，信号采样速率显著高于码

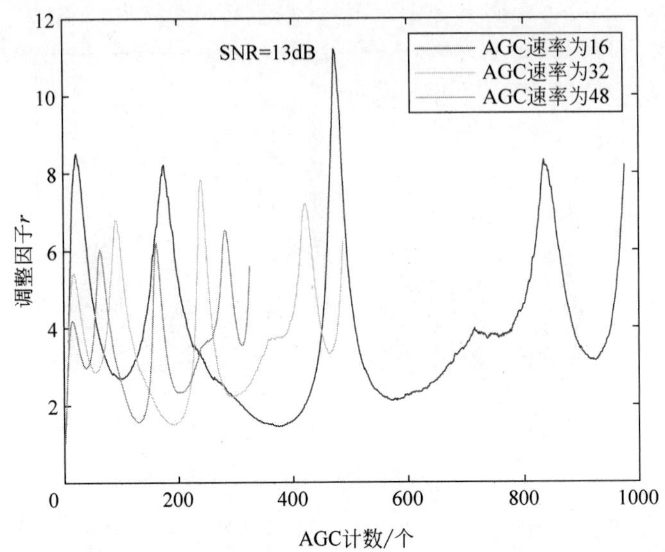

图 5.3.11　混合式 AGC 算法下不同 AGC 速率下的 AGC 调整因子(后附彩图)

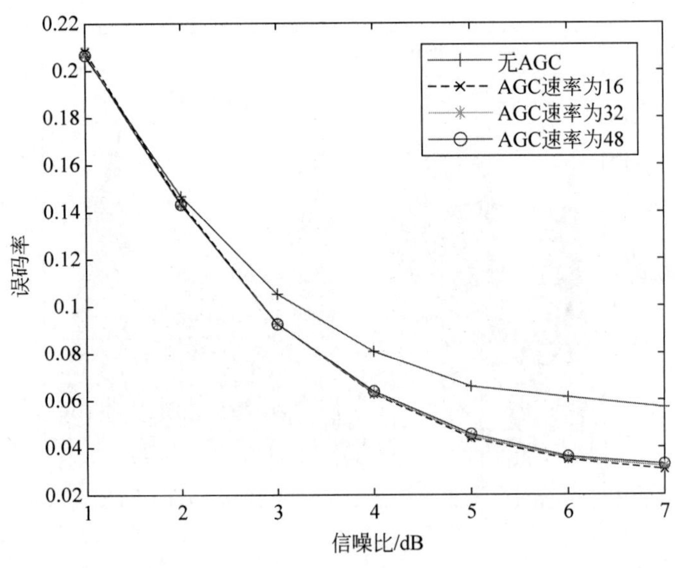

图 5.3.12　混合式 AGC 算法下不同 AGC 速率下的误码性能

符号速率。因此,位于信号处理前端的 AGC 算法在算法复杂度上应能满足信号采样速率的要求,能对信号进行快速处理。本节将从以下两个方面分析数字 AGC 算法的复杂度:

(1) 同一 AGC 调整速率、不同 AGC 算法下的算法复杂度分析

由各种数字 AGC 算法的组成框图可以看出,4 种算法在计算输出信号、信号功率时用到的计算方式一致;对数 AGC 算法、自然对数 AGC 算法和混合式 AGC 算法,在解算 AGC 调整因子时复杂度一致;相对线性 AGC 算法,每解算一次 AGC 调整因子,将增加 3 次指数运算,说明各类算法在算法复杂度上性能相差不大。

(2) 混合式 AGC 算法、不同 AGC 速率下的算法复杂度分析

记需要调整的采样数据长度为 L，AGC 调整速率为 K，则对 L 个采样数据进行 AGC 调整，其所需要的加法次数和乘法次数分别为

$$\text{加法次数：} L + 2L/K$$

$$\text{乘法次数：} 3L + 4L/K$$

由此可见，算法复杂度受 AGC 速率影响与 AGC 调整速率 K 呈反比，AGC 调整速率对算法复杂度的影响相对较小。以窄带短波数据单音串行通信环境下的参数设置仿真为例，信道码符号速率为 2400Baud，过采样因子为 4，AGC 调整速率分别为 16，32 和 48，取 1s 内的采样数据长度，其所需加法和乘法次数见表 5.3.1。

表 5.3.1　不同 AGC 速率下的算法对比

AGC 调整速率	16	32	48
加法运算次数	10 800	10 200	10 000
乘法运算次数	31 200	30 000	29 600

由此可以看出，尽管调整速率对 AGC 算法的复杂度有一定影响，但并不明显。

综合以上算法复杂度分析，可以得到以下结论：

(1) 混合式 AGC 算法相对于线性 AGC 算法、对数 AGC 算法和自然对数 AGC 算法，在同一 AGC 速率下的算法复杂度基本相当；

(2) AGC 调整因子对混合式 AGC 算法的复杂度影响小。

整体表明：不同 AGC 算法在实现复杂度上对系统性能的影响不大，在设计 AGC 算法时，可重点考虑其对误码性能的影响。

经过综合对比，在短波基带信号处理的工程设计应用中，采样率为 9600Hz，为信道码符号的 4 倍上采样，在 9600b/s 的采样数据率下，一般每 32 个采样符号进行一次数字 AGC 因子调整，采用混合式数字 AGC 算法。

数字 AGC 算法的实现程序代码参见附录 10。

5.4　希尔伯特变换

希尔伯特变换

由于实数域信号不便于信号相位信息的处理，所以要将实数信号变换到复数域。对接收的实信号进行希尔伯特变换，相当于对实信号移相 90°，生成其解析信号的虚部，从而联合生成复信号。

希尔伯特变换的传递函数为

$$h(t) = \frac{1}{\pi t} \tag{5.4.1}$$

希尔伯特变换可以看作将原始信号通过一个滤波器或者一个系统，这个系统的冲击响应为 $h(t)$，如图 5.4.1 所示。

$x(t)$ → $h(t)$ → $\hat{x}(t)$

$\frac{1}{\pi t}$

图 5.4.1　希尔伯特变换

对 $h(t)$ 做傅里叶变换，可以得到：

$$H(\omega) = \begin{cases} -\mathrm{j}, & \omega \geqslant 0 \\ +\mathrm{j}, & \omega < 0 \end{cases} \tag{5.4.2}$$

从式(5.4.2)的频谱响应函数可以看出,希尔伯特变换对输入信号按照频率极性进行了顺时针或逆时针的90°相移。根据以上公式,结合信号的采样频率,并对希尔伯特进行归一化和截断处理,可以设计出希尔伯特滤波器,如图5.4.2所示。希尔伯特滤波器可截短为有限长度的横向滤波器,对实信号进行滤波处理,生成复信号对应的虚部,实信号及其虚部联合组成复信号,进行后续的信号处理。

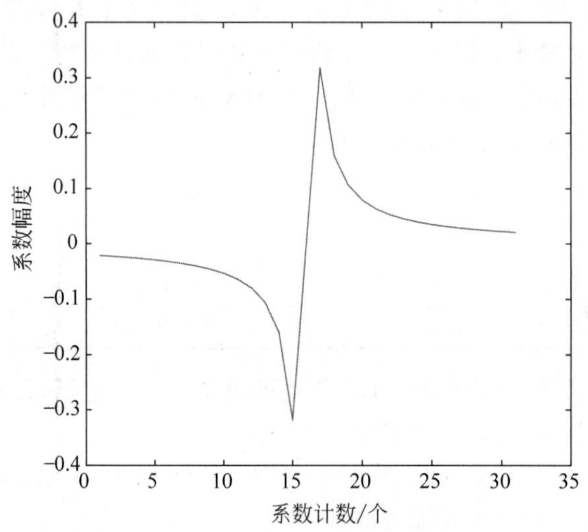

图 5.4.2　希尔伯特变换函数的时域波形

以单音正弦信号进行希尔伯特变换获取解析信号,其频谱变换如图5.4.3和图5.4.4所示。

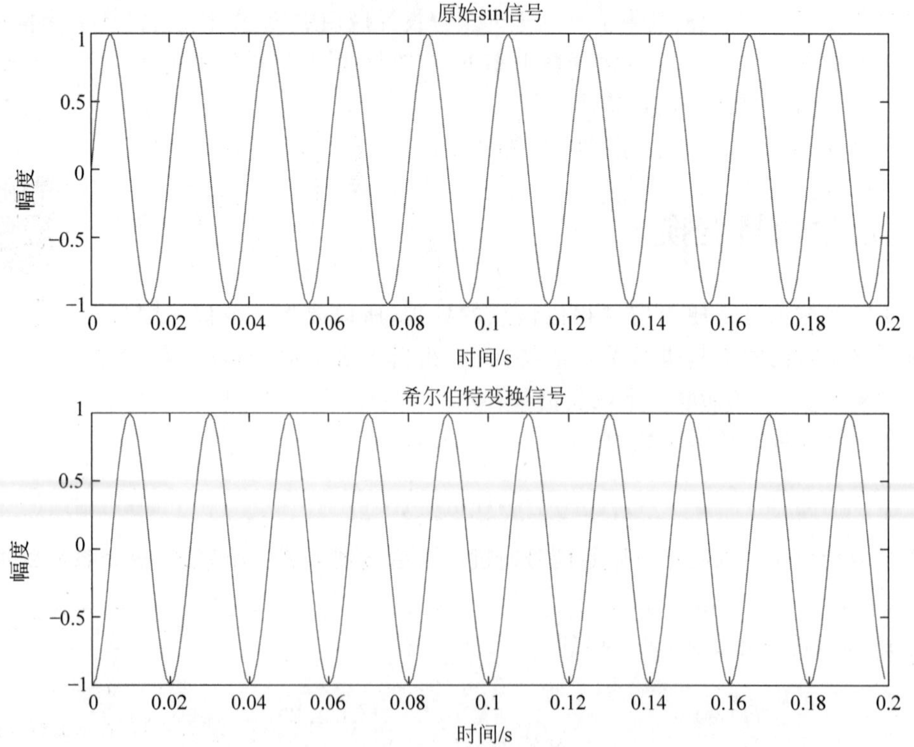

图 5.4.3　单音正弦信号及其希尔伯特变换的时域波形

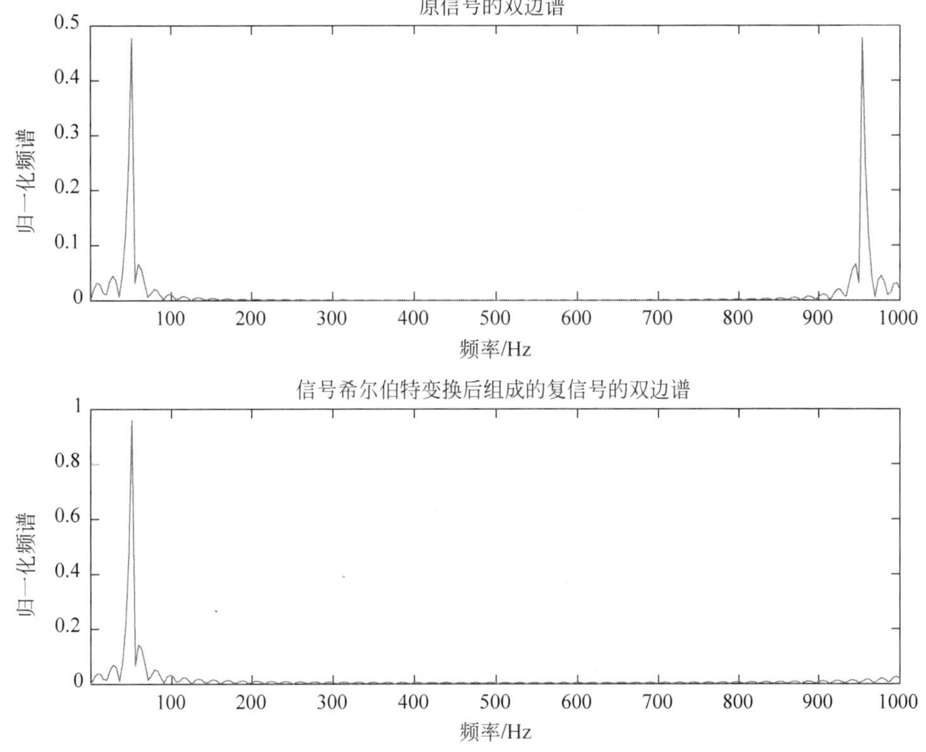

图 5.4.4 单音正弦信号及其希尔伯特变换的频域波形

在工程实践中，有时为了降低运算量，便于后续的数据处理，可对生成的复信号每隔一个数据取出一个数据，从而将其采样率减半；降低数据率后的采样数据还能足够支撑分数间隔信道均衡，后续将专门研究。

希尔伯特变换实现的演示程序代码参见附录 11。

5.5 子载波解调

子载波解调

在采样信号中的 1800Hz 子载波，不含有任何用户数据信息，若要将其去掉，则要进行子载波解调。

由前述知识点可知，发送端的复基带信号为

$$S(t)=A\mathrm{e}^{\mathrm{j}[\omega_c t+\phi(t)]}=A\mathrm{e}^{\mathrm{j}\omega_c t}\mathrm{e}^{\phi(t)}$$

式中，A 为信号幅度；为 ω_c 载波的角频率，$\omega_c=2\pi f_c$；$\phi(t)$为调制的信号相位，对短波基带 8PSK 调制，则为$\frac{2\pi\times\mathrm{data}(t)}{8}$；data$(t)$为 t 时刻对应的待发送的八进制数据。接收端信号经过希尔伯特滤波恢复成复信号后，可以直接乘以 $\mathrm{e}^{-\mathrm{j}\omega_c t}$，以实现子载波解调。需要注意的是，子载波采样频率为 9600Hz，子载波频率为 1800Hz，离散化后即 $\mathrm{e}^{-\mathrm{j}\frac{1800n}{9600}}$，$n$ 为离散化后的计数因子。

在工程实现上，三角函数一般采用 128 点的查表法描述，即用 128 个点描述一个周期的正弦和余弦函数，见表 5.5.1。这样当载波解调与 $\mathrm{e}^{-\mathrm{j}\omega_c t}$ 相乘时，查表计算每次的正弦或余弦值的步进值为 128×1800/4800=48。

表 5.5.1　128 点 sin 函数表

转换行列	1	2	3	4	5	6	7	8
1	0.0000	0.7071	1.0000	0.7071	0.0000	−0.7071	−1.0000	−0.7071
2	0.0491	0.7410	0.9988	0.6716	−0.0491	−0.7410	−0.9988	−0.6716
3	0.0980	0.7730	0.9952	0.6344	−0.0980	−0.7730	−0.9952	−0.6344
4	0.1467	0.8032	0.9892	0.5957	−0.1467	−0.8032	−0.9892	−0.5957
5	0.1951	0.8315	0.9808	0.5556	−0.1951	−0.8315	−0.9808	−0.5556
6	0.2430	0.8577	0.9700	0.5141	−0.2430	−0.8577	−0.9700	−0.5141
7	0.2903	0.8819	0.9569	0.4714	−0.2903	−0.8819	−0.9569	−0.4714
8	0.3369	0.9040	0.9415	0.4276	−0.3369	−0.9040	−0.9415	−0.4276
9	0.3827	0.9239	0.9239	0.3827	−0.3827	−0.9239	−0.9239	−0.3827
10	0.4276	0.9415	0.9040	0.3369	−0.4276	−0.9415	−0.9040	−0.3369
11	0.4714	0.9569	0.8819	0.2903	−0.4714	−0.9569	−0.8819	−0.2903
12	0.5141	0.9700	0.8577	0.2430	−0.5141	−0.9700	−0.8577	−0.2430
13	0.5556	0.9808	0.8315	0.1951	−0.5556	−0.9808	−0.8315	−0.1951
14	0.5957	0.9892	0.8032	0.1467	−0.5957	−0.9892	−0.8032	−0.1467
15	0.6344	0.9952	0.7730	0.0980	−0.6344	−0.9952	−0.7730	−0.0980
16	0.6716	0.9988	0.7410	0.0491	−0.6716	−0.9988	−0.7410	−0.0491

从启动子载波的解调开始,可以设定其初始相位为 0,后续连续计数进行信号的相位处理即可。请思考一下,初始信号的相位能随便设置么?是否会影响到信号的解调?更有可能的是,由于信道的影响,多普勒频移加载到子载波上却按照原来子载波频率解调,这样是否会造成基带信号仍然被参与的频率成分调制?这些疑问的答案都是肯定的,针对这些问题,后续将通过具体的算法对信号的初始相位进行估计后再调整。

子载波解调前后信号的频谱示意图如图 5.5.1 所示。从同一批采样数据——子载波解

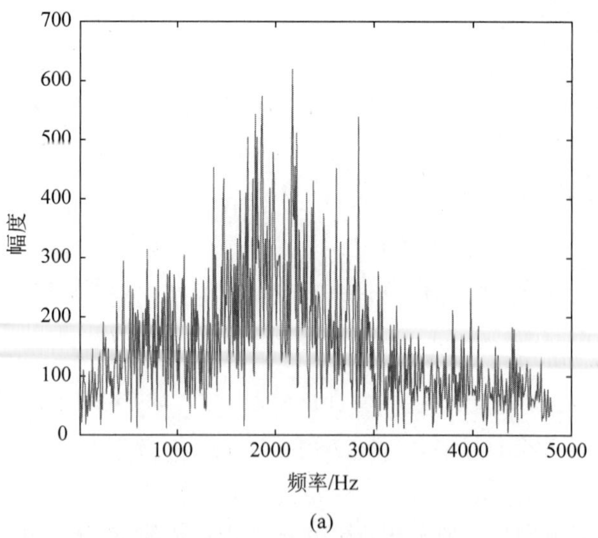

(a)

图 5.5.1　接收端某系列化采样数据子载波解调前后的频谱图

(a) 解调前;(b) 解调后

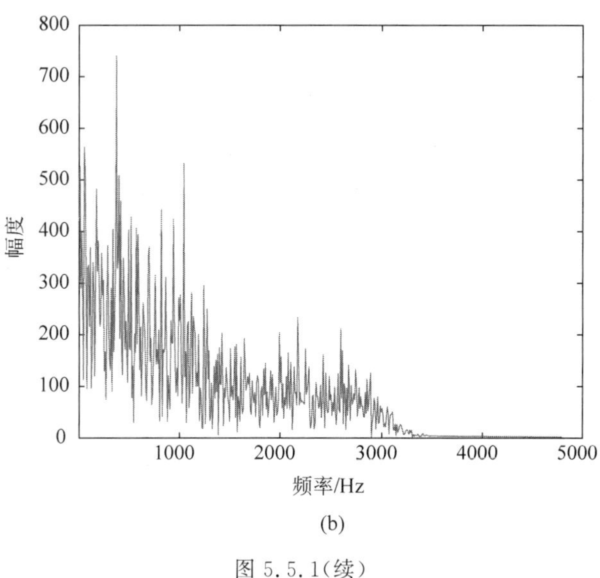

(b)

图 5.5.1(续)

调前后的示意图可以看出,信号频率明显下降,图中显示频率向左偏移。子载波解调程序实现代码参见附录 12。

由此,经子载波解调去掉了接收信号的子载波,得到真正意义上的接收端复基带信号,可进行后续的处理。

5.6 码符号粗同步

码符号粗同步

子载波解调后,将采样的复信号转换为真正意义上的复基带信号处理。对照发送端,经过系列编码后的数据进行 D/A 转换输出生成的电信号尽管在有效发送信号之前还会加入一些无用的功率激励信号等,但其实际物理信号的起点是明确的。所以,接收端信号处理面临的问题是从哪个采样点开始处理数据?先处理的同步信号起点在哪里?处理目标是什么?对照发送端,可知最开始发送的同步信号是有起点的,所以首先要找到与发送端同步相对应的、接收端同步信号的起点,即发掘码符号的粗同步。

所谓码符号粗同步,就是要初步搜索信号的起始点,从哪个采样数据开始启动解算,初步估计此次通信的多普勒频移有多大,如图 5.6.1 所示。同步对系统至关重要,同步不准,后续所有的算法都是徒劳。接收端采样频率为信道码元速率的 4 倍,即信道码符号速率为 2400Baud,接收端每秒的采样频率为 9600samples/s;码符号粗同步,就是希望探测捕获接收端的 4 个采样点,正好采集在第一同步码符号上。那么如何能够确定某 4 个连续的采样点(如图 5.6.2)正好落在第一个同步符号所映射的第一个信道符号码元上呢?

这里采用滑动相关算法,将每一个采样点看作第 1 个同步符号所映射的第 1 个信道符号码元上的采样点;以该点为基准点,后移 128 个采样符号(32×4,计每个同步码符号映射为 32 个信道符号,每个信道符号采样 4 个点,故采样间隔为 128 个点)取出第 2 个数据,则推算它为第 1 个同步符号所映射的第 2 个信道符号码元符号上的采样点;以此类推,直至取出第 1 个同步符号所映射的第 32 个信道符号码元符号采样点,如图 5.6.3 所示。

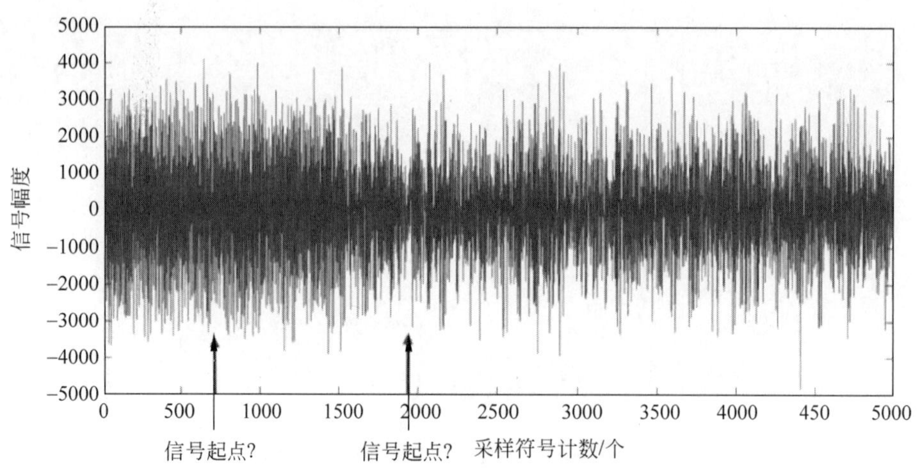

图 5.6.1　采样符号的起点探测示意图

第一同步码符

同步数据之已知数据：0，1，3，0，1，3，1，2，0

同步数据之未知数据：D1，D2，C1，C2，C3

同步数据之结束数据：0

同步符号的第一个信道符号码元

同步符号	映射的同步码符号
000	(0000 0000)重复4次
001	(0404 0404)重复4次
010	(0044 0044)重复4次
011	(0440 0440)重复4次
100	(0000 4444)重复4次
101	(0404 4040)重复4次
110	(0044 4400)重复4次
111	(0440 4004)重复4次

图 5.6.2　同步符号映射信道符号示意图

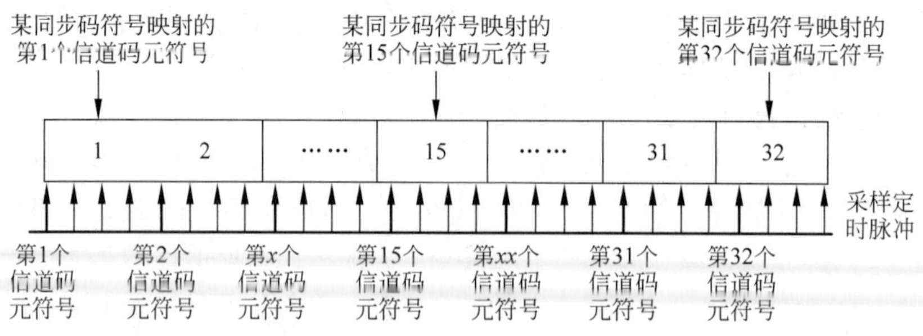

图 5.6.3　采样定时位置示意图

由图 5.6.3 可以看出，在进行相关计算时的相关数据源之一是按照该示意图提取的采样数据，数据长度为 32，对应当前假设同步符号所映射的信道码符号，则相关数据源之二为当前假设同步符号所映射的信道码符号，并经由对应同步扰码加扰后的数据(因为采样数据是经过同步加扰后的)实现了相关运算时的对等。

滑动相关的基本公式如下：

$$R(j)=\sum_{i=1}^{n-j}x_i x_{i+j}=\begin{cases}n, & \text{当 } j=0\\ 0,+1,-1, & \text{当 } 0<j<n\end{cases} \tag{5.6.1}$$

由于最佳采样点可能是在同一个码元的第 1,2,3 或 4 采样点处,为了识别最佳采样点,需要分别以上述 4 个采样点为基准点,依次取出 32 个采样数据,作为新的相关数据源之一,分别与相关数据源之二进行计算,以便后续按照特定逻辑比较相关模值的大小,确定当前假设的同步码符号和最佳采样点。以上是滑动相关的最小计算单元。

同步估计主要依据同步码符号中前 9 个已知同步符号映射的信道码符号,在 0,1,2,3 范围内取值,每一个同步符号所映射的信道符号,具备伪随机特性,可采用滑动自相关算法进行识别。在同步点上会出现相关峰值,反之则相关值被平滑掉。在同步执行之前,由于不确定信道多普勒频移到底有多少,根据短波信道特性和工程应用环境,预设＋50Hz,0Hz,－50Hz 三个频偏值,可纠正多普勒频移偏移范围为±75Hz。对于接收数据,以上频偏值作为预置的多普勒频移值进行多普勒频移补偿；多普勒补偿的实现方式同子载波解调,初始相位也设置为 0,这里不做过多说明。

这样就会生成 3 组待识别的接收信号,同步究竟在哪个多普勒频移补偿范围内实现,要根据后续的相关运算峰值比对和同步符号检测才能确定。在数据同步阶段,以帧为单位对接收数据进行处理。每一个同步码符号周期按照采样速率进行一次同步搜索。每一个同步码符号映射到信道码符号的数量为 32 个,为降低计算复杂度,复基带信号的采样频率取为 9600samples/s(也可降低以采样速率,隔 2 取 1,取出计算数据)；则对于每一个码符号按照信道码符号的 4 倍上采样,对应 128 个采样数据,蕴含着已知的同步码 0,1,2,3 之一。

按照以下 4 个步骤进行数据处理确定起始点：

(1) 在每一个数据采样点,以此为起点向后取出一帧的采样数据,并分别假设其对应的已知同步符号 0,1,2 或 3,并分别与其所映射的信道码符号经过扰码后,进行相关运算计算相关峰值。从这里可以看出,在每一个采样点要进行 4 次相关计算,相关计算的数组长度为 32。当按照采样频率为 9600samples/s 时($T/4$ 采样),相关数据源之一是接收的复基带信号,每间隔 4 个采样数据取 1 个数据,共 32 个采样数据；相关数据源之二是同步码符号 0,1,2,3,映射为 32 个信道码符号,并进行扰码处理,共计 4 组数据,需要分别进行相关计算。可见在每个采样点,滑动相关会进行 4 次。在当前码符号进行 4 次相关运算后,将其模值存入模值数组中保存。

该模值数组的结构为：长度为 24,分成 3 段,对应 3 个预设频偏；每段可存放 8 个模值数据,再分成 2 组,前 4 个存放上一个采样点滑动相关的值,后 4 个存放当前采样点滑动相关的值,如图 5.6.4 所示。在每一次采样计算完毕后,用当前计算值替换上一个计算值,实现循环替代,以保证模值数据中始终存储的是当前采样数据和上一个采样数据的滑动相关模值。

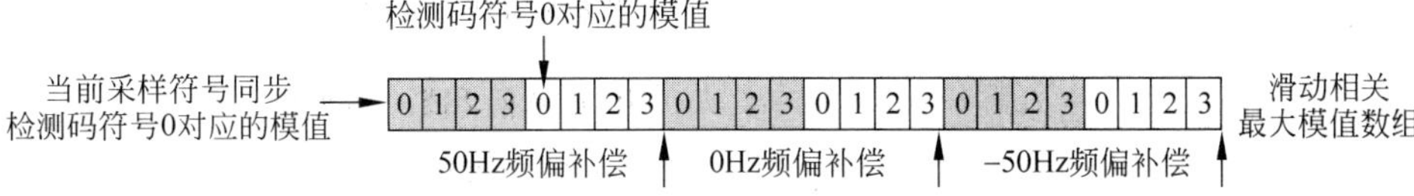

图 5.6.4　多普勒频移补偿下的相关示意图

(2) 在模值数组中，取当前采样数据模值与上一个采样点对应(相对对象对应、多普勒频偏补偿对应)的模值相加，即计算同一个码符号连续两次相关的模值和，依次对 4 组数据进行对比，选取相关模值和最大的数据，其对应的同步码符号即当前识别的同步符号，为 0，1，2，3 之一，以循环移位形式存入识别的同步符号数组中；对应的最大的相关模值和，也以循环移位形式存放于最大模值和数组中，如图 5.6.5 所示。

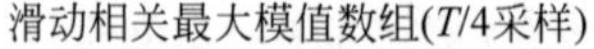

模值和计算、同步码符号判决与存储示意图：每一个采样点，存储一个最大点模值和

图 5.6.5 多普勒频移补偿下的滑动相关模值数组示意图

(3) 按照上述方法，每 128 个采样数据为一组，依次对接收的 128 个采样数据进行计算，可以得到 128 个最大相关值和数组、128 个识别的疑似同步符号。与已知的 9 个同步符号进行联合比对识别，以此判断同步位置。由此可见，在一个预设频偏补偿的情况下，可得 128×9＝1152 个识别的疑似同步符号和对应的相关模值。

(4) 对每一组多普勒频移补偿数据，重复(1)～(3)的运算过程，识别的同步符号数组与最大的相关模值和数组长度将会达到 1152×3＝3456。在这批数据中进行同步检测，初步确认多普勒频移的补偿范围。

最大的相关模值和数组如图 5.6.6 所示，从该图进行截取中间部分(多普勒频移补偿为 0Hz)的最大的相关模值和数组，如图 5.6.7 所示。

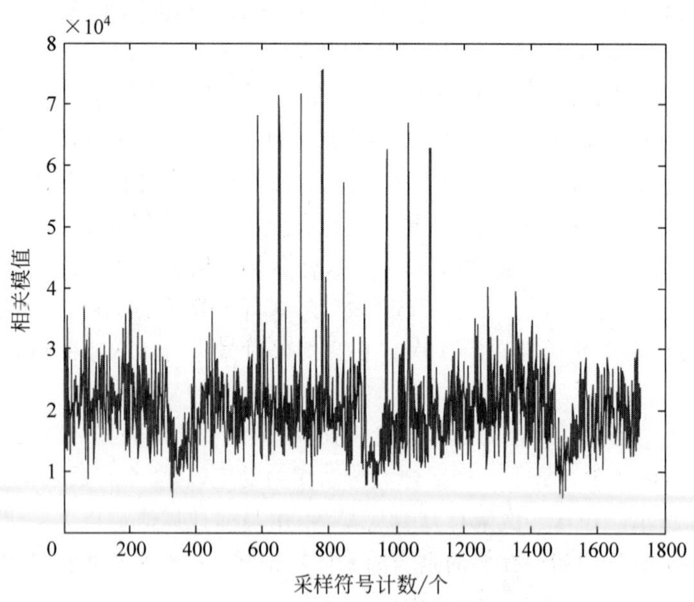

图 5.6.6 3 组多普勒频移补偿下的最大相关模值和示意图($T/2$ 采样)

另一组同步数据 $T/4$ 采样间隔计算的最大的相关模值和数组如图 5.6.8 所示。

按照 $T/4$ 采样间隔，检测的同步符号数组如图 5.6.9 所示：

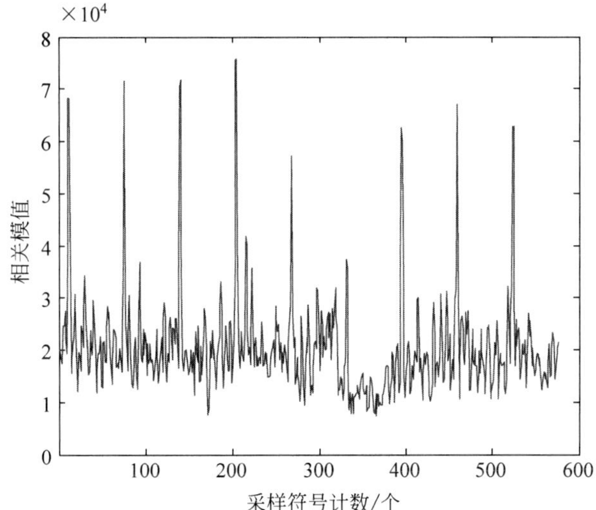

图 5.6.7 0Hz 多普勒频移补偿下的最大相关模值和示意图($T/2$ 采样)

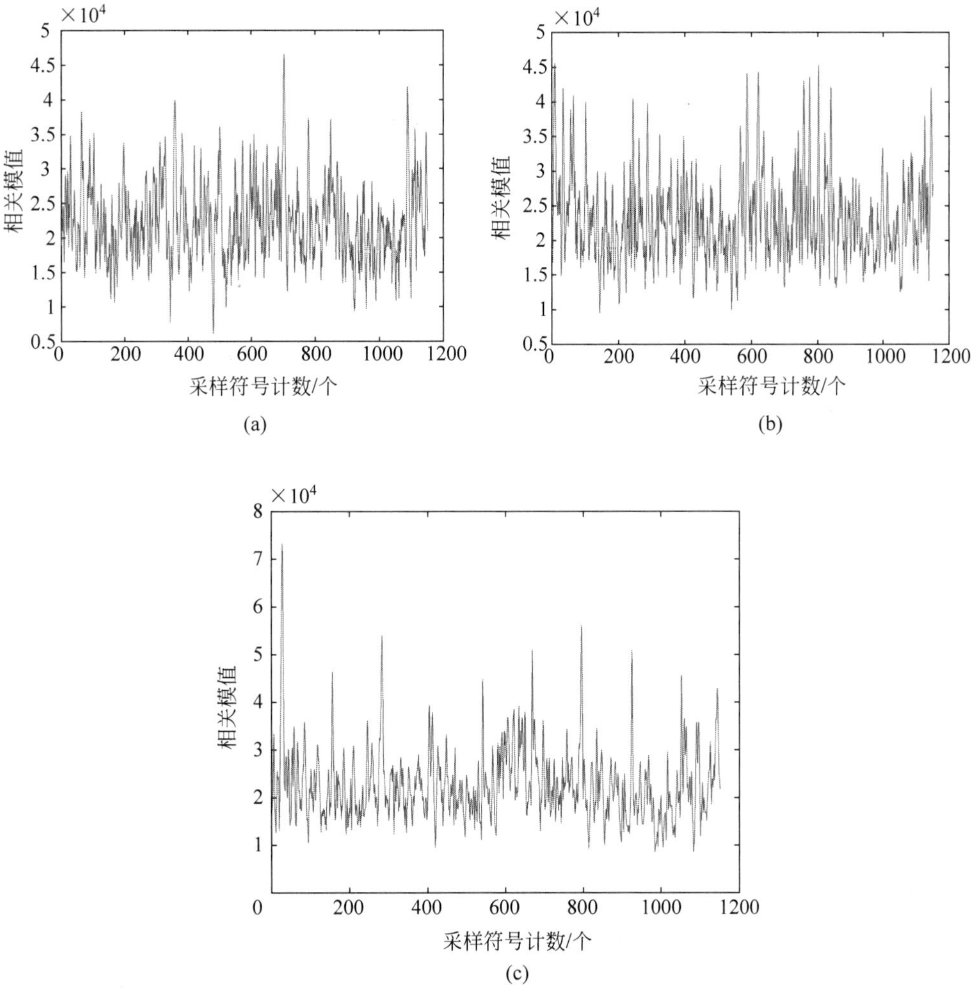

(a)

(b)

(c)

图 5.6.8 最大相关模值和示意图($T/4$ 采样)

(a) 50Hz 多普勒频移补偿；(b) 0Hz 多普勒频移补偿；(c) −50Hz 多普勒频移补偿

1	1	2	3	4	5	6	7	8	9	10	11	12	13	14	15	16	17	18	19	20	21	22	23	24	25	26	27	28	29	30	31	32
2	3	3	2	2	2	2	2	2	2	3	3	0	2	2	2	2	2	0	0	0	0	1	1	1	1	1	**1**	1	1	1	1	1
3	1	2	2	3	3	3	3	1	1	2	2	2	2	2	2	2	3	3	2	2	2	2	2	0	0	0	0	0	0	2	2	2
4	0	0	0	0	0	0	3	3	3	2	0	0	0	2	2	3	3	3	3	3	3	3	3	3	3	3	3	2	2	2	3	3
5	3	3	3	3	2	2	2	2	1	1	1	3	0	0	0	0	3	1	1	1	1	1	1	1	2	2	2	2	2	2	2	2
6	2	2	2	2	3	3	2	2	2	0	0	0	2	2	2	2	2	2	2	2	2	3	3	2	2	3	**3**	3	3	3	3	0
7	0	0	0	1	1	1	1	1	1	0	0	0	0	0	0	0	0	2	2	2	0	0	1	1	1	1	1	1	1	1	1	1
8	0	0	0	0	0	0	0	0	0	0	0	0	0	1	1	1	1	1	1	1	1	1	1	0	1	1	1	1	1	0	0	0
9	3	3	3	1	2	0	0	0	2	2	2	2	1	1	1	0	0	0	3	2	2	1	1	1	2	0	0	0	3	3	3	0
10	0	0	0	1	1	1	1	3	3	3	0	2	2	1	2	2	3	1	1	1	1	1	1	1	1	1	**1**	1	1	1	1	3
11	3	3	3	3	2	2	2	2	0	0	0	0	0	1	1	1	1	1	1	1	1	1	0	0	0	0	0	0	0	0	0	1
12	1	1	1	2	2	2	3	3	3	3	3	3	3	3	3	3	3	3	3	2	2	1	3	3	3	0	0	0	0	1	1	1
13	1	1	1	1	1	3	3	1	0	0	2	2	2	2	0	0	0	0	3	0	0	0	0	0	0	0	0	3	3	3	0	0
14	0	0	0	1	1	1	0	0	0	0	1	0	0	0	2	2	2	2	2	2	2	2	2	2	2	2	**2**	2	2	2	2	2
15	3	3	3	3	3	3	3	3	3	1	1	1	1	1	1	2	2	2	2	2	0	0	0	0	3	3	3	3	3	3	3	3
16	3	3	1	1	1	1	1	2	2	3	3	3	3	3	1	1	1	1	1	0	0	0	0	0	1	1	1	1	1	1	2	2
17	2	2	2	2	2	3	3	3	3	3	1	1	1	1	1	1	1	1	1	1	1	1	1	1	2	2	2	2	2	3	3	2
18	2	2	2	1	1	1	1	1	2	2	2	2	2	2	1	3	3	3	3	3	3	3	3	3	2	1	**0**	0	0	0	0	1
19	1	1	2	2	2	2	2	2	2	2	2	2	0	0	2	2	3	3	3	3	1	1	1	1	1	1	2	1	1	3	3	3
20	1	1	1	1	1	1	1	3	3	3	3	3	2	2	2	2	2	2	1	0	0	0	0	2	2	2	2	2	2	2	2	2
21	2	2	2	2	1	2	2	2	2	1	1	1	1	1	1	1	1	1	2	2	2	3	2	2	0	0	0	0	3	3	3	3
22	1	1	1	1	1	1	2	2	3	3	3	3	3	3	2	1	0	2	1	1	1	1	1	1	1	1	**0**	0	0	0	0	2
23	2	2	2	2	2	2	2	2	2	2	2	2	2	2	2	2	2	1	1	1	1	1	1	1	1	1	1	1	1	1	1	1
24	1	1	1	1	1	1	3	3	3	3	3	3	0	1	1	1	3	3	3	0	0	0	0	2	2	3	1	1	1	1	1	1
25	3	3	3	3	1	1	1	1	2	2	2	2	1	1	1	3	3	3	3	1	1	1	1	1	0	0	0	0	3	3	0	0
26	0	0	0	0	0	2	3	3	1	1	1	1	2	2	3	3	3	0	3	1	1	1	1	1	1	1	**1**	1	1	1	1	0
27	2	2	2	2	2	2	1	1	1	3	3	2	0	0	2	2	2	2	2	2	2	2	0	0	0	1	1	0	0	0	0	0
28	1	1	1	1	1	0	0	0	0	2	2	2	2	2	2	2	2	2	2	3	3	3	0	0	0	2	2	0	1	1	1	1
29	1	2	2	2	2	1	1	1	1	3	3	3	3	3	3	1	1	1	1	1	1	1	1	1	0	0	0	0	1	0	0	0
30	2	3	3	3	3	3	1	0	0	0	0	0	1	1	1	0	0	1	1	0	1	0	2	2	2	3	**3**	3	3	3	3	3
31	2	2	2	3	0	0	0	0	0	0	0	1	1	3	3	3	2	2	2	2	2	2	2	2	2	2	1	1	1	0	0	2
32	2	1	1	1	1	0	0	0	0	0	0	0	3	3	3	3	1	1	2	2	2	2	2	2	0	0	0	3	0	3	3	3
33	2	0	0	0	1	0	0	0	0	0	0	1	1	3	3	3	3	0	0	2	2	0	0	0	0	0	0	0	2	2	2	1
34	2	1	1	1	1	1	3	3	3	3	3	3	1	1	1	1	3	3	3	3	3	3	3	3	3	1	**0**	0	0	0	0	0
35	0	0	2	2	2	2	2	2	2	2	2	1	1	1	1	2	2	2	2	2	2	3	3	3	1	1	1	3	3	3	0	1
36	1	1	1	1	1	1	2	2	2	2	2	2	2	2	3	3	3	2	2	2	2	0	0	0	2	2	2	2	2	2	0	0
37	0	0	0	0	0	1	1	1	1	2	2	2	2	1	1	1	1	0	0	0	0	0	1	1	1	1	1	1	1	2	3	3

图 5.6.9　检测的疑似同步符号示意图（$T/4$ 采样）（后附彩图）

有了上述数据便可进行粗同步判定：

识别的同步符号数组以循环移位形式存放，从存储当前检测的疑似同步码符号开始，因为每个同步码符号映射 32 个信道码符号，时域上按照 9600samples/s 采样，则间隔 128 个采样点，即对照图 5.6.9 每间隔 128 个数字取出一个疑似同步码符号，等间隔的连续取 9 次，分别和同步头的前 9 个符号 0,1,3,0,1,3,1,2,0 比较。当结果相同时，则认为同步上，记录当前的采样数据点位置；反之则继续循环判断。

图 5.6.9 中的数据按照行进行排列，当程序检测时以 $T/4$ 间隔采样时，则每个同步符号间隔 128 个采样点；每行 32 个元素，共计 $4\times9=36$ 行，每间隔 128 个元素判断检测一次同步码符号。可以看出，以第 22 行第 27 列为起点，每间隔 128 个采样点，检测出同步码符号为 0,1,3,0,1,3,1,2,0，识别出系统的粗同步位置。从最大的相关模值和示意图中也可以看出，当出现同步时，相关模值也按照采样间隔连续呈现 9 个模值特性，呼应对应的同步码符号，标识检测到系统粗同步。码符号粗同步程序代码参见附录 13。

5.7 码符号细同步

码符号细同步

码符号的粗同步主要是确认首次同步事件已在当前帧数据中发生。尽管具体的同步位置在上述过程中已有初步判断，但还有待进一步确认和验证。如图 5.7.1 所示，在识别的疑似同步符号数组中，按照粗同步检测标准，同步发生在绿色区域的红色字体时刻；但标注红色同步符号时刻的左右采样点的疑似同步符号与标准的同步序列也非常相似，不排除真正的同步时刻发生在附近的时间点，所以需要进行细同步的论证。

同步点的具体位置的估算，主要依靠最大相关模值和数组，记该数组为 A，它存储了同一个码符号前后连续两次采样所存储的相关模值和，以进行进一步推导。在粗同步时，表明当前正在接收第 9 个同步码符号，按照 $T/2$ 采样率，每间隔 64 个采样点，对循环移位寄存器向前移动 64 个采样点，为第一个同步码符号的粗同步位置。设当前发现的粗同步位置为 i，从该位置起算，取出同步码符号相对应的、间隔为 64 的模值和，共计 9 个模值和，将其对应的 9 个同步符号模值和进行乘积相加，依次循环计算其乘积和，并存入模值循环乘积和数组，记该数组为 B。该数据计算从粗同步位置开始，计算一帧的数据长度，在 $T/2$ 采样率下为 64 个码符号。

对第 j 个码符号的模值乘积和，按照如下公式计算：

$$j=j+1;\quad 初始\ j=i;\quad i\leqslant j\leqslant i+63 \tag{5.7.1}$$

$$\text{index}_1=\begin{cases}i+64K, & i+64K<576\\ i+64K-576, & i+64K\geqslant 576\end{cases} \tag{5.7.2}$$

$$\text{index}_2=\begin{cases}i+64(K+1), & i+64(K+1)<576\\ i+64(K+1)-576, & i+64(K+1)\geqslant 576\end{cases} \tag{5.7.3}$$

$$B(i)=\sum_{K=0}^{K=8}A(\text{index}_1)A(\text{index}_2) \tag{5.7.4}$$

则在每组预设频偏下可计算出 64 个 B 值，共计 $64\times3=192$ 个。图形化展示其数据，如图 5.7.2 所示。

1	1	2	3	4	5	6	7	8	9	10	11	12	13	14	15	16	17	18	19	20	21	22	23	24	25	26	27	28	29	30	31	32
2	3	3	2	2	2	2	2	2	2	3	3	0	2	2	2	2	2	0	0	0	0	1	1	1	1	1	1	1	1	1	1	1
3	1	2	2	3	3	3	3	1	1	2	2	2	2	2	2	2	3	3	2	2	2	2	2	0	0	0	0	0	0	2	2	2
4	0	0	0	0	0	0	3	3	3	2	0	0	0	2	2	3	3	3	3	3	3	3	3	3	3	3	3	2	2	2	3	3
5	3	3	3	3	2	2	2	2	1	1	1	3	0	0	0	0	3	1	1	1	1	1	1	1	2	2	2	2	2	2	2	2
6	2	2	2	2	3	3	2	2	2	0	0	0	2	2	2	2	2	2	2	2	2	3	3	2	2	3	3	3	3	3	3	0
7	0	0	0	1	1	1	1	1	1	0	0	0	0	0	0	0	0	2	2	2	0	0	1	1	1	1	1	1	1	1	1	1
8	0	0	0	0	0	0	0	0	0	0	0	0	0	1	1	1	1	1	1	1	1	1	1	0	1	1	1	1	1	0	0	0
9	3	3	3	1	2	0	0	0	2	2	2	2	1	1	1	0	0	0	3	2	2	1	1	1	2	0	0	0	3	3	3	0
10	0	0	0	1	1	1	1	3	3	3	0	2	2	1	2	2	3	1	1	1	1	1	1	1	1	1	1	1	1	1	1	3
11	3	3	3	3	2	2	2	2	0	0	0	0	0	1	1	1	1	1	1	1	1	1	0	0	0	0	0	0	0	0	0	1
12	1	1	1	2	2	2	3	3	3	3	3	3	3	3	3	3	3	3	3	2	2	1	3	3	3	0	0	0	0	1	1	1
13	1	1	1	1	1	3	3	1	0	0	2	2	2	2	0	0	0	0	3	0	0	0	0	0	0	0	0	3	3	3	0	0
14	0	0	0	1	1	1	0	0	0	0	1	0	0	0	2	2	2	2	2	2	2	2	2	2	2	2	2	2	2	2	2	2
15	3	3	3	3	3	3	3	3	3	1	1	1	1	1	1	2	2	2	2	2	0	0	0	0	3	3	3	3	3	3	3	3
16	3	3	1	1	1	1	1	2	2	3	3	3	3	3	1	1	1	1	1	0	0	0	0	0	1	1	1	1	1	1	2	2
17	2	2	2	2	2	3	3	3	3	3	1	1	1	1	1	1	1	1	1	1	1	1	1	1	2	2	2	2	2	3	3	2
18	2	2	2	1	1	1	1	1	2	2	2	2	2	2	1	3	3	3	3	3	3	3	3	3	2	1	0	0	0	0	0	1
19	1	1	2	2	2	2	2	2	2	2	2	2	0	0	2	2	3	3	3	3	1	1	1	1	1	1	2	1	1	3	3	3
20	1	1	1	1	1	1	1	3	3	3	3	3	2	2	2	2	2	2	1	0	0	0	0	2	2	2	2	2	2	2	2	2
21	2	2	2	2	1	2	2	2	2	1	1	1	1	1	1	1	1	1	2	2	2	3	2	2	0	0	0	0	3	3	3	3
22	1	1	1	[illegible]	1	1	2	2	3	3	3	3	3	3	2	1	0	2	1	1	1	1	1	1	1	1	0	0	0	0	0	2
23	2	2	2	2	2	2	2	2	2	2	2	2	2	2	2	2	2	1	1	1	1	1	1	1	1	1	1	1	1	1	1	1
24	1	1	1	1	1	1	3	3	3	3	3	3	0	1	1	1	3	3	3	0	0	0	0	2	2	3	1	1	1	1	1	1
25	3	3	3	[illegible]	1	1	1	1	2	2	2	2	1	1	1	3	3	3	3	1	1	1	1	1	0	0	0	0	3	3	0	0
26	0	0	0	[illegible]	0	2	3	3	1	1	1	1	2	2	3	3	3	0	3	1	1	1	1	1	1	1	1	1	1	1	1	0
27	2	2	2	2	2	2	1	1	1	3	3	2	0	0	2	2	2	2	2	2	2	2	0	0	0	1	1	0	0	0	0	0
28	1	1	1	[illegible]	1	0	0	0	0	2	2	2	2	2	2	2	2	2	2	3	3	3	0	0	0	2	2	0	1	1	1	1
29	1	2	2	2	2	1	1	1	1	3	3	3	3	3	3	1	1	1	1	1	1	1	1	1	0	0	0	0	1	0	0	0
30	2	3	3	2	3	3	1	0	0	0	0	0	1	1	1	0	0	1	1	0	1	0	2	2	2	3	3	3	3	3	3	3
31	2	2	2	2	0	0	0	0	0	0	0	1	1	3	3	3	2	2	2	2	2	2	2	2	2	2	1	1	1	0	0	2
32	2	1	1	[illegible]	1	0	0	0	0	0	0	0	3	3	3	3	1	1	2	2	2	2	2	2	0	0	0	3	0	3	3	3
33	2	0	0	[illegible]	1	0	0	0	0	0	0	1	1	3	3	3	3	0	0	2	2	0	0	0	0	0	0	0	2	2	2	1
34	2	1	1	[illegible]	1	1	3	3	3	3	3	3	1	1	1	1	3	3	3	3	3	3	3	3	3	1	0	0	0	0	0	0
35	0	0	2	[illegible]	2	2	2	2	2	2	2	1	1	1	1	2	2	2	2	2	2	3	3	3	1	1	1	3	3	3	0	1
36	1	1	1	[illegible]	1	1	2	2	2	2	2	2	2	2	3	3	3	2	2	2	2	0	0	0	2	2	2	2	2	2	0	0
37	0	0	0	[illegible]	0	1	1	1	1	2	2	2	2	1	1	1	1	0	0	0	0	0	1	1	1	1	1	1	1	2	3	3

图 5.7.1　疑似同步时间点示意图（T/4 采样）（后附彩图）

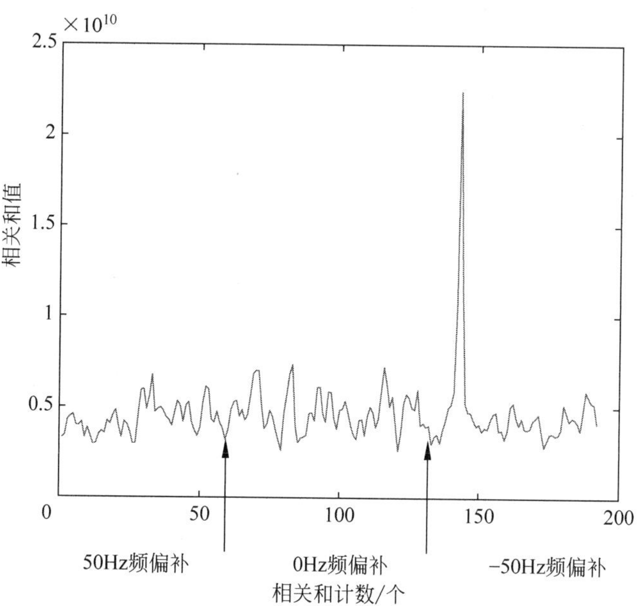

图 5.7.2 最大模值和数组乘积和示意图（$T/2$ 采样）

通过图 5.7.2 可在数据中寻找最大值和对应的位置、次最大值和对应的位置，以此作为系统细同步的最佳采样点和次最佳采样点。以最佳采样点作为系统判断处于哪组多普勒频移补偿范围依据，即当前矫正的多普勒频移值。从图中可以看出，同步发生在－50Hz 频偏补偿的那一组中，实际上在仿真数据中加入的多普勒频移值为 67Hz，该补偿多普勒频移估计计算准确。

为了进一步提高计算精度，克服信道引起的多径干扰，在计算最佳采样点的基础上，还应进一步计算次最佳采样点，防止出现伪同步检测状态，如图 5.7.3 所示。

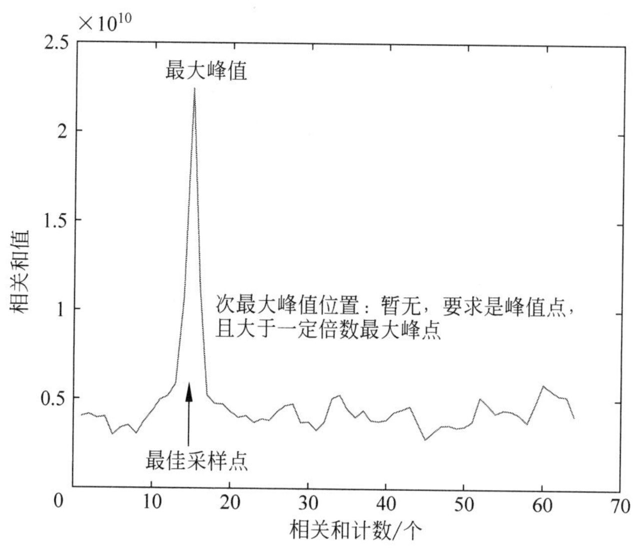

图 5.7.3 次最大值结算示意图（$T/2$ 采样）

次最佳采样点可作为通信参数检测的辅助手段，放在后面使用，以进一步提高通信参数的检测效果。

码符号细同步程序代码参见附录 14。

5.8 多普勒频移估计

多普勒频移估计

信道的多普勒频移估计，建立在系统细同步的基础之上，主要解决多普勒频移值和相位解算这两个问题。

系统频偏估计的基本思想是，在细同步基础上，在每一个同步码符号数据发送阶段，利用接收数据与对应的同步码符号加扰后进行相关处理，以此计算前后两个计算单元之间的相位差，结合系统采样频率，得到频偏值。其理论依据为：假设与粗略频偏值对应的、从最佳采样点作为定时起点的接收数据为 y_i，对应的发送同步数据为 d_i，其去调制过程为

$$z_k = \sum_{i=0}^{31} y_{(k\times 64+i)} d^*_{(k\times 64+i)} \tag{5.8.1}$$

对照同步符号的发送结构，式(5.8.1)中的 k 取值分别为 0～8，对应同步阶段的 9 个已知同步码符号；d_i 为其对应的同步码符号映射为信道符号后的加扰复数据，d_i^* 代表 d_i 的复数转置，每一次计算出的 z_k 实为依次为 9 个已知同步码符号所映射信道符号加扰后，与其所应对的采样符号进行相关运算的结果；显然，此时的采样符号 y_i 是在最佳定时起点按照 T 时间间隔抽取的复基带数据所对应的 32 个复数据。

计算 z_k 的累计相位差 F_k，则

$$F_k = \sum_{k=0}^{8} z_k^* z_{k+1} \tag{5.8.2}$$

$$\Delta\theta = \text{arctanh}\,\frac{\text{Im}(F_k)}{\text{Re}(F_k)} \tag{5.8.3}$$

式中，Re(•)和 Im(•)分别为取实部和虚部操作。根据相位误差解算频偏。按照系统的采样率，相位误差为在一个同步码符号周期内累计平均值，有

$$2\pi f_d \frac{32}{2400} = A\tan(\Delta\theta) \tag{5.8.4}$$

进而解算为频率值：

$$f_d = 11.936\,620\,73 A\tan(\Delta\theta) \tag{5.8.5}$$

将它与预置的频偏值相加，可得到频偏估计值：

$$f_{d\_\text{update}} = f_d + \text{粗同步频移补偿值} \tag{5.8.6}$$

完成系统定时起点和多普勒频移估计后，需要进一步估算信道引起的相位误差、子载波解调设定初始相位为 0 而引入的恒定相位误差、多普勒频移补偿初始相位为 0 而引入的恒定相位误差共计 3 个因素的累计相位误差信息。

先利用估计的多普勒频移，完成对接收信号的多普勒频移补偿，再根据定时起点采集 9

个同步码符号所对应的接收信号共计 9×32 个信道码符号所对应的接收数据，并解算出复信号对应的相位。同时解算同步码符号映射为信道符号并加扰后的复信号所对应的相位信息，该相位信息为标准的 8PSK 星座图相位值。这两组信号的长度为 32×9=288，计算其相位值差的平均值，该平均值以上即因定时误差引入的相位误差 TB_phase_error，其误差曲线如图 5.8.1 所示。

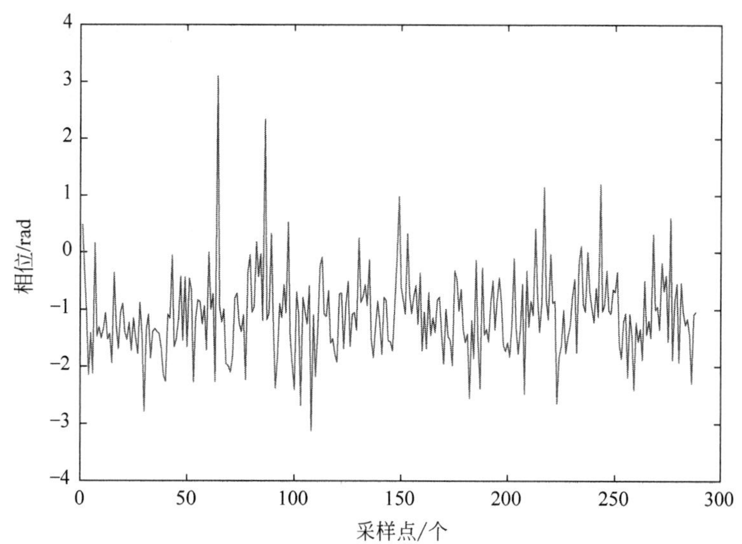

图 5.8.1　接收端信道同步码符号相位误差曲线图

根据频率生成的相位定时误差值，并按照采样率进行离散化可得：

$$\frac{2\pi f_{\mathrm{d}}\Delta n}{2400}=\mathrm{TB}_{\text{phase error}} \tag{5.8.7}$$

则：

$$\Delta n=1200\mathrm{TB}_{\text{phase error}}/(\pi f_{\mathrm{d}}) \tag{5.8.8}$$

该时间偏差即引入的定时误差所对应的相位，也是以上 3 个因素共同作用引入的累计相位误差，将其作为信道的初始相位。

回顾上文的分析过程，这就是在子载波解调和多普勒频移补偿时，都将初始相位值处理为 0 的原因；当然，也可以将其设定为其他值，但此处估算的相位要与之前设定的相位叠加，作为估计的初始相位。

多普勒频移及相位估计程序代码参见附录 15。

至此，信号预处理涉及的信号定时起点选取、多普勒频移补偿、相位预估计均已完成，可以纠正信道环境等引入的干扰，对信道和通信参数等进行进一步的处理和识别。通过此处的分析可以看到，如果通信系统所应用的场景面临多普勒频移值更大，需要纠正更大的多普勒频偏时，就将多普勒频移值的补偿范围进一步扩大。如当前预置补偿值为±50Hz，还可以进一步加入±50Hz，±100Hz 的预置频偏等，对系统而言无非就是在同步阶段增加运算量、做多次判断而已。

5.9 初始信道估计

初始信道估计

信道的初始估计包括短波信道阶数估计和信道初始系数估计。在一次短波猝发通信过程中，可认为信道阶数不变，信道系数在一帧数据范围内恒定。信道初始估计主要利用收发双方均已知的 9 个同步序列完成。同步序列中其实还包含一部分接收端未知的信息，如用户数据交织信息、同步信息发送计数等信息，它们提供数据通信初始化参数，暂不用作信道估计。

按照美国军用标准 MIL-STD-188-110B，同步信息至少发送 3 次，对应短交织；最长发送 24 次，对应长交织。此过程中，每完成一次同步捕获，则利用 9 个已知的同步码符号进行一次信道估计。

短波信道可建模为有限长的 FIR 横向滤波器形式，横向滤波器阶数即信道阶数。如果信道阶数设置过短，势必低估信道引入码间干扰作用，将影响到信道均衡的效果；如果信道阶数设定过长，不仅会增加算法的复杂度，还会过多引入码间干扰而无法进行信道均衡，其原因将在下文进一步剖析。

当然，通过 AIC 准则、ARMA 模型等算法动态估计信道阶数有一定的可行性，但当前将其应用于短波信道阶数估计效果不佳。目前，在窄带短波数据通信中，一般根据估计的信道系数拖尾分布情况确定信道系数。若拖尾幅度大，则选择 16 阶，反之选择 10 阶，前提是需要确定信道系数的分布情况。

下面进一步讨论信道系数估计的理论模型。

短波信道一般建模为连续时间模型，其冲击响应为 $c(t)$，是脉冲成型、信道响应函数的组合形式，发送的复基带信号(包括训练序列与用户未知数据)为

$$s(t)=\sum_{k}\{s_k\}\delta(t-kT) \tag{5.9.1}$$

式中，序列$\{s_k\}$为发送端的复基带信号；T 为波特采样时间间隔；信道的记忆长度即信道阶数为 L，可知码间干扰影响$(L-1)$个码符号。接收信号可表示为

$$r(t)=s(t)c(t)+n(t) \tag{5.9.2}$$

两边同步进行傅里叶变换：

$$\bar{R}(\omega)=\bar{S}(\omega)\bar{C}(\omega)+N_0 \tag{5.9.3}$$

式中，$\bar{R}(\omega)$，$\bar{S}(\omega)$，$\bar{C}(\omega)$和 N_0 分别代表接收信号 $r(t)$、发送 8PSK 信号 $s(t)$、信道冲击响应 $c(t)$和高斯白噪声 $n(t)$的功率谱。其中，N_0 为常量。信道系数初始估计在信号同步阶段完成，这意味着 $\bar{R}(\omega)$，$\bar{S}(\omega)$均为已知值。噪声功率 N_0 可以利用信道信噪比估计算法，将同步序列视为已知序列，从而估计噪声功率$\hat{N}_0$，进而估计信道功率谱 $\bar{C}(\omega)$。

根据相关文献，可以得到同步期间的信噪比为

$$\mathrm{SNR}=\frac{\left|\frac{1}{K}\sum_{k=0}^{K-1}(r_k s_k^*)\right|^2-\frac{1}{K^2}\sum_{k=0}^{K-1}|r_k|^2}{\frac{1}{K}\sum_{k=0}^{N+2M-1}|r_k|^2-\left|\frac{1}{K}\sum_{k=0}^{N+2M-1}(r_k s_k^*)\right|^2} \tag{5.9.4}$$

由此即可计算出同步期间的信噪比。记：

$$P=\sum_{k=0}^{K-1}(r_k r_k^*)\,|^2/K \tag{5.9.5}$$

为接收信号功率，则：

$$\text{SNR}=(P-\text{噪声功率})/P \tag{5.9.6}$$

由此可以计算噪声功率：

$$\hat{N}_0=\frac{P}{1+\text{SNR}} \tag{5.9.7}$$

信道的功率谱为

$$\hat{\bar{C}}(\omega)=\frac{\bar{R}(\omega)-N_0}{\bar{S}(\omega)} \tag{5.9.8}$$

式中，K 为发送同步序列的长度，SNR 表示同步序列发送过程中估计的当前信噪比，P 为同步序列发送期间接收信号平均功率。接收数据功率谱 $\bar{R}(\omega)$、同步序列功率谱 $\bar{S}(\omega)$ 可按照如下方法进行计算。

根据其有限的时域采样值，在同步序列发送阶段对接收数据 $r(t)$ 按照码符号速率采样进行处理，并将 K 点接收数据分成 U 段互不重叠的部分，每部分长度均为 V，这样可产生 U 个数据段。则有 $UV=K$，记：

$$r_i(n)=r(n+iV),\quad 0\leqslant i\leqslant U-1,\quad 0\leqslant n\leqslant V-1 \tag{5.9.9}$$

对每一个部分，计算其周期图：

$$P_{\text{rr}}^{(i)}(\omega)=\frac{1}{V}\left|\sum_{n=0}^{V-1}r_i(n)\mathrm{e}^{-\mathrm{j}\omega n}\right|^2,\quad 0\leqslant i\leqslant U-1 \tag{5.9.10}$$

将 U 个部分的周期图进行算术平均，即可得到巴特莱特功率谱估计：

$$\bar{R}(\omega)=P_{\text{rr}}^{B}(\omega)=\frac{1}{U}\sum_{n=0}^{U-1}P_{\text{rr}}^{(i)}(\omega) \tag{5.9.11}$$

同理，可计算发送同步序列的巴特莱特功率谱 $\bar{S}(\omega)$。

由此即可估计出 $\bar{C}(\omega)$。对 $\bar{C}(\omega)$ 进行定点长度的傅里叶逆变换，估计对应的 $\hat{c}(k)$，即信道系数。理论上 $\hat{c}(k)$ 具有两端拖尾、中间峰值形式的曲线；按照信道系数分布特征，如果信道系数尾部的影响比较大，则截取较长的信道系数覆盖信道系数值较大的范围，反之亦然。总之，对波特间隔采样的 64 位信道系数值，按照设定的信道阶数进行截短处理，即获得信道系数，完成信道初始估计。

根据以上公式推导，可以看出计算短波信道系数的方式非常复杂。忽略噪声的影响将信道的功率谱式(5.9.8)简化为

$$\hat{\bar{C}}(\omega)=\frac{\bar{R}(\omega)}{\bar{S}(\omega)} \tag{5.9.12}$$

式中，$\hat{\bar{C}}(\omega)$ 即信道系数的频谱函数，计算可以简化为接收端信号功率谱除以发送端同步符号的功率谱。收、发双方的功率谱函数难以用精确的数学公式描述，但其样本数据是确定的。为此，可以对收、发双方采样数据进行离散傅里叶变换(discrete Fourier transform，DFT)计算其频谱数据，然后用频谱数据进行“点除”的方式，计算对应信道系数的频谱因子，获取整体上的信道系数频谱函数；再对信道系数的频谱函数进行傅里叶逆变换，即可获取其信道系数。这就是通过傅里叶变换(Fourier transform，FT)/傅里叶逆变换(inverse

Fourier transform，IFT）/快速傅里叶逆变换（inverse fast Fourier transform，IFFT）技术简化获取信道系数的基本思想。

对应同步码元中的“0 1 3 0 1 3 1 2”，每两个码元为一组，即“0 1”“1 3”“3 0”“0 1”“1 3”…共计 8 组，将其映射为信道码符号并经过加扰后，可得到发送端 64 个复信号；接收端根据同步信息依次取出其对应的接收复信号，其长度也为 64；对收发两端的复信号进行快速傅里叶变换（fost Fourier transform，FFT）到频域，然后接收端逐一点除接收端发送信号，得到一个新的长度为 64 的数组，即信道函数的 FFT，对其进行 IFFT，即信道参数。以同步阶段某次特定的信道参数估计为例，同步符号“1 3”映射为信道码符号并经过加扰后的频谱如图 5.9.1 所示，其对应的接收数据频谱如图 5.9.2 所示，通过点除计算的信道系数频谱如图 5.9.3 所示，对其进行 IFFT 的信道系数如图 5.9.4 所示。

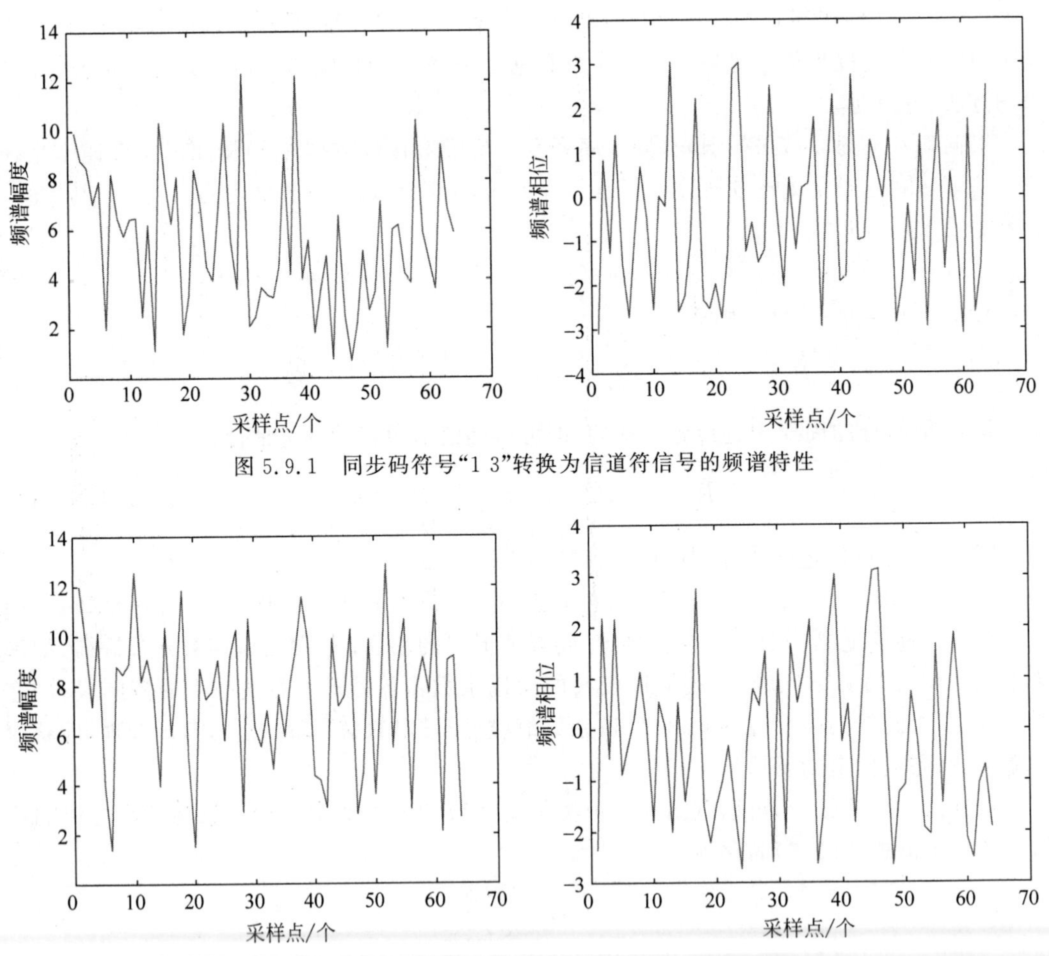

图 5.9.1　同步码符号“1 3”转换为信道符信号的频谱特性

图 5.9.2　同步码符号“1 3”对应接收端信号频谱特性

值得注意的是，为了保持信道的横向滤波器特性，IFFT 后的数据要进行顺序调整，即取出 IFFT 数组的 48～63 和 0～15 共计 32 个点作为待运用的信道参数。按照上述方法，依次估计 8 组同步码符号所得的信道参数，并进行累加存储取其平均。同时，按照上述方法，继续计算其以下两个采样符号为起点所对应的数据，重复上述过程计算信道参数，作为其 $T/2$ 间隔时的信道参数，如图 5.9.5 所示。

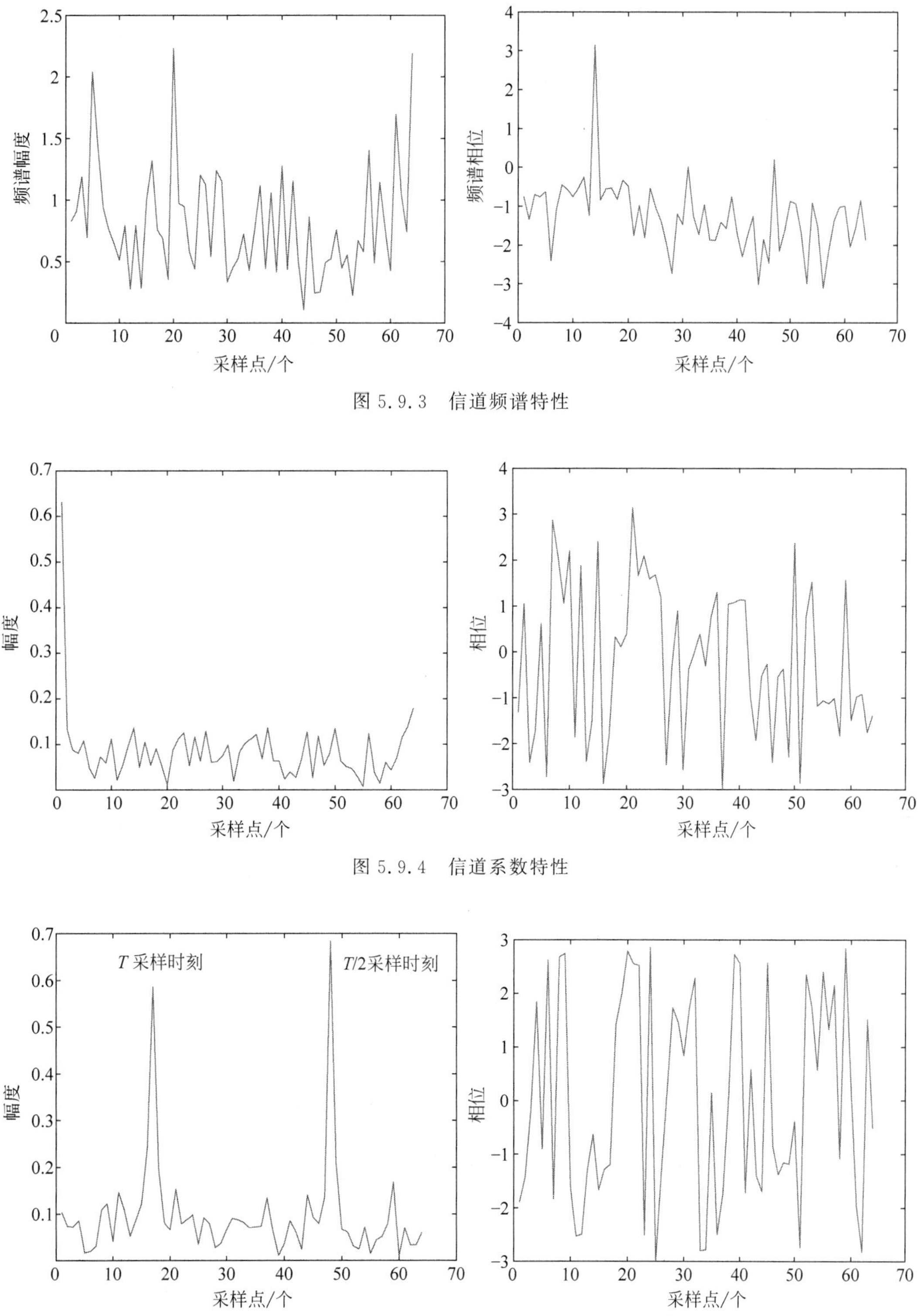

图 5.9.3　信道频谱特性

图 5.9.4　信道系数特性

图 5.9.5　4T 和 $T/2$ 采样间隔信道系数特性(信道系数长度为 32)

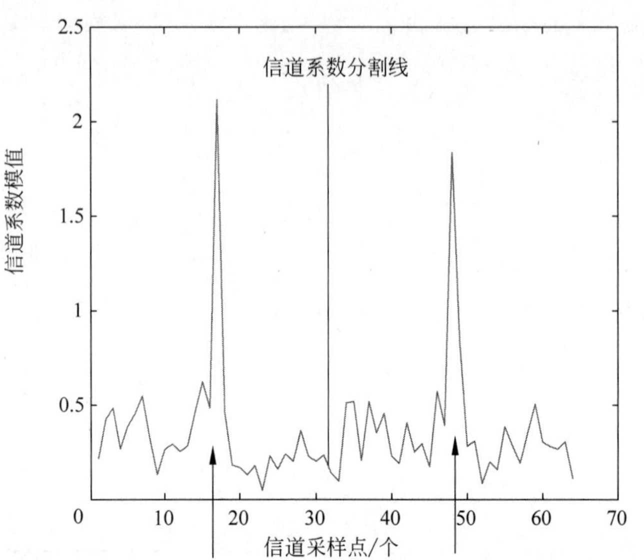

图 5.9.5(续)

两组参数长度共计 64 个,经过上述措施调整后的信道系数分布如图 5.9.6 所示。

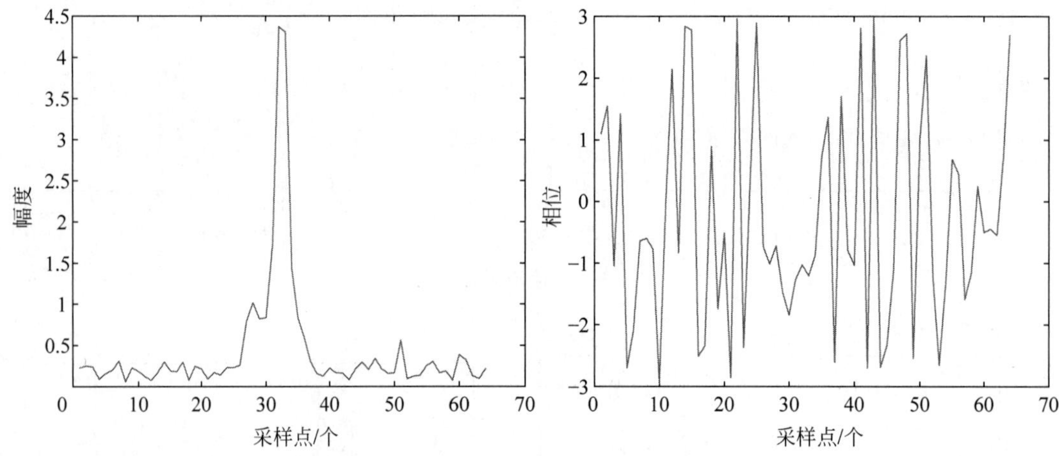

图 5.9.6　信道系数调整后的时域特性

对 T 和 $T/2$ 时刻的信道系数,按照时序排序,信道系数比较长,每一组信道系数长度为 32。这里仅采用信道系数模值进行信道阶数的判断。计算信道系数的模值并计算其最大值位置点和数值;以最大值位置点为起始点,分别在数据内部向前和向后寻找次最大值位置点,如图 5.9.7 所示。

对比最大值位置点、次最大值位置点的顺序,若超过一定的阈值,说明信道尾部影响较大,延长其信道系数,信道阶数长度取值为 16;反之则为 10。进一步取向前的次最大值位置点和向后的次最大值位置点的中间位置,从前向后分别截取信道阶数长度的一半,作为当前信道阶数下的信道系数值,如图 5.9.8 所示。

信道估计程序实现代码参见附录 16。

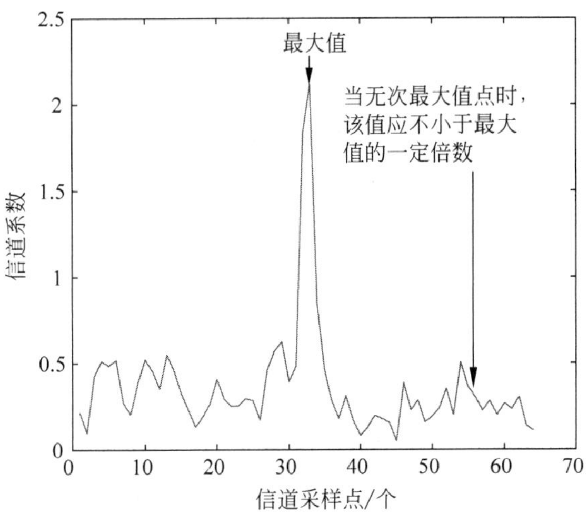

图 5.9.7　信道系数最大与次最大峰值调整特性图

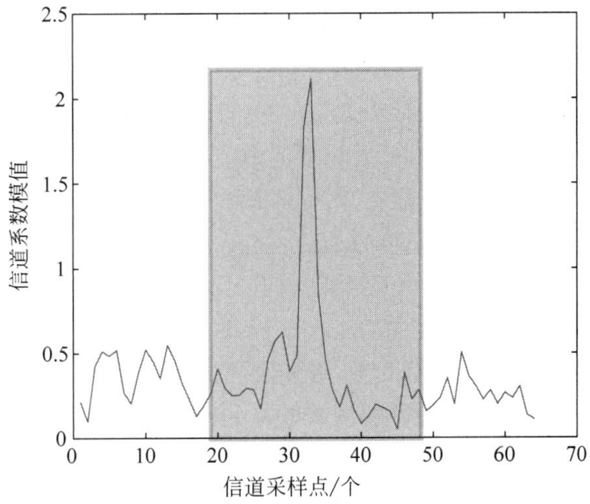

根据信道阶数长度，以信道系数峰值点为基准，向前后截取信道阶数长度，确认信道系数

图 5.9.8　信道系数截取示意图

至此，初始信道估计已完成，同步序列的前 9 个已知码符号的作用、同步捕获、多普勒频移及相位估计、信道估计等均已分析完毕。

5.10　未知同步码符号的解算

未知同步码符号的解算

同步序列的未知同步码符号主要指 D1，D2，C1，C2，C3，其含有通信参数信息。经过系统细同步后，在下一帧接收数据时，按照时序依次开始接收 D1，D2，C1，C2，C3。对该参数的检测与同步已知参数检测一样，采用相关算法，依次解算其与可能取值的相关模值。相对于已知同步码符号的检测，未知同步码符号的检测主要存在以下差异：

(1) 检测范围不同。待检测的符号值范围为4～7,而已知的同步符号检测范围为0～3;二者在取值范围上进行区分,也是为了减少误判。

(2) 检测条件不同,精准度更高。此处的通信参数检测已经完成了多普勒频移值估计、多普勒频移相位估计、信号最佳采样点的确认;而已知在同步符号检测时上述3个要素均未知,并采用了滑动相关,连同9个已知码符号一起进行序列检测判断。因此,在同步未知码符号检测阶段,采用相关算法检测符号更为精准,可靠性更高。

(3) 引入了最佳采样点和次最佳采样点联合检测,可靠性更强。如表5.10.1所示,从最佳采样点和次最佳采样点2个采样点起,按照系统波特率取所对应的采样符号序列,长度为32个码符号,分别计算其与待检测的符号序列的相关模值并进行累加,取最大值所对应的待检测符号,作为发现的D1,D2,C1,C2,C3;采用最佳采样点和次最佳采样点进行分别解算,可有效消除信道干扰引起的误判断,使检测的可靠性进一步增强。

表5.10.1 按照 $T/2$ 采样率排列相关取值起点示意

…	采样点 K	最佳采样点	…	采样点 N	次最佳采样点	…	

按照以上思路,按照时序依次完成D1,D2,C1,C2,C3的解算,并存储计算过程中的相关模值。以检测D1为例,其检测结果如图5.10.1所示,在上述提及的4个采样位置取样4组采样数据,分别与可能的同步码符号4,5,6,7所映射的信道符号加扰后的数据进行相关。由图5.10.1可以看到,与码符号4,5,6,7的相关模值分别约为1.8,4.5,12.2和1.87(在同一比较标准下,其量级可以忽略);其中,与同步码符号6的相关模值最大,为12.2,所以判断当前检测的未知码符号为6。

其他几个码符号的判断类似,由此依次完成D2,C1,C2和C3的检测。按照通信长短交织参数的约定,同步序列会发送3次或24次。因此,以上同步通信参数检测在确认系统完全同步前,会持续性地解算信道通信参数,并将每一次解算的结果进行存储,用于进一步确认系统同步的判断。未知同步码符号在同步阶段的检测数据示意见表5.10.2。

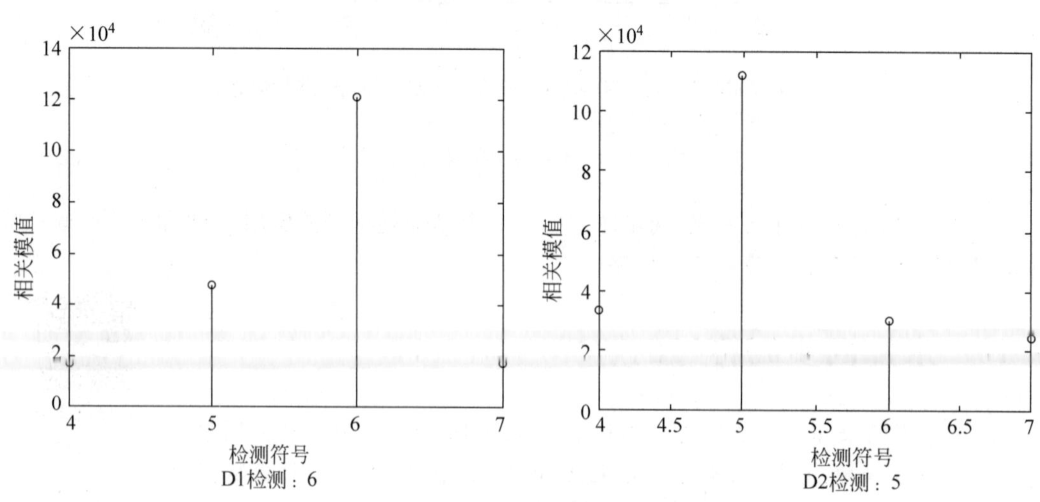

图5.10.1 位置同步码符号相关检测示意图

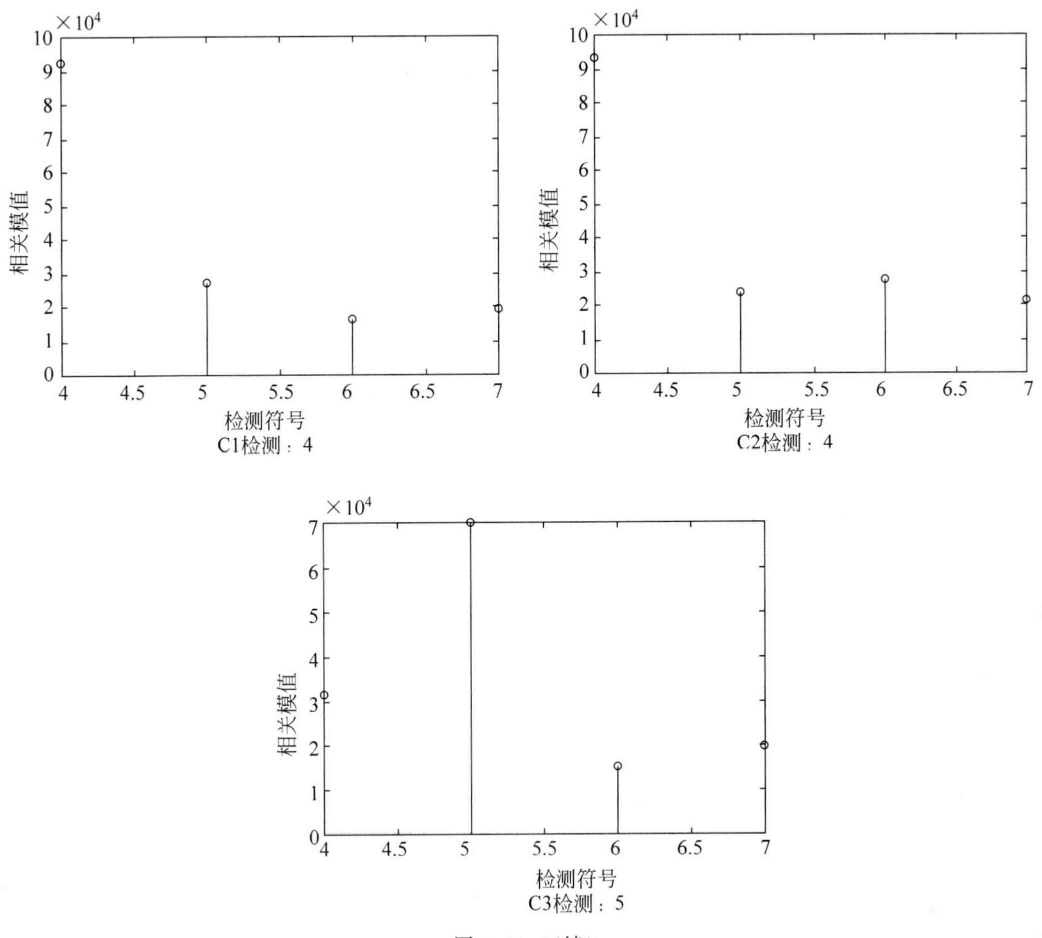

图 5.10.1(续)

表 5.10.2　未知同步码符号检测示意

D1	D2	C1	C2	C3
4	5	5	5	7
4	5	5	5	6
4	5	5	5	5
4	5	5	5	4
4	5	5	4	7
4	5	5	4	6
4	5	5	4	5
4	5	5	4	4
4	5	4	7	7
4	5	4	7	6
4	5	4	7	5
4	5	4	7	4

续表

D1	D2	C1	C2	C3
4	5	4	6	7
4	5	4	6	6
4	5	4	6	5
4	5	4	6	4
4	5	4	5	7
4	5	4	5	6
4	5	4	5	5
4	5	4	5	4
4	5	4	4	7
4	5	4	4	6
4	5	4	4	5
4	5	4	4	4

5.11 系统同步的判断

系统同步的判断

每处理完一帧完整的同步数据后，系统将进行一次同步判断，主要是判断同步序列是否全部发送完毕。若没有发送完毕，还得继续检测下一次同步序列发送的未知参数；若发送完毕，则开始提取此次通信参数。

同步序列是否全部发送完毕的判断依据，主要是C1，C2，C3联合组成的计数器。系统在同步后，按照数据发送时序，每次一个完整的同步序列是否发送完毕是已知的；也就是说，C1，C2，C3的检测时序是确定的，由此可以利用其标注的计数值，每一次检测完C3后，利用C1，C2，C3特定的编码规则解算当前的同步计数。利用同步计数的计算结果，按照同步次数发送计数的协议，从23开始减法计数到0，依次按照同步检测时序进行减数对比，统计累计对比相等的次数并标注为N，见表5.11.1。之所以是从23开始进行减法计数是因为长交织最大的同步发送次数为23。

表5.11.1 长交织时同步发送次数检测示意

1	2	3	4	5	6	7	8
23	22	21	29	19	18	17	16
15	14	13	12	11	10	9	8
7	6	5	4	3	2	1	0

对比的前提条件是：同步检测的计数值与程序监测计数值相等，且检测的同步未知码符号D1，D2，C1，C2，C3在4～7取值，并存储有效的D1和D2待进一步处理，否则认为此次数据检测异常，放弃此次计数对比和D1，D2的选取。

对比规则如下：

（1）若$N \geqslant 9$，表明长交织已同步；且根据每次计数值相等时存储检测的D1和D2，按照其出现次数多少进行对比，选择出现次数多的值，分别作为最终的D1和D2；一旦D1和

D2 确定,则系统通信数据率也得到确定。在长交织同步时,每次同步后解算的计数值如表 5.11.1 所示,当系统每次计算判断与检测计数判断相等时,则记录有效的 D1 和 D2,直至判断系统同步。

(2) 若 $4\leqslant N<9$,表明长交织可能还没有同步,有待进一步检测,放弃此次同步。

(3) 若 $N\leqslant 1$,表明同步序列可能还没有发送完毕,有待进一步检测,放弃此次同步标识。

(4) 若 $2\leqslant N\leqslant 3$,且 N 仅在同步计数检测值 2,1 和 0 处与程序监测计数值进行等比累加计算,则可以判断系统是短交织,同步码符号只发送 3 次。针对 N 的取值,又分为如下几种情况:

① 若 $N=3$,且为同步计数检测值在同步计数值 2,1 和 0 处对比上的,表明此时短交织已同步,同上,将检测的 D1 和 D2 出现次数多的作为最终的 D1 和 D2,并确定通信数据率。请注意,同步计数检测值在 2,1 和 0 处、与系统监测计数值相等的情况,也可能是长交织,但在 $N=3$ 情况下的长交织不作为有效监测,予以同步放弃。在短同步时,每次同步后解算的计数值见表 5.11.2,−1 代表在该位置没有进行同步检测。

表 5.11.2　短交织时同步发送次数检测示意

1	2	3	4	5	6	7	8
−1	−1	−1	−1	−1	−1	−1	−1
−1	−1	−1	−1	−1	−1	−1	−1
−1	−1	−1	−1	−1	2	1	0

② 若 $N=2$,意味着 D1 和 D2 监测取值 2 次,按照出现取多原则确认 D1 和 D2;但 D1 和 D2 可能有各出现 1 次的情况。因此,还要进一步判断在计数值检测 2 和 1,1 和 0,2 和 0 处相等的具体情况,将在判断 D1 和 D2 取值做相关处理时的模值和进行比对,选择相关模值和大的数据作为对应的 D1 和 D2。如图 5.11.1 所示,在检测到的两次同步阶段中计算的 D1,一次为 6,另一次为 5,那么到底判断取 D1 为 6 还是 5 呢?因为判断为 5 时的模值和为 2.7,小于判断为 6 时的模值和 12.2,所以此次通信最终取 D1 为 6。

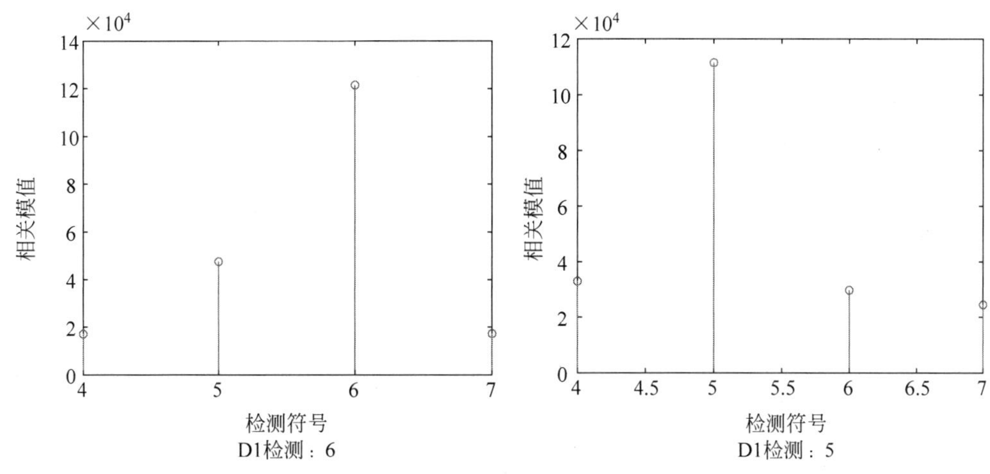

图 5.11.1　同步计数按照检测模值提取通信参数示意图

按照如上规则，可以检测出最终系统确认的D1和D2，按照如表5.11.3所示的取值规则，即可以识别出系统的长短交织状态和通信数据率。

表5.11.3 交织参数的取值

用户数据率/(b/s)	短交织		长交织	
	D1	D2	D1	D2
4800	7	6	—	—
2400	6	4	4	4
1200	6	5	4	5
600	6	6	4	6
300	6	7	4	7
150	7	4	5	4
75	7	5	5	5

至此，系统的同步确认已完成，通信参数（通信数据率和交织情况）也已确定，置系统为同步状态，后续可以开始接收用户数据帧并进行数据均衡处理。整个同步信号处理的流程如图5.11.2所示。

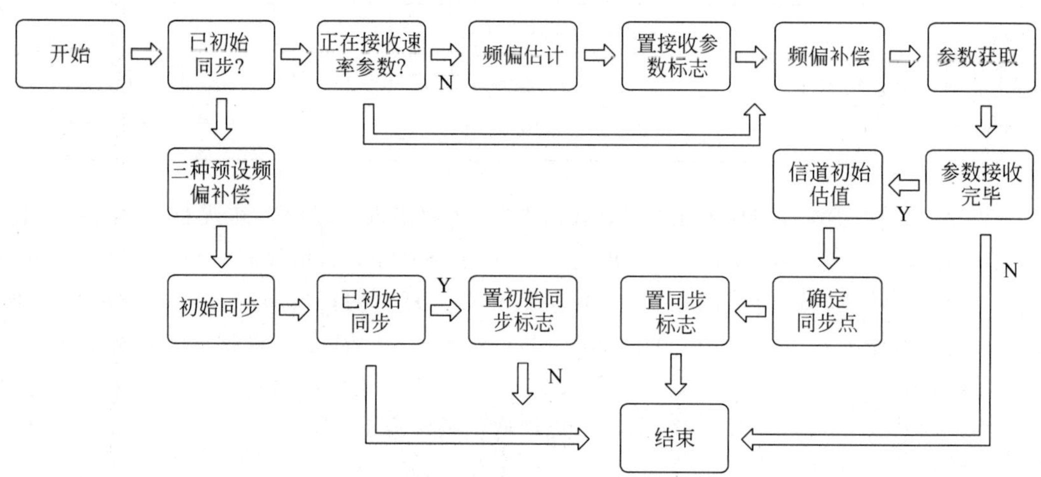

图5.11.2 同步阶段数据处理示意图

5.12 信道均衡前的初始化处理

信道均衡前的初始化处理

在同步阶段的数据处理完毕之后，进入信道均衡阶段。在信道均衡之前，需要进行初始化处理，主要有以下5个方面：

1）每一帧采样数据长度的调整

基带信号以数据帧为单位进行处理，同步阶段每一帧数据对应一个同步码符号，即32个码符号、128个复采样信号作为一帧数据进行一次解算；在处理用户数据阶段，每一帧数据长度为一个数据块的“用户数据＋训练数据”，对应信道采样速率，映射为其4倍个采样信号，作为一帧数据长度。因此，需要调整每一帧数据的采样长度，将根据用户通信数据率，确认每一帧用户数据和训练数据长度，依次确认数据帧的长度。

2）多普勒频移的估算值调整

根据 5.8 节的内容，每发送一次同步序列并检测到同步时，这次估算的多普勒扩展值就同步存储了估计过程中的计数模值。也就是说，每检测到一次同步，就解算一次多普勒频移值，最终在确认系统同步后，将解算出的一批多普勒频移值和模值进行加权处理，充分利用每次同步计算的多普勒频移数据，将其作为计算首帧用户数据的多普勒频移值，如图 5.12.1 所示。

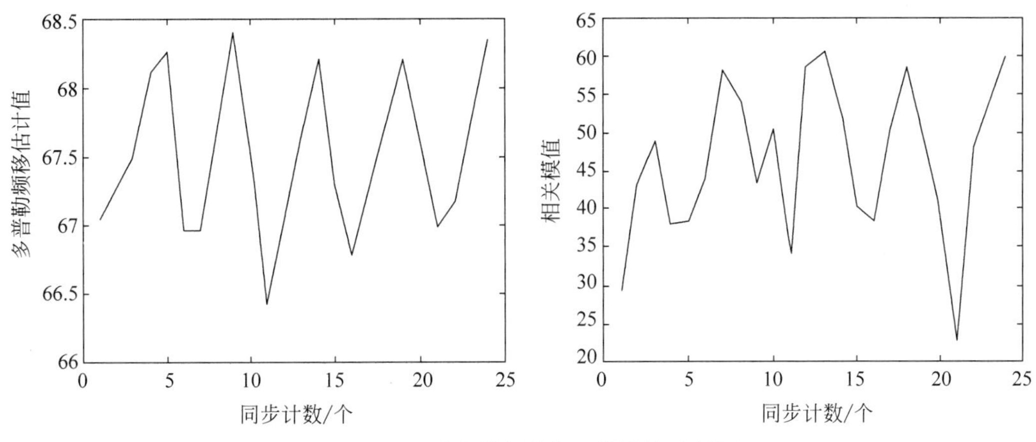

图 5.12.1　多普勒频移归一化结算示意图

3）信道参数的获取

和多普勒频移估计一样，在每一次准确检测到已知的同步码符号后，将估算一次信道参数；考虑信道变化的时间效应，一般以最后一次同步符号发送期间所估算的信道参数作为估算用户数据时的信道参数。

4）训练序列的准备

按照用户数据和训练序列发送规则，同步序列发送完毕后紧接着发送用户数据，则首帧用户左侧的训练序列是最后一个同步码符号 0 映射为 32 个信道符号并加扰后的数据，根据训练序列长度，在临近用户数据侧截取训练序列长度的数据作为用户数据左侧训练序列，右侧训练序列为 $D1$ 映射后加扰的数据；之后按照 $D1$ 和 $D2$ 时序交替的方式获取训练数据，如图 5.12.2 所示。

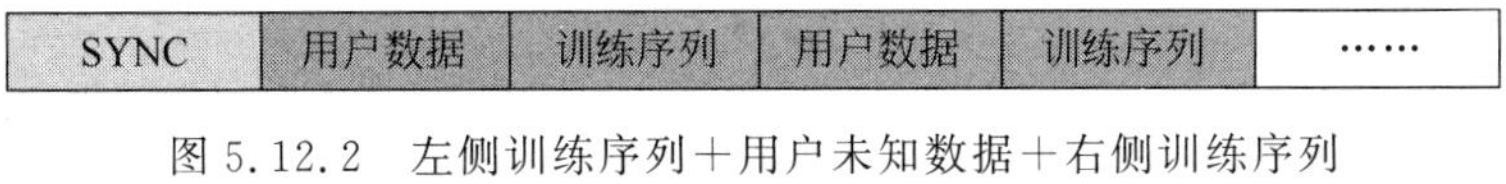

SYNC	用户数据	训练序列	用户数据	训练序列	……

图 5.12.2　左侧训练序列＋用户未知数据＋右侧训练序列

5）用户数据和训练序列的扰码数据准备

用户数据和训练序列的扰码数据由线性移位寄存器生成，初始化移位寄存器状态，并生成“用户未知数据＋右侧训练序列”的扰码数据，待下一帧数接收时进行解扰处理。

至此，在探索同步阶段的所有信号处理基础上，进一步初始化完成信道均衡前的数据准备工作，包括信道阶数、信道系数、训练序列、扰码器状态。经过同步阶段的所有信号处理环节(如图 5.12.3 所示),为接收用户数据进行信道均衡做好准备。

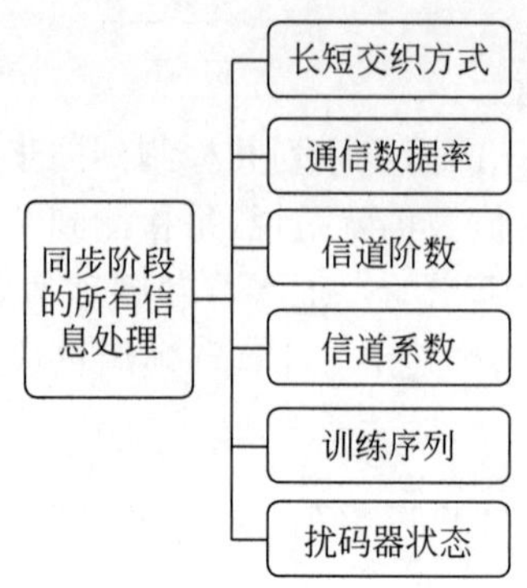

图 5.12.3 同步阶段主要解决问题示意图

第6章

接收端用户数据处理

6.1 信道均衡——匹配滤波

信道均衡——匹配滤波

信道均衡主要为了消除信道对用户数据的干扰，以便更精准地估计用户数据，是用户数据估计的前提。信道均衡可以有效克服短波时变信道衰落引起的码间串扰，是提高数据通信效果的有效手段，也是数据通信理论研究持续聚焦的领域。

由于短波信道的时变衰落特性，信道均衡器必须能够自适应跟踪信道的变化。通过在发送端将已知的训练序列周期性地插入要发送的数据中，接收端根据接收到的训练序列通过信道后的结果估计信道特征，调整均衡器为信道响应的"逆"，收敛后使用均衡器均衡信道对数据的畸变影响，以接收传递的数据信息。这种方式以牺牲信道容量为代价换取可靠性的提高。1928 年奈奎斯特发表了理想带限信道中无符号间串扰数字通信系统的研究结果，确定了判决时刻无符号间串扰的充分条件。此后相当长的一段时间内，研究的重点主要是线性接收机结构，即线性均衡器。1965 年，Tufts 以线性均衡器输出与期望符号之间的均方误差(mean squre error，MSE)作为性能量度，首次确定了最小均方误差(minimum mean square error，MMSE)准则下的最佳发送滤波器和接收滤波器，同时他还在均衡器采样时刻无符号间串扰的约束条件(迫零条件)下，确定了 MMSE 准则下的最佳接收机[34]。在线性接收机得到广泛研究和应用的同时，非线性接收机，如基于 MLSE，MAP 算法等的接收机，也得到了广泛的应用，研究结果表明，非线性接收机的性能较线性接收机有较大的改善。

总体上可将均衡器分为如下几类：

(1) 最大似然序列估计均衡器

Forney 提出的最大似然序列估计(maximum likeli-hood sequencev estiamtion，MLSE)接收机采用了一个白化滤波器，使得采样时刻的噪声是白色的，发送器、信道及白化滤波器的级联冲激响应是因果的，因此码间干扰仅由以前的符号产生，这样由一个非线性处理器(维特比检测器)就可以实现 MLSE 接收机[35-36]。MLSE 是一种最佳均衡器，其运算量还是与 L^M 成正比，其中，L 是码间干扰的符号数，M 是符号集合中的元素数目，算法实现复杂度高。

(2) MAP 均衡器

MAP(maximum a posteriori probability)算法[37-40]在接收到一组数据后，分别由前向

度量与反向度量计算信息字符的概率，这与维特比算法中幸存路径的计算类似，由于信息字符在通过码间干扰信道时对当前字符产生码间干扰作用的是当前时刻以前的字符，前向度量的计算在码间干扰严重时会受到直接影响；反向度量的计算是由最后时刻反向展开的，在一定程度上弥补了前向度量计算上的不足，降低了误码率。在基于 MAP 算法的联合均衡与解码中，均衡器的复杂度难以降低，如码间干扰的长度为 L，调制电平级数为 M，则相应的格型图结构中的最大状态数为 M，基于此展开的 MAP 算法，其计算量与 M^{L+1} 成正比，不适于在较高 M 进制调制体制中应用，特别是在码间干扰较长的信道中，其使用受限。

(3) 线性均衡器

针对 MLSE 的计算复杂性高的问题，相对于 MLSE 这种非线性均衡器，出现了次最佳的线性均衡器(linear equlaizer，LE)。线性均衡器可基于峰值失真准则和最小均方误差准则进行设计。线性均衡器相对于 MLSE 均衡器存在两个缺点：

① 在信道具有频谱零点时、线性均衡器会导致噪声增强；

② 以符号率采样的离散时间均衡器对于定时误差非常敏感。针对该问题，人们提出了分数间隔均衡器。

(4) 分数间隔均衡器

波特率采样均衡器只能补偿接收信号的频率混叠，不能补偿信道的固有失真。Brady 在 1970 年研究的分数间隔均衡器(fractionally spaced equalizer，FSE)避免了波特率采样(欠采样)引起的频率混叠，可以用于补偿接收信号中的信道畸变[41-45]。分数间隔均衡器对输入信号以$(1+\beta)/T$ 速率进行采样(β 为滚降因子)。常用的分数间隔均衡器是基于奇异值分解的 $T/2$ 均衡器；针对短波信道，可以通过在 FSE 中引入 DFE 改进其性能。2002 年相关学者提出了一种盲 FSE，其设计方法是强制均衡器权值满足一定的线性条件，由此把问题转化为极小化分段线性凸函数再求解，这种盲 FSE 能很好地避免正交幅度调制(quadrature amplitude modulation，QAM)系统中的码间干扰，并具有一定的载波相位恢复功能。

(5) 判决反馈均衡器

Austin 于 1967 提出了判决反馈均衡器(decision-feedback equalizer，DFE)的概念。判决反馈均衡器由两个滤波器组成，相当于在线性均衡器后面加了一个反馈滤波器[46]。DFE 可以避免线性均衡器的噪声增强作用，且计算复杂度相对 MLSE 较低，在短波通信中得到了较为广泛的应用。但是，DFE 的缺点是后向反馈滤波器可能会引起严重的误差传播。在慢变化信道中，可以将 DFE 的反馈滤波器置于发送机中，而前馈滤波器置于接收机中。这种方法的优点是可以完全消除反馈滤波器由于不正确判决引起的误差传播问题。为了实现这种形式的 DFE，可以在发送前对信息进行预编码，来避免发送机中的信号在消除码间串扰影响后比原始信号星座有更大的动态范围；或采用“模算法”，以改进 DFE 自适应均衡的性能。对非线性信道上的 DFE 设计，一个方案是把一般的非线性信道均衡器与一个适用于线性信道的 DFE 相结合，组成一个均衡系统[47]。经验证，此理论能够显著提升均衡效果。

(6) 降低复杂性的 ML 检测器

由于最佳均衡器 MLSE 存在计算复杂度高的问题，一些学者通过把 MLSE 与其他均衡器相结合，在维特比检测器之前采用一个线性均衡器将码间干扰的跨度减到比较小的特定长度，以降低 MLSE 算法的复杂度。可以采用的方法有：

① 对信道的记忆特性进行人为截断；

② 为 LE-MLSE 系统精心设计特殊的冲击响应序列；

③ 用 DFE 代替 LE 以利用判决反馈的原理。

这些手段均基于以下考虑：如果比较大的信道的码间干扰跨度减到一个充分小的长度，跟随在 LE 或 DFE 之后的维特比检测器就会变得比较容易处理复杂度降低；还可以把维特比检测器之前的 LE 或 DFE 的角色看作对信道响应的均衡作用，它将信道响应均衡到一个持续时间相对较短的范围内，使维特比检测器能以充分低的复杂度来处理这个特定的响应。

（7）Turbo 均衡器

通过将信道看作一个串行级联码的内编码器，结合 Turbo 编码原理和 MAP 准则，可实现迭代译码均衡[47-50]。在 Turbo 均衡算法中，由于性能最好的 MAP 算法计算复杂度高，难以直接投入实际应用，有关学者开始研究一些降低复杂度的性能次优算法。如 Otnes 和 Tuchler 提出了一种新的联合算法，这一联合方法的核心思想是把信道估计器、均衡器和译码器迭代运行，但彼此间相互独立。这样，信道估计器可以利用均衡器和译码器之间交换的可靠信息，再次进行软信道估计，从而提高信道估计的准确性。截至目前，Turbo 均衡性能的好坏还不能从理论上解释，而只是从实验中证明其优异的性能。对 Turbo 均衡算法进行研究，不仅要考虑性能的好坏，也要考虑其算法的复杂度及其在实际工程中的适用性。近年来，一些学者提出了其他种类的迭代译码均衡方案，如 Li 和 Teng 等人在 2005 年阐述了一种具有高效计算性能的多级编码方法来解决信道中存在的码间干扰，他们的方案用到了线性最小均方误差(linear minimum mean square error，LMMSE)，通过多级策略来实现无信息损失的信道均衡。

按照窄带单音串行短波数据通信的方式，以数据帧为单位，先利用同步序列对信道进行初始估计，根据信道估计消除信道记忆引入的码间干扰，进而估计用户数据；基于估计的用户数据和训练序列，实现信道的自适应跟踪，估计下一帧数据期间的信道状态，进而消除信道记忆引入的码间干扰，如此往复。在对信道进行均衡时，可将信道状态视为已知值。对照短波基带信号格式的特定结构，在短波信道状态已知情况下，相关文献[51]和文献[52]基于最小均方误差(MMSE)准则，采用训练序列推导了具有块结构均衡特点的 DDEA。本书主要利用该算法完成信道的均衡。

短波发送端发送的数据以数据帧为单位，每一帧由一个训练序列块和用户数据块组成。短波数据通信格式如图 6.1.1 所示，在通信时先发送一段同步序列，接收端利用同步序列完成信道的初始状态估计、利用训练序列和估计的用户数据实现信道跟踪。

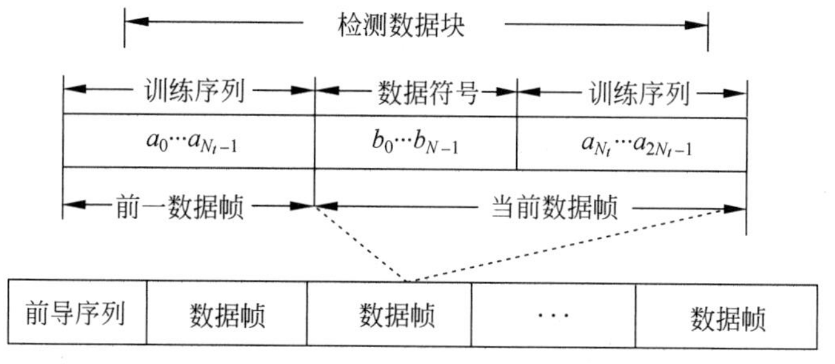

图 6.1.1 短波数据通信发送码元结构图

信道均衡包括匹配滤波、码间干扰消除和用户数据估算 3 个环节，首先来研究第一个环节——匹配滤波。

在完成信道初始状态估计、获取信道参数后，对接收信号进行匹配滤波，消除训练序列由于信道记忆引入的码间干扰，获取到仅有用户数据引入码间干扰的用户数据块，进而采取相应的算法对观测数据进行处理，估计用户数据。持续发送的数据帧由用户数据和训练序列组成，记信道最大记忆长度为 L（对应的波特采样间隔周期为 T，可由信道阶数加入一定的保护间隔），训练序列 $\boldsymbol{A}$ 长度为 M，用户未知数据序列 $\boldsymbol{B}$ 长度为 N。在用户数据率确定情况下，这些参数均为已知。

$$\boldsymbol{A}_{M\times 1}=(a_0 \quad a_1 \quad a_2 \quad \cdots \quad a_{M-1})^{\mathrm{T}} \tag{6.1.1}$$

$$\boldsymbol{B}_{N\times 1}=(b_0 \quad b_1 \quad b_2 \quad \cdots \quad b_{N-1})^{\mathrm{T}} \tag{6.1.2}$$

短波信道是时变色散信道，理论上是时刻动态变化的。假设在一帧的数据处理时间周期内，短波信道不发生变化；在处理下一帧接收数据时，通过一帧数据的信道跟踪，进入下一个信道状态。在一帧数据处理范围内，可以认为信道参数是恒定的，也具有一定的理论基础：按照美国军用标准 MIL-STD-188-110B 通信协议，码符号速率为 2400Baud；在 2400b/s 和 4800b/s 用户数据率时，训练序列为 16 个码符号，用户未知数据序列为 32 个码符号，每一帧用户数据估计完成后对信道系数进行一次跟踪，实现信道的衰落变换，则可视其处理衰落频率为 50 次/s；在其他用户数据率下实现的信道衰落频率将更高。根据相关文献统计分析，短波通信时衰落频率低于 50 次的概率达 80%以上[53]；因此，一帧信息内信道参数恒定的假设，符合短波信道慢衰变的特性，满足实际应用需求。

短波信道建模为连续时间模型，其冲击响应为 $c(t)$，它是脉冲成型、信道响应函数的组合形式，发送的复基带信号（包括训练序列与用户未知数据）为

$$s(t)=\sum_{k} s_k \delta(t-kT) \tag{6.1.3}$$

序列 $\{s_k\}$ 为训练序列 $\boldsymbol{A}$ 与用户数据序列 $\boldsymbol{B}$ 经过 8PSK 映射后的复数星座图信号，T 为波特采样时间间隔；信道的记忆长度为 L，可知码间干扰影响 $(L-1)$ 个码符号。接收信号可表示为

$$r(t)=s(t)c(t)+n(t) \tag{6.1.4}$$

式中，$n(t)$ 是功率为 N_0 的高斯白噪声。

在此引入匹配滤波的概念，对信号进行匹配滤波处理。匹配滤波器是一种非常重要的滤波器，广泛应用于通信、雷达等系统中。下面介绍它的工程实现方法。匹配滤波器对应的最优准则是输出信噪比（SNR）最大，前提条件是在白噪声背景下。匹配滤波器的频率响应是输入信号频率响应的共轭。从幅频特性看，匹配滤波器和输入信号的幅频特性完全一样。因此，在信号越强的频率点，滤波器的放大倍数也越大；在信号越弱的频率点，滤波器的放大倍数也越小，这就是信号处理中的“马太效应”。这意味着匹配滤波器是让信号尽可能通过，而不管噪声的特性。因为匹配滤波器的一个前提是白噪声，即噪声的功率谱是平坦的，在各个频率点都一样。因此，这种情况下，让信号尽可能通过，实际上也隐含着尽量减少噪声的通过，从而使输出的信噪比最大。从相频特性上看，匹配滤波器的相频特性和输入信号

正好完全相反。在通过匹配滤波器后，信号的相位为0，正好能实现信号时域上的相干叠加。而噪声的相位是随机的，只能实现非相干叠加，从而在时域上保证了输出信噪比的最大。

实际上，在信号与系统的幅频特性与相频特性中，幅频特性更多地表征了频率特性，而相频特性更多地表征了时间特性。匹配滤波器无论是从时域还是从频域，都充分保证了信号尽可能大地通过，噪声尽可能小地通过，因此能获得最大信噪比的输出。可见，匹配滤波器是匹配输入信号的，若输入信号发生了变化，原来的匹配滤波器就不是匹配滤波器了。由此，很容易联想到“相关”这个概念，所谓相关就是比较两个信号的相似程度。事实上，匹配滤波器的另外一个名字就是相关接收，二者表征的意义是完全一样的。只是匹配滤波器着重在频域的表述，而相关接收则着重在时域的表述。

匹配滤波器的频率响应是输入信号频率响应的共轭，对接收信号进行匹配滤波，匹配滤波的频谱函数即信道冲击响应频谱函数的复共轭，则匹配滤波器为 $c(T_{\text{obs}}-t)$，T_{obs} 为观测时间，即一帧用户数据的持续时间。对接收信号进行匹配滤波：

$$\begin{aligned} r'(t) &= r(t)c(T_{\text{obs}}-t) = s(t)c(t)c(T_{\text{obs}}-t) + n(t)c(T_{\text{obs}}-t) \\ &= s(t)h(t) + n'(t) \end{aligned} \tag{6.1.5}$$

式中，$n'(t)$为高斯白噪声经过匹配滤波后的输出；记 $h(t)=c(t)c(T_{\text{obs}}-t)$，离散化 $h(t)$可得：

$$h(k) = h^*(-k) = \sum_{m=k}^{L-1} c(m)c^*(m-k), \quad k \in [0, L-1] \tag{6.1.6}$$

式中，$h(k)$为信道的卷积，理论上是具有两端拖尾的横向滤波器形式，其卷积后的长度为2倍的信道阶数减1。根据发送训练序列与用户数据序列交替发送的结构特性，以图6.1.2所示的方式描述接收信号经过匹配滤波后训练序列和用户数据引入的码间干扰，设信道记忆长度为13，则经过卷积后的信道长度为25；用户数据长度为32，训练序列长度为16。这样就构建起了匹配滤波后的复合信道。

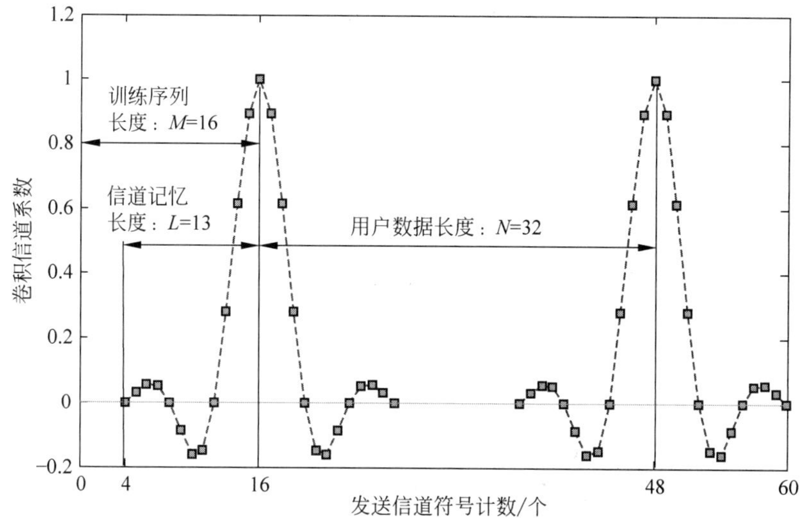

图6.1.2　接收数据经过匹配滤波后的码间干扰引入示意图

6.2 信道均衡——码间干扰的消除

信道均衡——码间干扰的消除

接收端经匹配滤波，构建起复合信道模型。本节研究信道均衡的第二个环节——复合信道模型下的码间干扰的消除。

由于信道的卷积效应，接收端的观测数据在进行匹配后，会因双倍的信道记忆长度而引入码间干扰。以采样的用户数据为观测对象，由于复合信道效应，在每一帧用户数据的采样观测时刻，对应每一个采样点的码间干扰，均由左侧已知的训练序列和右侧未知的用户数据联合引入；由训练序列引入的码间干扰，可以结合训练序列和信道卷积滤波器均为已知的特性，进行卷积计算并行消除；而对于用户数据引入的码间干扰，因为用户数据是未知的，无法消除。

匹配滤波后的用户数据块，受到来自训练序列引入的码间干扰，受信道参数拖尾效应，在越靠近训练序列的两端，用户数据受到由训练序列引入的码间干扰越大；中间部分的数据，受到由训练序列引入的码间干扰逐渐减小，甚至有可能没有由训练序列引入的码间干扰，而仅存在由有用数据引入的码间干扰。在一帧数据内，如果用户数据序列长度 N 大于信道记忆长度 L，则两侧距离训练序列最近距离大于 L 的那部分匹配滤波后的用户接收数据，将仅受到用户数据自身引入的码间干扰而不会受到训练序列引入的码间干扰。

为了量化讨论这个问题，可将 $r'(t)$受到的干扰分为两部分：在用户数据观测采样点右侧，为训练序列引入的码间干扰；在用户数据观测采样点右侧，为其后续用户数据引入的码间干扰[54]。对式(6.1.5)进行离散化处理，可得：

$$r'(t)=p(t)+x(t)+q(t)+n'(t) \tag{6.2.1}$$

在一帧数据内，经过匹配滤波后，采样定时定位在用户数据起始端，对接收信号离散化可表述为

$$\begin{cases} r'(k)=p(k)+x(k)+n'(k), & 0\leqslant k\leqslant L-2 \\ r'(k)=x(k)+n'(k), & L-1\leqslant k\leqslant N-L \\ r'(k)=x(k)+q(k)+n'(k), & N-L+1\leqslant k\leqslant N-1 \end{cases} \tag{6.2.2}$$

其中：

$$p(k)=\sum_{m=k-L+1}^{-1} a_{M+m+1}h(k-m),\quad 0\leqslant k\leqslant L-2 \tag{6.2.3}$$

为左侧训练序列引入的码间干扰。

$$x(k)=\sum_{m=k-L+1}^{k+L-1} b_m h(m-k),\quad L-1\leqslant k\leqslant N-L \tag{6.2.4}$$

为后续用户数据自身引入的码间干扰。

$$q(k)=\sum_{m=1}^{k-N+L} a_{M+m-1}h(m),\quad N-L+1\leqslant k\leqslant N-1 \tag{6.2.5}$$

为右侧训练序列引入的码间干扰。

由此，利用式(6.2.1)～式(6.2.5)，可以消除接收信号中由于训练序列引入的码间干扰，得到发送用户数据序列期间、仅有用户数据引入的码间干扰和高斯白噪声干扰的信号序列 $y(k)$：

$$y(k)=r'(k)-p(k)-q(k)=x(k)+n'(k) \tag{6.2.6}$$

为了能够完全消除训练序列引入码间干扰，一般要求训练序列长度 M 不小于信道记忆长度 L。这是因为在消除训练序列引入码间干扰时，对照图 6.1.2，当左侧训练序列长度 M 小于信道记忆长度 L 时，可将上一帧的用户译码数据引入作为训练序列，消除码间干扰，尽管上一帧估计的用户数据可能有错，但尚能克服并找到技术解决途径。但右侧训练序列引入的码间干扰由于信道记忆长度大于训练序列长度，将会造成部分码间干扰由下一帧用户数据引入，此时还未对下一帧数据进行均衡处理，无法确定下一帧的用户数据，因此无法消除下一帧用户数据引入的码间干扰，这就意味着这部分干扰是无法消除的。这便是在通信系统设计时，一般都有训练序列长度必须不小于信道记忆长度的重要原因。

在一帧用户数据的观察周期内，在每一个用户数据采样点采样数据，以矩阵形式表示公式(6.2.6)，可得：

$$\boldsymbol{Y}=\boldsymbol{HB}+\boldsymbol{N}' \tag{6.2.7}$$

标注以上矩阵的维数，矩阵内的子元素可表述为

$$\boldsymbol{Y}_{N\times1}=(y_0 \quad y_1 \quad y_2 \quad \cdots \quad y_{N-1})^{\mathrm{T}} \tag{6.2.8}$$

$$\boldsymbol{N}'_{N\times1}=(N'_0 \quad N'_1 \quad N'_2 \quad \cdots \quad N'_{N-1})^{\mathrm{T}} \tag{6.2.9}$$

$$\boldsymbol{B}_{N\times1}=(b_0 \quad b_1 \quad b_2 \quad \cdots \quad b_{N-1})^{\mathrm{T}} \tag{6.2.10}$$

$$\boldsymbol{H}_{N\times N}=\begin{bmatrix} h_0 & h_1 & h_2 & \cdots & h_{L-1} & 0 & \cdots & \cdots \\ h_{-1} & h_0 & h_1 & \cdots & \cdots & h_{L-1} & \cdots & 0 \\ & & & & \vdots & & & \\ 0 & 0 & 0 & \cdots & h_{-L+1} & h_{-L+2} & \cdots & h_0 \end{bmatrix} \tag{6.2.11}$$

显然，矩阵 $\boldsymbol{H}$ 为信道矩阵，其内部元素由式(6.2.11)确认；该矩阵具有托普利茨矩阵形式，矩阵完全由其第 1 行和第 1 列的元素确定，沿平行主对角线的每一对角线上的元素相等；每一行元素为上一行数据整体右移一个单元，第一个元素值为第二个元素按照列的顺序下移一个时序数据，超过该列则填入 0。

高斯白噪声经过匹配滤波后的噪声序列 $\boldsymbol{N}'$ 均值仍为零，其协方差矩阵为 $\boldsymbol{H}N_0$。问题现在转化为通过式(6.2.7)求解用户数据序列 $\boldsymbol{B}$，$\boldsymbol{B}$ 是仅有用户数据码间干扰的数据块。

6.3 信道均衡——用户数据估算

信道均衡—用户数据估算

如何通过仅含有用户数据自身码间干扰数据块 $\boldsymbol{B}$ 来估计用户数据的问题，这是信道均衡的第三个环节——用户数据估算。

下面来分析式(6.2.7)的最优求解。在该式中 $\boldsymbol{Y}$ 为已知的观测数据序列，$\boldsymbol{H}$ 为具有托普利茨矩阵形式卷积信道矩阵，$\boldsymbol{B}$ 为待估计的用户数据，$\boldsymbol{N}'$ 为高斯白噪声经过匹配滤波后的噪声序列，其均值仍为 0，其协方差矩阵为 $\boldsymbol{H}N_0$。$\boldsymbol{B}$ 和 $\boldsymbol{N}'$ 均为未知，但 $\boldsymbol{N}'$ 为具备高斯白噪声特性的矩阵。则可以基于误差平方和最小准则(least sum of square error，LSSE)，得到该准则意义下用户数据的最佳估计值[55-60]：

$$\hat{\boldsymbol{D}}=(\boldsymbol{H}^*)^{-1}\boldsymbol{Y} \tag{6.3.1}$$

式中,矩阵 $\boldsymbol{H}^*$ 为矩阵 $\boldsymbol{H}$ 的共轭转置,也具有托普利茨矩阵形式。由于大型矩阵求逆计算是非常复杂的,在工程应用中一般予以回避。根据托普利茨矩阵特性,利用

定理:如果矩阵 $\boldsymbol{H}^* \in C^{N\times N}$,且具有托普利茨矩阵形式,则矩阵 $\boldsymbol{H}^*$ 的乔列斯基分解为[61]

$$\boldsymbol{H}^* = \boldsymbol{G}\boldsymbol{G}^{\mathrm{H}} \tag{6.3.2}$$

式中,$\boldsymbol{G}\in C^{N\times N}$ 是一个具有正的对角线元素的下三角矩阵。

由矩阵 $\boldsymbol{G}$ 为下三角矩阵的特性,对矩阵 $\boldsymbol{G}$ 各项元素进行解算,设

$$\boldsymbol{G} = \begin{bmatrix} g_{0,0} & 0 & \cdots & 0 \\ g_{1,0} & g_{1,1} & \cdots & 0 \\ & & \vdots & \\ g_{N-1,0} & g_{N-1,1} & \cdots & g_{N-1,N-1} \end{bmatrix} \tag{6.3.3}$$

比较式(6.3.2)对应位置的元素可得:

$$h_{i,j}^* = h_{j-i}^* = \sum_{k=0}^{j} g_{j,k} g_{i,k}^*, \quad 0 \leqslant i \leqslant N-1, 0 \leqslant j \leqslant N-1 \tag{6.3.4}$$

$$g_{j,j} g_{i,j}^* = h_{j-i}^* - \sum_{k=0}^{j-1} g_{j,k} g_{i,k}^* \tag{6.3.5}$$

由此可知,如果能解算 $\boldsymbol{G}$ 的前$(J-1)$列,即可解算 $g_{j,k}g_{i,k}^*$。由于矩阵的第 1 行仅有一个元素,即 $g_{0,0}$,由此可从第 1 行开始,根据矩阵 $\boldsymbol{G}$ 具有正的对角线元素,先解算矩阵 $\boldsymbol{G}$ 的对角线第一个元素:

$$g_{0,0} = \sqrt{h_0} \tag{6.3.6}$$

再解算矩阵 $\boldsymbol{G}$ 的对角线第二行元素:

$$g_{1,0} = h_{-1}/g_{0,0} \tag{6.3.7}$$

$$g_{1,1} = \sqrt{h_0 - g_{1,0}^2} \tag{6.3.8}$$

进而可逐行逆推矩阵 $\boldsymbol{G}$ 的所有元素。

$$\begin{cases} g_{i,j} = \left[\left(h_{j-i}^* - \sum\limits_{k=0}^{j-1} g_{j,k} g_{i,k}^*\right)/g_{j,j}\right]^*, & i \geqslant j \\ g_{i,j} = 0, & i < j \end{cases} \tag{6.3.9}$$

则:

$$(\boldsymbol{H}^*)^{-1} = (\boldsymbol{G}\boldsymbol{G}^{\mathrm{H}})^{-1} \tag{6.3.10}$$

$$\hat{\boldsymbol{D}} = (\boldsymbol{H}^*)^{-1}\boldsymbol{Y} = (\boldsymbol{G}\boldsymbol{G}^{\mathrm{H}})^{-1}\boldsymbol{Y} \tag{6.3.11}$$

$$\boldsymbol{G}\boldsymbol{G}^{\mathrm{H}}\hat{\boldsymbol{D}} = \boldsymbol{Y} \tag{6.3.12}$$

分步解算 $\hat{\boldsymbol{D}}$:

(1) 记 $\boldsymbol{G}^{\mathrm{H}}\hat{\boldsymbol{D}} = \boldsymbol{F} \in C^{N\times 1}$,则:

$$\boldsymbol{G}\boldsymbol{F} = \boldsymbol{Y} \tag{6.3.13}$$

式中,$\boldsymbol{F} = [f_0 \quad \cdots \quad f_{N-1}]^{\mathrm{T}}$。由 $\boldsymbol{G}$ 的对角线元素为非零值,根据下三角阵的特性,可递推解算 $\boldsymbol{F}$:

$$\begin{bmatrix} y_0 \\ y_1 \\ \vdots \\ y_{N-1} \end{bmatrix} = \begin{bmatrix} g_{0,0} & 0 & \cdots & 0 \\ g_{1,0} & g_{1,1} & \cdots & 0 \\ & & \vdots & \\ g_{N-1,0} & g_{N-1,1} & \cdots & g_{N-1,N-1} \end{bmatrix} \begin{bmatrix} f_0 \\ f_1 \\ \vdots \\ f_{N-1} \end{bmatrix} \tag{6.3.14}$$

自上向下求解可得：

$$f_0 = y_0 / g_{0,0}$$

$$f_1 = (y_1 - g_{1,0} f_0) / g_{1,1}$$

$$\vdots$$

$$f_k = (y_k - \sum_{i=0}^{k-1} g_{k,i} f_i) / g_{k,k}, \quad (1 \leqslant k \leqslant N-1) \tag{6.3.15}$$

从而可求解中间向量 $\boldsymbol{F}$。

(2) 由 $\boldsymbol{G}^{\mathrm{H}} \hat{\boldsymbol{D}} = \boldsymbol{F} \in C^{N \times 1}$，则：

$$\begin{bmatrix} f_0 \\ f_1 \\ \vdots \\ f_{N-1} \end{bmatrix} = \begin{bmatrix} g_{0,0}^* & g_{1,0}^* & \cdots & g_{N-1,0}^* \\ 0 & g_{1,1}^* & \cdots & g_{N-1,1}^* \\ & & \vdots & \\ 0 & 0 & \cdots & g_{N-1,N-1}^* \end{bmatrix} \begin{bmatrix} \hat{d}_0 \\ \hat{d}_1 \\ \vdots \\ \hat{d}_{N-1} \end{bmatrix} \tag{6.3.16}$$

式中，$\hat{\boldsymbol{D}} = [\hat{d}_0 \quad \hat{d}_1 \quad \cdots \quad \hat{d}_{N-1}]$为估计的用户数据向量。

采用自下而上的求解方法，可得：

$$\hat{d}_{N-1} = f_{N-1} / g_{N-1,N-1}^*,$$

$$\hat{d}_{N-2} = (f_{N-2} - g_{N-2,N-1}^* \hat{d}_{N-1}) / g_{N-2,N-2}^*,$$

$$\vdots$$

$$\hat{d}_k = \left(f_k - \sum_{i=k+1}^{N-1} g_{k,i}^* \hat{d}_i\right) / g_{k,k}^*, \quad 1 \leqslant k < N-1 \tag{6.3.17}$$

由此，可通过递推的方法估计用户数据序列$\hat{\boldsymbol{D}}$，避免了矩阵求逆；估计的$\hat{\boldsymbol{D}}$ 不在标准的8PSK 字符集分布范围内，可由式(6.3.18)对用户数据进行欧氏距离判决、选取距离最近的码字作为其判决符号，即估计的用户数据，进而形成估计的用户数据序列$\hat{\boldsymbol{B}}$。但直接做这种判断，在译码过程中不足以充分利用$\hat{\boldsymbol{D}}$ 的软信息，后续将在维特比译码中进行详细介绍。

$$\hat{b}_{N-1} = \mathrm{argMin}(\hat{d}_{N-1} - \zeta) f_{N-1} / g_{N-1,N-1}^* \tag{6.3.18}$$

以上均衡算法称为“数据引导的信道均衡算法”。在信噪比为 10dB 的情况下，40 帧接收数据处理前后的星座图对比如图 6.3.1 所示。由图可看出，均衡后用户数星座图明显变得规整；可见，信道均衡对用户数据估计起到明显的均衡效果。

为降低算法对比复杂度，在不同信道环境下采用该算法对未编码系统误码性能进行综合对比，结果如图 6.3.2 所示。从仿真图 6.3.2 可以看出，DDEA 算法在中纬度安静信道环境下的均衡性能最好，在高纬度环境下性能最差。在信噪比较高时，低纬度和中等纬度性能相差不大，但比高纬度能优越 12dB 左右。这与不同纬度下安静短波信道环境参数分布对

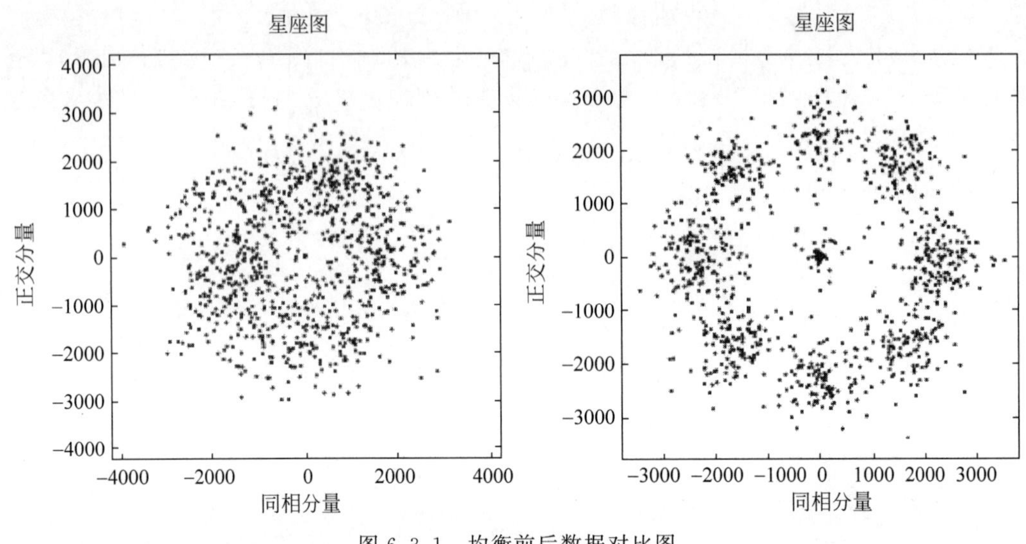

图 6.3.1　均衡前后数据对比图

短波数据通信影响的情况一致；当信噪比高于 0 时，DDEA 算法在中纬度和低纬度安静短波信道下可取得较好的信道均衡效果，用户数据的误码率较低，说明了 DDEA 算法能对短波信道起到有效的均衡作用。信道均衡及后续章节的时变信道系数均衡算法程序实现代码参见附录 18。

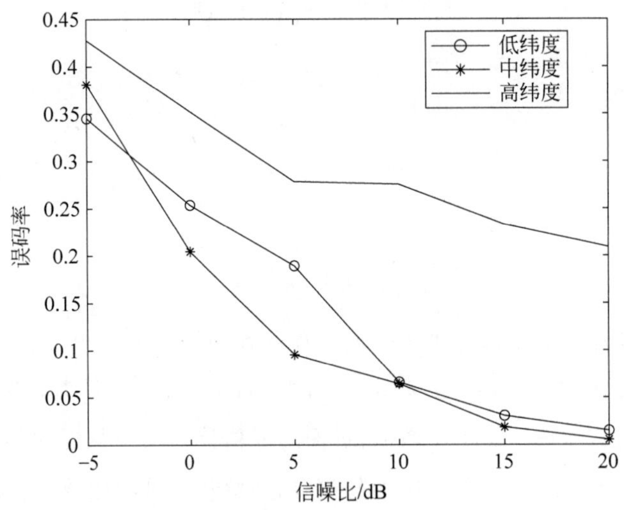

图 6.3.2　DDEA 算法在未编码系统不同信道环境下的性能对比

6.4　信道跟踪

信道跟踪

每次在利用 DDEA 信道均衡算法完成一帧用户数据的估计时，都需要用到信道状态参数；如何根据上一帧用户数据处理期间的信道状态参数和估计的用户数据来估算当前帧的信道状态呢？这就是本节信道跟踪需要解决的问题。

在完成一帧接收用户数据处理后，要采用相关的算法对估计的信道参数进行更新，以确保对信道动态特性进行有效跟踪。短波信道建模为横向滤波器的形式，信道跟踪示意如图 6.4.1 所示。

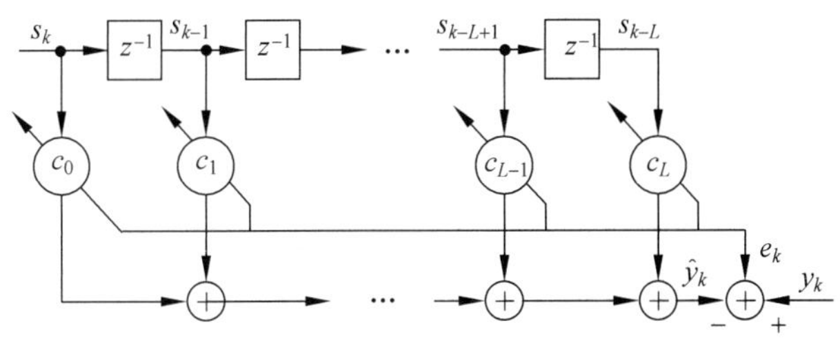

图 6.4.1　信道跟踪示意图

接收端的每一个采样数据均可由短波信道与发送的数据序列卷积获得。即

$$\begin{cases} r(k)=\displaystyle\sum_{i=k-L/2}^{k+L/2-1} s(i)c^*(k-i+L/2-1)+n(k)\cdots(L/2\leqslant k\leqslant N+2M-L/2), & L\text{ 为偶数} \\ r(k)=\displaystyle\sum_{i=k-\frac{L-1}{2}}^{k+\frac{L-1}{2}} s(i)c^*(k-i+L/2-1)+n(k)\cdots\left(\frac{L-1}{2}\leqslant k\leqslant N+2M-\frac{L+1}{2}\right), & L\text{ 为奇数} \end{cases} \tag{6.4.1}$$

以上计数因子 k 按照发送的一帧数据为计数周期，从左侧训练序列开始计数。在信道跟踪过程中，信道系数在每一个码符号采样时刻均是变化的，通过信道跟踪每一个码符号采样时刻的信道系数，直至下一帧数据开始；此时将跟踪的信道系数作为下一帧恒定不变的短波信道系数，对信道进行均衡。记时刻 k 对应的信道系数向量为

$$\boldsymbol{C}_k=[c_k(0)\quad c_k(1)\quad \cdots\quad c_k(L-1)] \tag{6.4.2}$$

要实现对信道的跟踪，实际上就是要利用接收的已知信号向量矩阵 $\boldsymbol{R}$ 作为期望信号，训练序列和估计的用户数据序列 $\boldsymbol{S}$ 作为观测信号，在高斯白噪声背景下实现对 $\boldsymbol{C}_k$ 的最优估计。

期望信号 $\boldsymbol{R}$ 由 $r(k)$ 组成：

$$\boldsymbol{R}=\begin{cases} \left[r\left(\frac{L}{2}\right)\quad r\left(\frac{L}{2}+1\right)\quad \cdots\quad r\left(N+2M-\frac{L}{2}\right)\right], & L\text{ 为偶数} \\ \left[r\left(\frac{L-1}{2}\right)\quad r\left(\frac{L+1}{2}\right)\quad \cdots\quad r\left(N+2M-\frac{L+1}{2}\right)\right], & L\text{ 为奇数} \end{cases} \tag{6.4.3}$$

观测信号 $\boldsymbol{S}$ 由训练序列和用户数据序列组成：

$$\boldsymbol{S}=[s(0)\quad s(1)\quad \cdots\quad s(N+2M-1)] \tag{6.4.4}$$

式中，

$$s(k)=\begin{cases} a_k, & 0\leqslant k\leqslant M-1 \\ b_{k-M}, & M\leqslant k\leqslant M+N-1 \\ a_{k-N}, & M+N\leqslant k\leqslant 2M+N-1 \end{cases} \tag{6.4.5}$$

式中，a_k，b_k 为训练序和用户数据序列组成的发送序列。

值得注意的是：此处的期望信号是非标准的 8PSK 星座图信号，而观测信号是标准的星座图信号。基于最小均方误差准则，可采用 LMS，RLS 等自适应跟踪算法，实现任意码符号时刻的短波信道系数估计。LMS 算法建立在维纳滤波(Wiener，filtering)的基础上发展而来，由 Widrow 和 Hoff 于 1960 年提出，具有运算量小、简单易实现等优点；下面以 LMS 自适应跟踪算法分析说明。关于自适应跟踪算法的详细推导，可参考文献[62]～[67]。

$$\boldsymbol{C}_k=\boldsymbol{C}_{k-1}+\mu_k\nabla_k \tag{6.4.6}$$

当前信道系数状态等于前一个信道系数叠加 μ_k 和∇_k。式中，μ_k 为第 k 代的更新步长，∇_k 为第 k 次迭代的更新方向向量，∇_k 取第 $k-1$ 次迭代的代价函数 $J[C_{k-1}]$的负梯度，一般采用估计值$\hat{\nabla}_k=-2e_k\boldsymbol{S}_k^*$ 代替最陡下降法中的梯度∇_k。式中的误差信号 e_k 为期望输出 $r(k)$与进行信道估计后理论输出之间的误差，即

$$e_k=r_k-\boldsymbol{C}_k\boldsymbol{S}_k^{\mathrm{T}} \tag{6.4.7}$$

则信道系数的跟踪表达式为

$$\boldsymbol{C}_k=\boldsymbol{C}_{k-1}-2\mu_k e_k\boldsymbol{S}_k^* \tag{6.4.8}$$

$$\boldsymbol{S}_k=[s(k)\quad s(k+1)\quad\cdots\quad s(k+L-1)],\quad 0\leqslant k\leqslant N+2M-L \tag{6.4.9}$$

由此可实现对信道系数的跟踪。不同采样时刻跟踪的信道系数动态跟踪图如图 6.4.2 所示。

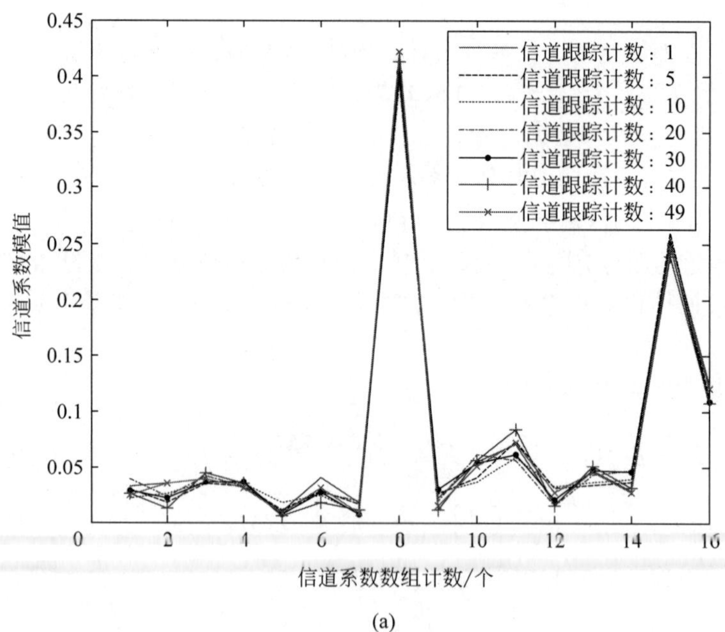

图 6.4.2 不同时刻的信道系数

(a) 模值；(b) 相位

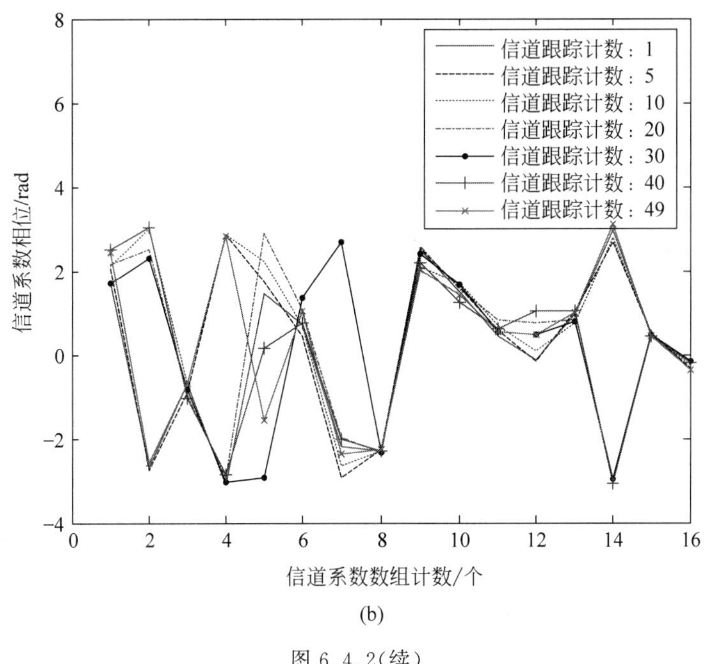

(b)

图 6.4.2(续)

μ_k 作为信道跟踪的步进因子，将控制信道跟踪的速度与误差。过大的 μ_k 能提升信道跟踪的速度，但稳态误差大；反之信道跟踪放缓，但达到稳态时的误差小。μ_k 若为恒定值，则为恒步长自适应算法的信道跟踪；μ_k 若为动态变化，则为变步长自适应算法的信道跟踪。

在实际应用中，可采用在信道初始跟踪时设置较大步进因子、即将进入稳态时设置较小的步进因子，实现对信道的变步长跟踪。这种跟踪算法，对以数据帧为单位、限制跟踪次数、即要求达到稳定状态的短波信道跟踪方式尤为重要和有效。相关的变步长算法有变步长 LMS 算法、时域解相关 LMS 算法、变换域解相关 LMS 算法、滤波型 LMS 算法等，这些算法都是在上文算法的基础上推导而来的，主要是调整 μ_k 的补偿因子。

信道跟踪算法参见附录 17。

6.5 信道均衡算法进阶——迭代信道均衡算法

信道均衡算法进阶——迭代信道均衡算法

在基本型的信道均衡算法和信道跟踪算法的基础上，本节介绍的第一种进阶信道均衡算法是迭代信道均衡算法。

DDEA 算法是基于短波信道参数在一帧数据范围内恒定的假设对信道进行均衡。在估计出用户数据后，再对其进行信道跟踪，估计下一帧的短波信道参数。为有效实现信道跟踪，要求在对信道跟踪完毕后，即一帧数据范围内，信道跟踪算法能够收敛。足够长的数据帧是信道跟踪算法收敛的保证。由于短波信道具有慢时变特性，为满足一帧数据内信道参数不变的假设，数据帧不宜过长。因此，在数据帧内信道特性不变与信道跟踪算法收敛之间存在矛盾，采用有效的变步长信道跟踪算法可在一定程度上缓解二者的矛盾,但不能从根本上解决该问题。基于短波信道参数在一帧数据范围内恒定的假设,由于DDEA算法需要反复利用信道参数信息,可考虑将每帧数据DDEA均衡估计的用户数据序列进行信道跟踪;并将信道跟踪的结果作为信道参数再次反馈到DDEA算法中,重复信道均衡、用户数据序列估计与信道跟踪过程,实现信道均衡的多次迭代,这就是迭代信道均衡算法的由来。

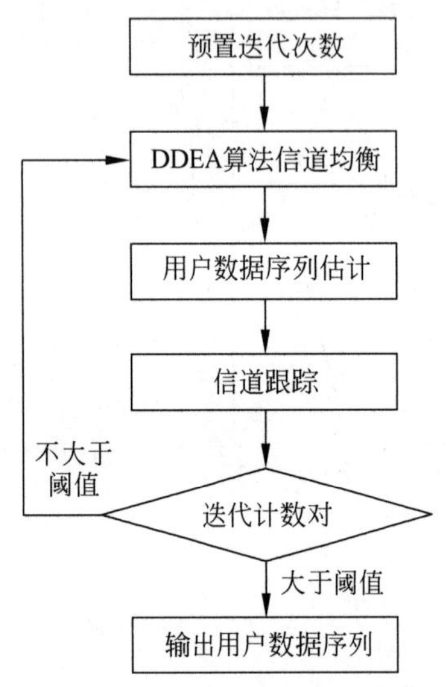

图 6.5.1 迭代DDEA信道均衡算法流程图

由于短波信道参数在一帧数据范围内恒定的假设,理论上通过多次迭代信道跟踪输出的信道参数将接近当前帧的实际信道,从而可使均衡输出与实际发送序列的均方误差足够小。从另一个角度看,信道估计器多次迭代等效于使用足够长的训练序列调整信道参数,变相地延长了信道跟踪数据帧长度,确保了信道跟踪算法的收敛[68]。迭代信道均衡算法的流程框图如图6.5.1所示。该算法在程序实现上与DDEA算法的差别在于,将完成用户数据估计后的信道跟踪的结果作为信道均衡前的信道参数,对观测数据进行匹配滤波并重复信道均衡、用户数据估计和信道跟踪的过程。

图6.5.2是迭代信道均衡算法在不同迭代次数和信噪比下的误码率性能仿真图。通过仿真可以看出,多次迭代DDEA算法性能优于单次迭代DDEA算法性能。通过采用多次迭代DDEA算法,在相同信噪比下可有效改善信道均衡的误码率性能,如当信噪比为10dB时,2次迭代的误码性能与15dB时1次迭代误码性能相当,此处改善信噪比达5dB。在同一信噪比下,随着迭代次数的增加,性能改善程度逐步降低,误码率性能逐步趋于稳定。多次迭代算法的复杂

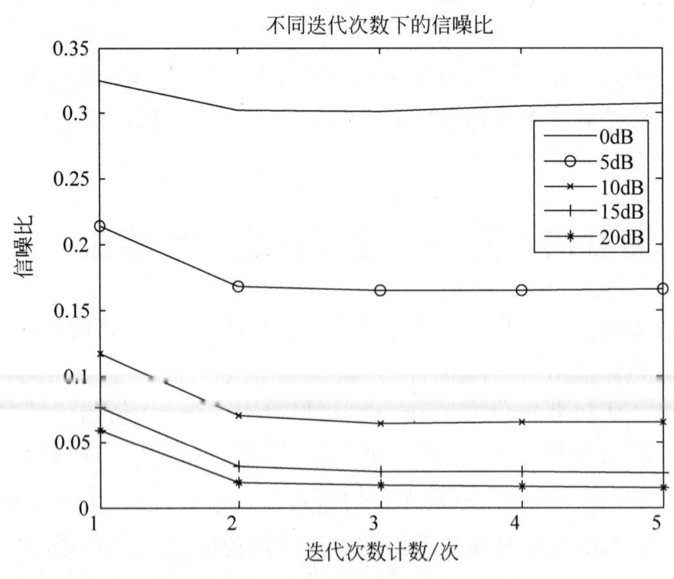

图 6.5.2 不同迭代次数下的误码率

度与迭代次数呈倍数关系增长，它会显著增加算法的复杂度；应用时可根据硬件系统承载的负载性能，采用有限的迭代次数，达到提高信道均衡性能、降低误码率的目的。工程应用中会设定一个合理的迭代次数：5～8次。

6.6 信道均衡算法进阶——分数间隔均衡算法

信道均衡算法进阶——分数间隔均衡算法

在采用数据阶段，每一个信道码符号按照 $T/4$ 采样率，每个码符号采样4个数据点。为了降低运算量和算法复杂度，在希尔伯特变换期间进行采样数据降速处理。为 $T/2$ 采样率，即每个信道码符号采集2个复数据。而DDEA算法和迭代DDEA算法均只用到了其中一个采样符号，另一个采样数据没有得到应用，造成信息浪费。为提高信息的利用率，下面介绍第二种进阶信道均衡算法——分数间隔均衡算法。

由上文分析可知，在 T 时刻采样可以得到：

$$y=\boldsymbol{HB}+\boldsymbol{N}' \tag{6.6.1}$$

将采样观测数据推移1个采样点至 $T/2$ 时刻，可以得到：

$$y'=\boldsymbol{H}'\boldsymbol{B}+\boldsymbol{N}'' \tag{6.6.2}$$

式中，y' 为 $T/2$ 时刻的观测数据矩阵，$\boldsymbol{H}'$ 为对应的 $T/2$ 时刻信道卷积矩阵，$T/2$ 时刻的初始状态信道系数，在同步阶段已经估计得出；$\boldsymbol{N}''$ 为噪声卷积矩阵，性质同 $\boldsymbol{N}'$；在整个信号观测期间，用户数据矩阵 $\boldsymbol{B}$ 是不变的，则有：

$$\boldsymbol{Y}=y+y'=(\boldsymbol{H}+\boldsymbol{H}')\boldsymbol{B}+(\boldsymbol{N}'+\boldsymbol{N}'') \tag{6.6.3}$$

式中，观测数据 $\boldsymbol{Y}$ 为已知。信道矩阵 $(\boldsymbol{H}+\boldsymbol{H}')$ 具有托普利茨矩阵形式，为已知值；噪声 $(\boldsymbol{N}'+\boldsymbol{N}'')$ 序列仍然是均值为零、协方差矩阵为 $(\boldsymbol{H}+\boldsymbol{H}')N_0$ 的高斯白噪声序列。

可见，式(6.6.3)具有DDEA算法均衡的特性，可以按照用户数据估算方式解算上述矩阵，得到分数间隔均衡算法，简称"FS_DDEA"。详细的推导过程同DDEA算法，这里就不再展开论述了。

从理论上讲，$T/2$ 分数间隔信道均衡算法能够更为充分地利用接收信号的采样信息，因此信道均衡的效果更佳。在1200b/s下、40帧用户数据分数间隔均衡前后的星座图如图6.6.1所示，由图可见FS_DDEA的均衡效果非常明显，明显优于波特间隔均衡算法。

对分数间隔均衡器与波特间隔均衡器进行误码性能对比，取信噪比范围在－8～－1dB，多次进行蒙特卡罗仿真对比，可得其误码率曲线，如图6.6.2所示。从图中可以明显看出，分数间隔均衡器进一步充分利用了采样数据信息，性能明显优于波特间隔均衡器。

分数间隔均衡误码率，－8∶1∶－1迭代次。

0.3370　0.2730　0.2130　0.1260　0.0680　0.0195　0.0075　0

波特间隔均衡误码率，－8∶1∶－1迭代次。

0.4430　0.3955　0.3115　0.2730　0.2325　0.1700　0.1385　0.0415

显然，分数间隔均衡器可以与迭代均衡算法一起利用，联合组成迭代分数间隔均衡器。

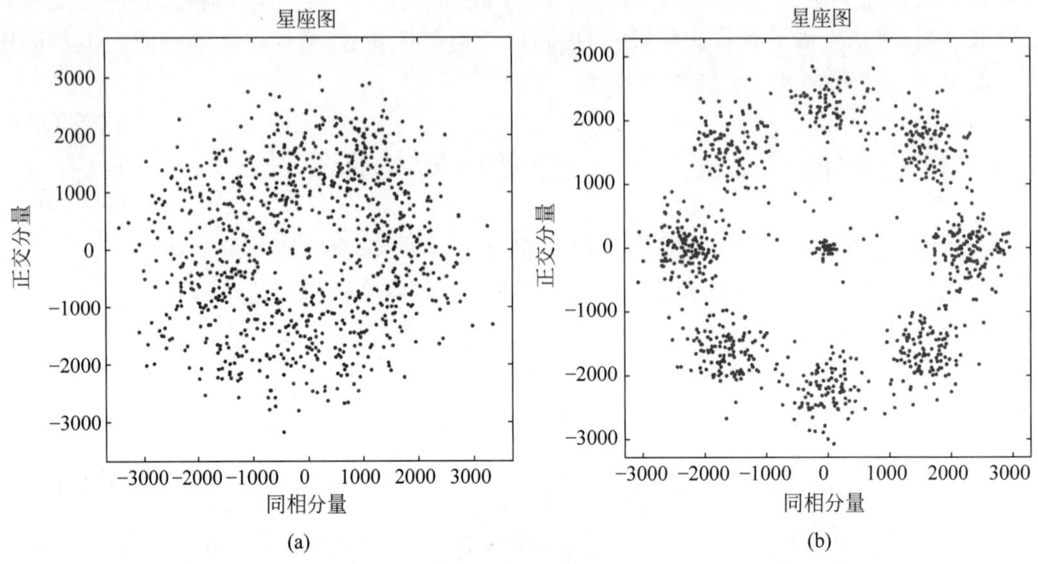

图 6.6.1 分数间隔均衡前后的星座图(1200b/s,40 帧用户数据)

(a) 均衡前; (b) 均衡后

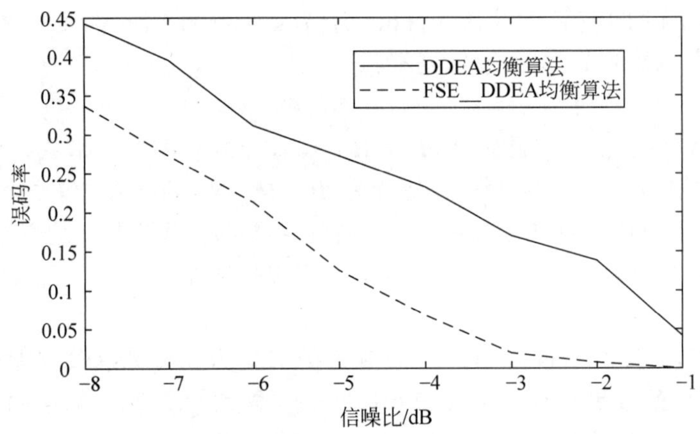

图 6.6.2 分数间隔均衡器与波特间隔均衡器的误码性能对比

6.7 信道均衡算法进阶——判决反馈均衡算法

信道均衡算法进阶——判决反馈均衡算法

在用户数据估计阶段,均衡的用户估计数据不是标准的 8PSK 数据。试想,如果对均衡后的用户估计数据进行欧氏距离判决,将判决为标准的 8PSK 信号应用到下一个用户数估计的迭代运算中,效果是否更好呢?基于这一思路,本节介绍第三种进阶信道均衡算法——判决反馈均衡算法。

首先来分析 DDEA 算法中,根据式(6.3.17)进行用户数据估算的算法递推解算。在式(6.3.17)中,f_k 为中间变量,已知;$g_{k,i}^*$ 为信道矩阵分解的三角阵元素，也已知。每一个用户数据的估算需要用到其前一个估计的用户数据，该数据为非标准的星座图信号。在这里请注意，$\hat{d}_{N-1}$ 不是标准的 8PSK 数据，仍然带有干扰，需要进一步判决为用户数据。首先对 $\hat{d}_{N-1}$ 进行欧氏距离判决，判决出它对应的用户数据：

$$\hat{b}_{N-1}=\operatorname{argMin}(\hat{d}_{N-1}-\zeta)f_{N-1}/g^{*}_{N-1,N-1} \tag{6.7.1}$$

式中，$\hat{b}_k=\underset{\zeta\in 8\mathrm{PSK}}{\operatorname{argMin}}(\hat{d}_k-\zeta)$ 表示在 8PSK 符号集中，寻求与 ζ 欧氏距离最近的码符号，从而实现对均衡器输出数据 $\hat{d}_k$ 的欧氏距离判决。

在后续的 $\hat{d}$ 解算中，依次利用 $\hat{b}_{N-1}$ 代替式(6.3.17)中的 $\hat{d}_{N-1}$ 解算，即将判决的结果反馈到下一个码符号的检测中：

$$\begin{cases}\hat{d}_{N-1}=f_{N-1}/g^{*}_{N-1,N-1}\\ \hat{b}_{N-1}=\underset{\zeta\in 8\mathrm{PSK}}{\operatorname{argMin}}(\hat{d}_{N-1}-\zeta)\\ \hat{d}_{N-2}=(f_{N-2}-g^{*}_{N-2,N-1}\hat{b}_{N-1})/g^{*}_{N-2,N-2}\\ \hat{b}_{N-2}=\underset{\zeta\in 8\mathrm{PSK}}{\operatorname{argMin}}(\hat{d}_{N-2}-\zeta)\\ \qquad\vdots\\ \hat{b}_k=(f_k-\sum\limits_{i=k+1}^{N-1}g^{*}_{k,i}\hat{d}_i)/g^{*}_{k,k}\cdots(0\leqslant k\leqslant N-1)\\ \hat{b}_k=\underset{\zeta\in 8\mathrm{PSK}}{\operatorname{argMin}}(\hat{d}_k-\zeta)\end{cases} \tag{6.7.2}$$

这就是判决反馈均衡的实现方法，称为“DFE-DDEA”。

在该算法中，如果估计的 $\hat{d}$ 本身就是错误的，用它做判决反馈到下一个用户数据估计，会不会由于判决把有效信息量丢失而影响判决效果呢？下面来分析判决反馈器，在高、低信噪比环境下的信道均衡效果。图 6.7.1 是在信噪比为 10dB 的情况下，40 帧用户数据均衡

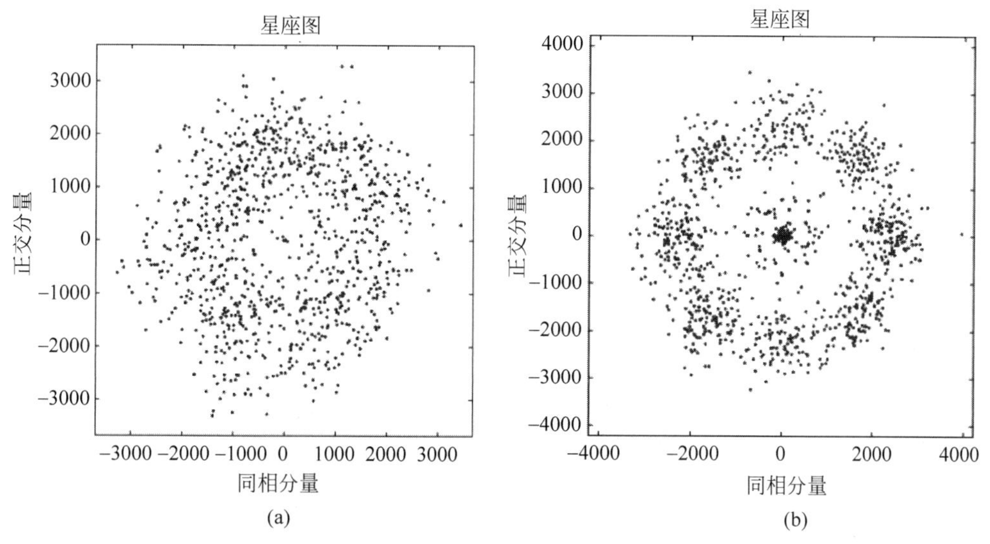

图 6.7.1　判决反馈均衡前后的星座图(S/N＝10dB，40 帧)

(a) 均衡前；(b) 均衡后

前后的星座图,通过该图可以明显看出信道均衡效果;图 6.7.2 是在信噪比为 20dB 情况下的信道均衡前后的星座图,对比图 6.7.1(b)和 6.7.2(b)可以看出,信噪比为 20dB 情况下的信道均衡效果非常好。由此可见,判决反馈均衡器在信噪比较高时信道均衡效果较好,这是因为在信噪比高时,判决估计的用户数据很准确,用判决的数据做下一个用户数据估计,更能精准估计用户数据;但在信噪比较低时,将错误的判决用于估计下一个用户数据,会存在误差传递的现象,进一步恶化信道均衡的性能,信道均衡的效果不如非判决反馈式均衡器。

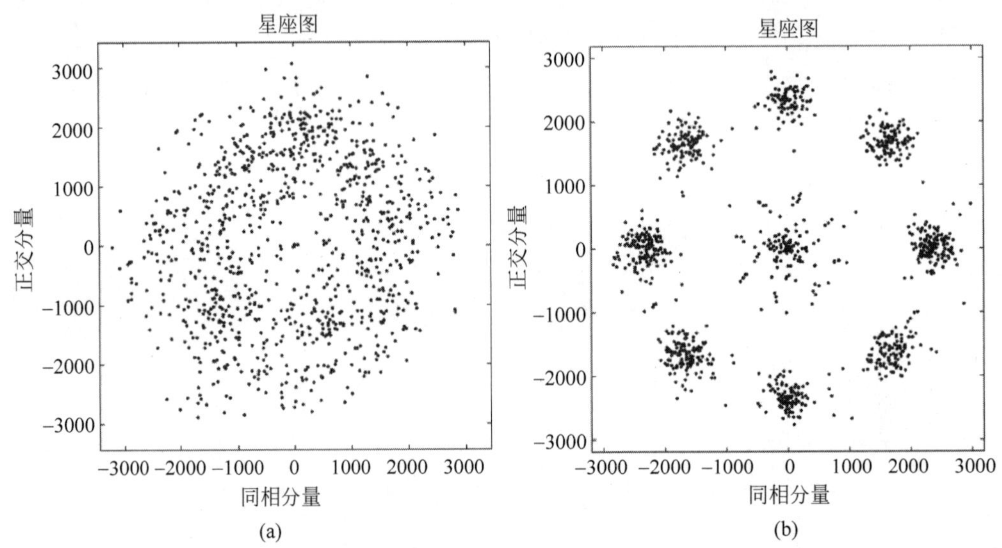

图 6.7.2 判决反馈均衡前后的星座图(S/N=20dB,40 帧)

(a) 均衡前;(b) 均衡后

6.8 信道均衡算法进阶——动态切换信道均衡算法

信道均衡算法进阶——动态切换信道均衡算法

针对判决反馈均衡器在信噪比高时效果较好、在信噪比低时存在误差传播而导致的均衡效果差这一特性,研究第四种信道均衡进阶算法——动态切换信道均衡算法。

这里的动态切换是指在直接信道均衡算法 DDEA 和判决反馈 DDEA 算法之间,以处理的数据帧为单位进行动态切换,动态切换的依据为当前处理数据帧的信噪比。那如何测量当前数据帧的信噪比呢?信噪比为多少时才能进行切换呢?由于均衡器在偶尔做出不正确的判决并向下传播到反馈部分时对信道均衡的性能做出精确的评价比较困难,难以形成理论指导值,所以,在工程实践中,信噪比的门限判决值一般根据实验经验值确定。

一般认为接收信号经过系统均衡和在同步误差足够小的情况下,近似符合加性高斯白噪声条件,码间干扰可以忽略,均衡输出的信号可以表示为

$$r'(t)=Ad(t)+n(t) \tag{6.8.1}$$

从观测数据中估算 $r'(t)$,采用时间平均的方式,估算 $E[(r')^2]/[E(|r'|)]^2$;针对 $r'(t)$为复数的情况,计算时取其实部和虚部分别估算;短波信道是慢衰落信道,可通过

Watterson 信道模型仿真。图 6.8.1 是由仿真得到的 Watterson 模型下短波信道系数模值和相位分布图。

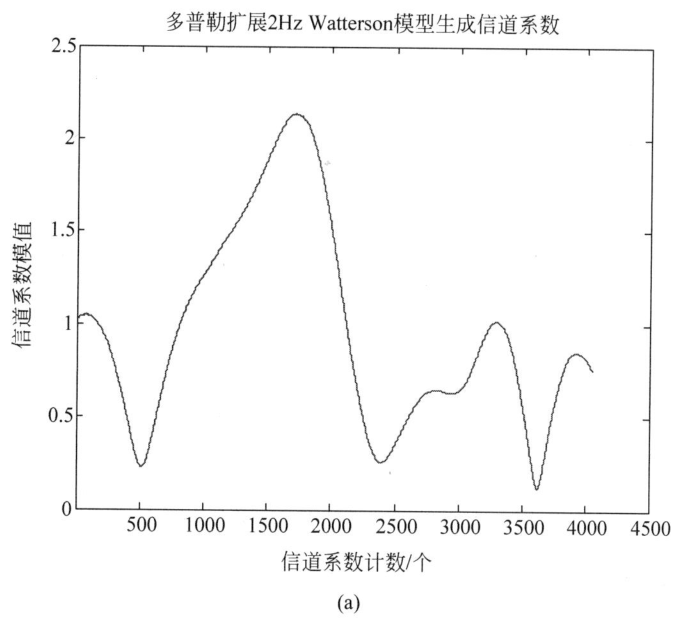

(a)

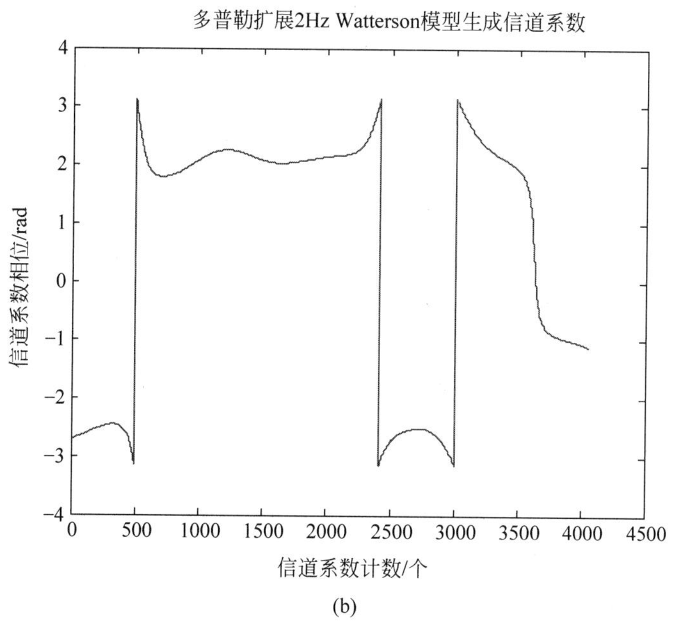

(b)

图 6.8.1 Watterson 模型下短波信道系数分布图

(a) 模值；(b) 相位

由图 6.8.1 可以看出，衰落信道对信号星座图的相位旋转影响较大。根据对信道系数模值在一帧数据内的方差(系数变化情况)分析，如图 6.8.2 所示，可以看出信号的幅度受到信道调制变化较慢，在一帧数据内基本可以认为恒定，这也与短波信道是慢衰落信道的特性一致。

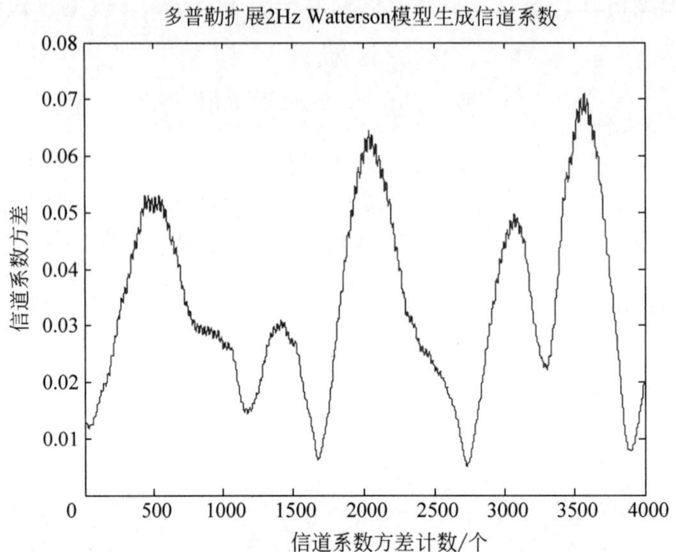

图 6.8.2　信道系数模值在一帧数据内的变化情况

基于发送信号 8PSK 调制特性、经过信道后的信号幅度 A 在一帧数据范围内为实的恒定值的特性，进而推导 $E[(r')^2]/[E(|r'|)]^2$ 的解析式，可得：

$$\frac{E(y_{k\_I/Q}^2)}{[E(|\ y_{k\_I/Q}\ |)]^2} = \frac{(1+\mathrm{SNR})}{\left\{\frac{1}{4}\sqrt{\frac{2}{\pi}}(1+2\mathrm{e}^{-\frac{\mathrm{SNR}}{2}}+\mathrm{e}^{-\mathrm{SNR}})+\frac{\sqrt{\mathrm{SNR}}}{2}\mathrm{erf}\left(\sqrt{\frac{\mathrm{SNR}}{2}}\right)+\frac{\sqrt{2\mathrm{SNR}}}{4}\mathrm{erf}(\sqrt{\mathrm{SNR}})\right\}^2} \tag{6.8.2}$$

详细的推导在这里不做介绍，可参考有关文献[69]和文献[70]。

根据式(6.8.2)可获得 SNR 的解析式，有文献可知函数求解非常困难。SNR 在限制信噪比范围内，与右侧多项式为单调函数，则可采用数据拟合方式。根据精度选取合适的拟合阶次，推导 SNR 的解析式来估计信噪比。图 6.8.3 是信噪比 SNR 为自变量的数据拟合分布图和残差分布图，选取 4 阶即可获得非常好的拟合效果。

根据 SNR 值，推导计算 $f(\mathrm{SNR})$的观测值得到上述曲线，也可以对上述函数采用拟合方式化简函数。现已知 $f(\mathrm{SNR})$的观测值，变换坐标系反推 SNR，同样采用数据拟合方式，如图 6.8.4 所示。

由图 6.8.4 可知，残差在五次方拟合时，估计的 SNR 误差低于 1dB，为降低计算复杂度，可选用五次方数据拟合方式，得到 SNR 的解析为

$$\begin{aligned}\mathrm{SNR} = & -4129.29585z^5+26641.85321z^4-68672.40724z^3+ \\ & 88403.99936z^2-56865.85612z+14640.57951\end{aligned} \tag{6.8.3}$$

估计信噪比随参考 SNR 的变化曲线如图 6.8.5 所示，由图可见，在信道信噪比较低时，估计的信噪比起伏较大，估计值一般略低于实际值；当信道信噪比较高时，可准确估计信噪比，偏差比较小，效果也比较好。

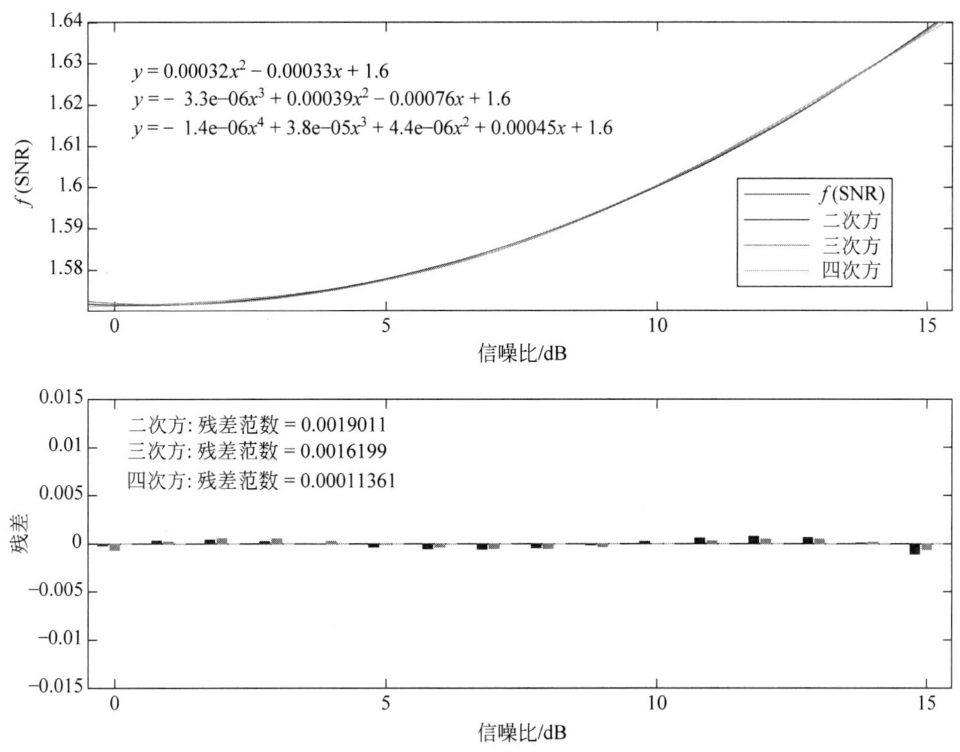

图 6.8.3 信噪比 SNR 为自变量的数据拟合分布图和残差分布图(后附彩图)

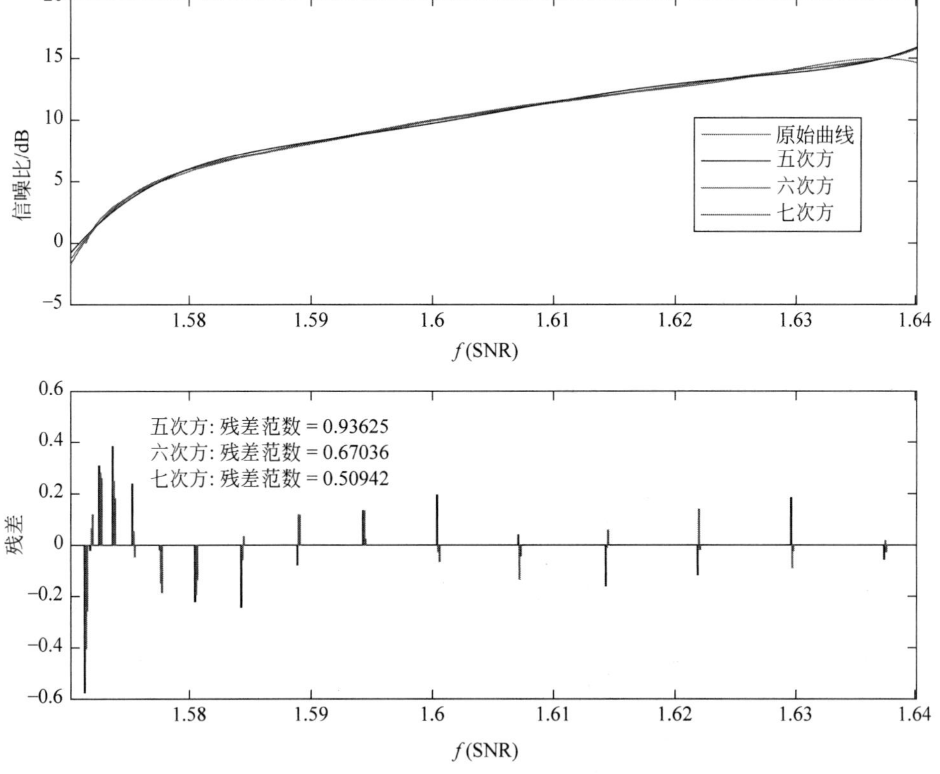

图 6.8.4 信噪比 SNR 的数据拟合分布图和残差分布图(后附彩图)

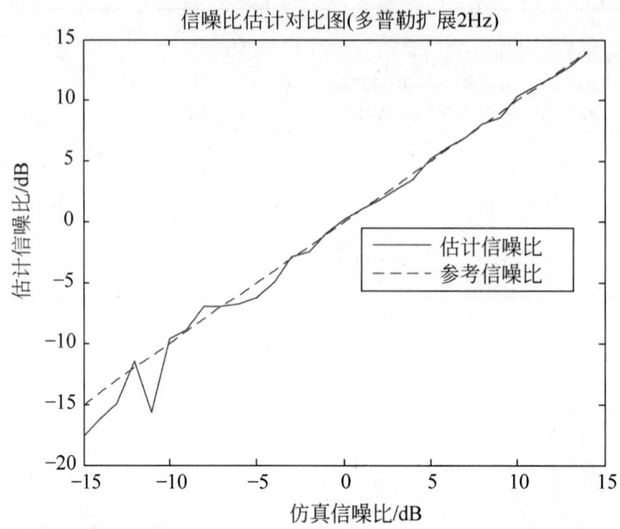

图 6.8.5 估计信噪比随参考 SNR 的变化

在用户数据率为 2400b/s 下，信道多径延迟为 2ms，多普勒扩展为 2Hz，数据长度为 60 帧，信噪比在 −5～20dB，在采用 DDEA 算法对信道进行均衡后，估计每一帧数据的信噪比，如图 6.8.6 所示；从图中可以看出信噪比在每一帧数据处理范围内，动态跳跃变化比较大，这主要是由数据帧比较短造成的。

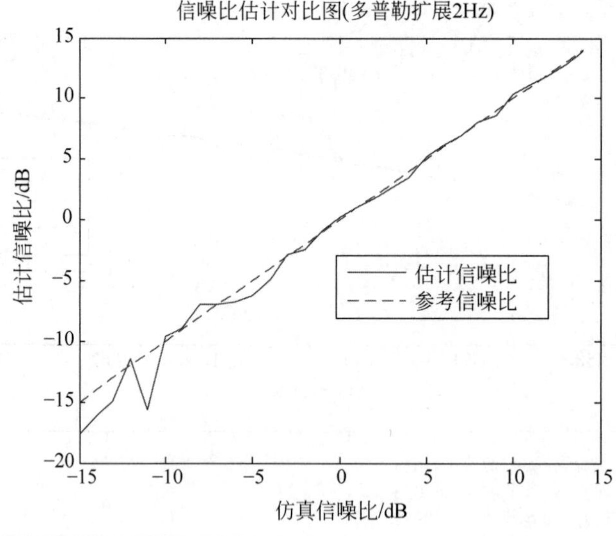

图 6.8.6 采用 DDEA 算法进行信道均衡后的估计信噪比变化曲线

动态切换信道均衡算法框图如图 6.8.7 所示。

为进一步研究不同信噪比环境下 DS_DDEA 算法的性能，在之前的信道环境下切换不同的信噪比门限条件，未编码系统的误码率统计分布如图 6.8.8 所示。由仿真图可以看出，信噪比阈值对均衡后的误码率有影响，当设置信噪比阈值为 6dB 时，无论是在高信噪比还是低信噪比区间段，性能都接近或优于单独采用 DFE-DDEA 技术或单独采用 DDEA 技术的最优性能，可在－5～20dB获取最优的信道均衡效果；该结果与DFE-DDEA相对于DDEA算法仿真的性能分界点一致。

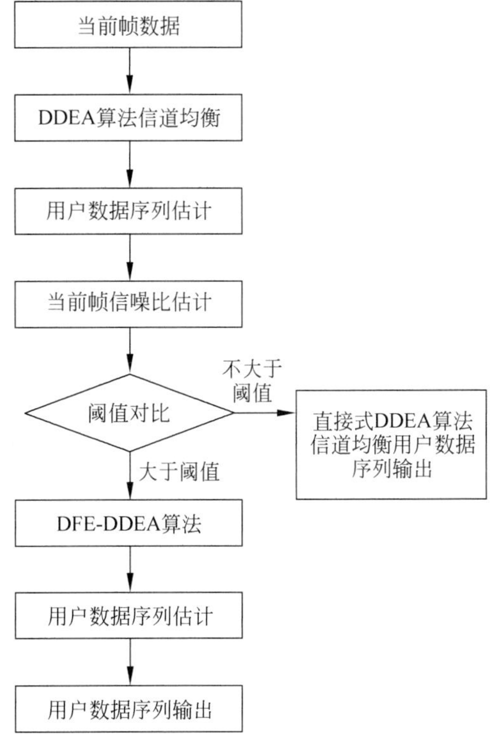

图6.8.7　动态切换信道均衡算法框图

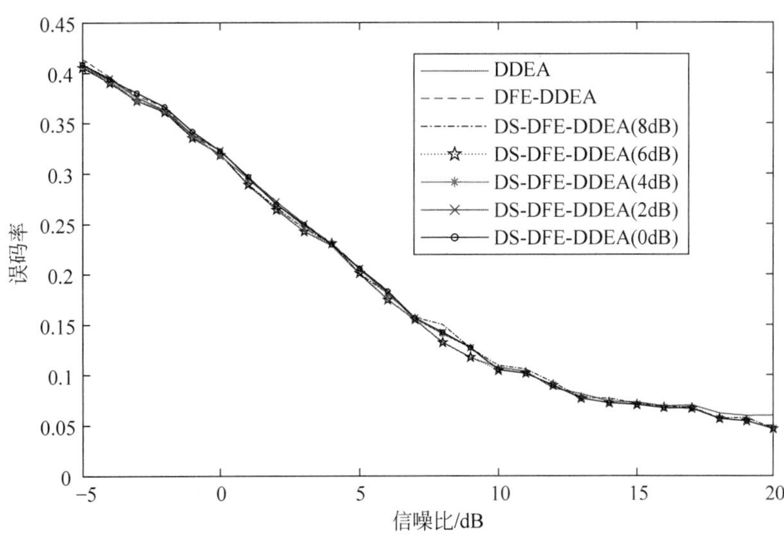

图6.8.8　基于信噪比信息的动态切换信道均衡方式的误码率对比

对比阈值为6dB时的DS_DDEA算法性能。由图6.8.9可以看出，DDEA信道均衡算法与DFE-DDEA信道均衡算法在低、高信噪比下，存在明显的误码率性能交叉；而

DS-DDEA 算法在整体信噪比范围内，相对于 DDEA 算法和 DFE-DDEA 算法，可获得的性能最优。这表明在相同信道环境和用户数据率下，选择合适的信噪比阈值，DS-DDEA 算法优于 DDEA 和 DFE-DDEA 算法的性能。

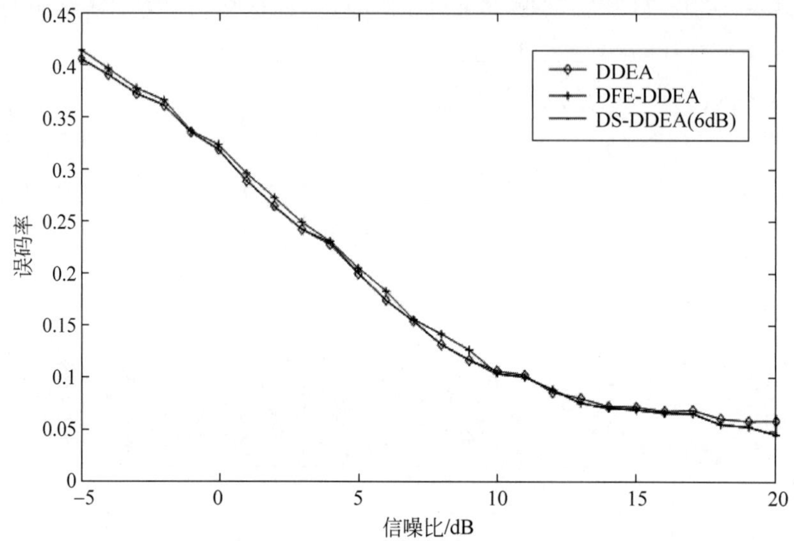

图 6.8.9 DDEA 算法，DFE-DDEA 算法和 DS-DDEA 算法(6dB 阈值)误码率性能对比

对 DDEA 算法、DFE-DDEA 算法与 DS-DDEA 算法均进行 5 次迭代，在 −5～20dB、间隔 1dB 信噪比范围内，选取信噪比阈值为 6dB，进行 100 次蒙特卡罗仿真，对应的误码率性能如图 6.8.10 所示。由图可以看出，通过采取多次迭代措施，选取合适的信噪比阈值，DS-DDEA 算法的性能可进一步提高，进而可以降低相同信噪比条件下的误码率；DFE-DDEA 算法在多次迭代的低信噪比时性能恶化，这与其误差传播特性有关，而在高信噪比时，不采取迭代措施可以使性能得到进一步改善。

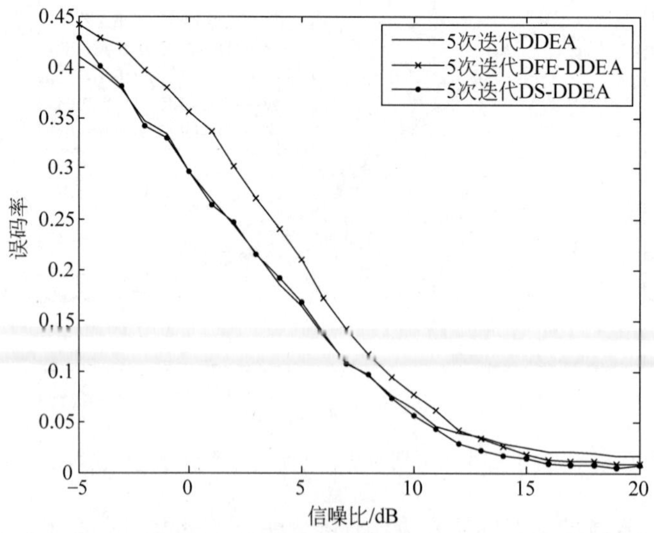

图 6.8.10 5 次迭代 DDEA 算法、DFE-DDEA 算法和 DS-DDEA 算法误码率性能对比

综合上述分析,可以得出如下结论:

(1) 在引入动态切换信道均衡技术后,通过设置合适的信噪比阈值,能改善信道均衡的误码性能,其改善程度与设置的信噪比阈值有关;

(2) 通过采用多次迭代 DS-DDEA 算法,选取合适的信噪比阈值,相对 DS-DDEA 算法,可以进一步改善信道均衡的性能;

(3) 多次迭代 DS-DDEA 算法的性能优于多次迭代 DDEA 算法的性能。

6.9 信道均衡算法进阶——时变信道系数信道均衡算法

信道均衡算法进阶——时变信道系数信道均衡算法

在信道跟踪中,对每一个采样点进行一次信道跟踪。可以理解为:将每一个采样点跟踪的信道值视为当前的短波信道参数,来消除当前采样点由信道引入的码间干扰,其前提条件是在每一个采样点跟踪的信道参数有较大的差别,否则按照信道参数恒定来进行处理。

首先,分析仿真构建的信道参数变化情况。采用 DDEA 算法对数据帧进行处理,当信噪比为 10dB、信道多普勒扩展为 2Hz、用户数据率为 2400b/s 时(对应的训练序列、用户数据、信道记忆长度分别为 16 个,32 个和 16 个码符号,信道系数有 49 帧),采用最小均方(least mean square,LSM)算法,跟踪不同采样时刻的信道系数,其模值与相位分别如图 6.9.1 和图 6.9.2 所示。

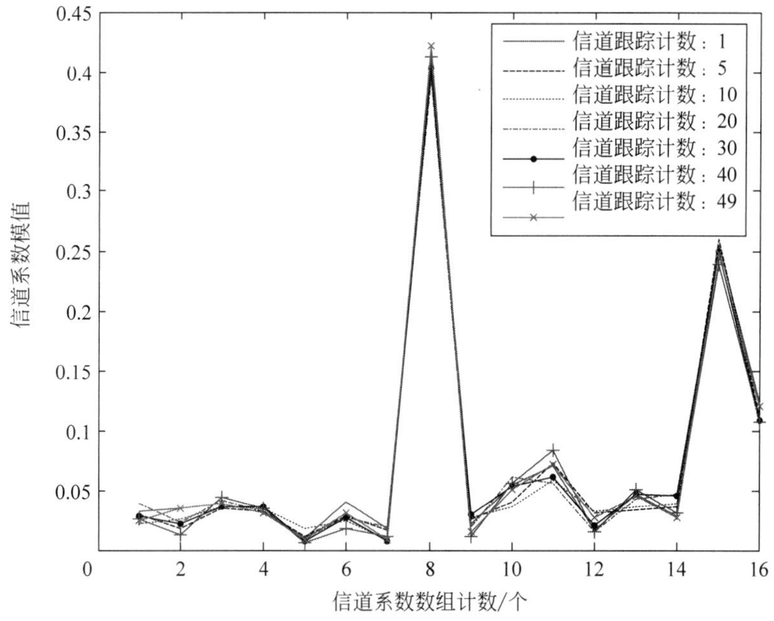

图 6.9.1 不同时刻信道系数幅值(后附彩图)

由图 6.9.1 和图 6.9.2 可以看出,在一帧数据范围内,信道系数的模值在不同采样时刻虽然发生了变化,但变化不大;而不同时刻信道系数的相位则发生了显著变化。从整体来看,信道参数在每一个采样点的变化是比较大的;正是因为信道系数在不同采样时刻的变化,为采用时变信道系数消除训练序列引入的码间干扰提供了性能改进的可能。因此,根据

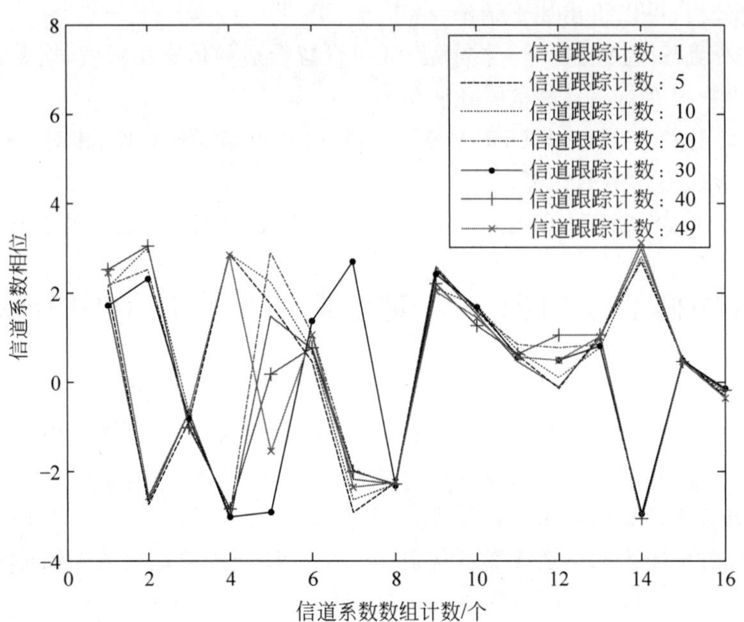

图 6.9.2　不同时刻信道系数相位(后附彩图)

短波信道时变慢衰落的特性，可以考虑利用短波信道时变的衰落系数消除训练序列引入的码间干扰，比使用恒定的信道参数消除训练序列引入的码间干扰可能更加符合实际情况、更能减小训练序列对匹配滤波后接收数据的影响。这就是第五种进阶信道均衡算法——时变信道系数信道均衡算(variable channel coefficients-DDEA，VCC-DDEA)算法的基本思路。

要消除训练序列在时变信道系数情况下对用户数据引入的码间干扰，必须先估计每一个采样时刻的信道系数。任意时刻的信道系数估计可以基于当前数据帧范围内信道系数恒定的假设，利用 DDEA 算法估算用户数据序列，短波信道跟踪算法将每一次跟踪的信道系数对应成当前采样时刻短波信道系数，利用它来消除训练序列引入的码间干扰。

以数据帧中接收用户数据对应的码符号为计数时刻起始点，信道系数向量在采样时刻 k 对应的值为 $\boldsymbol{C}_k$：

$$\boldsymbol{C}_k = [c_k(0) \quad c_k(1) \quad \cdots \quad c_k(L-1)] \tag{6.9.1}$$

在每一个采样时刻进行匹配滤波，则 k 时刻信道匹配滤波后的系数 $\overline{\boldsymbol{H}}_k$ 为

$$\overline{\boldsymbol{H}}_k = \boldsymbol{C}_k \boldsymbol{C}_{-k} = [\bar{h}_k(-L+1) \quad \bar{h}_k(-L+2) \quad \cdots \quad \bar{h}_k(L-1)] \tag{6.9.2}$$

$$\bar{h}_k(i) = \bar{h}_k^*(-i) = \sum_{m=i}^{L-1} c_k(m) c_k^*(m-i), \quad 0 \leqslant i \leqslant L-1 \tag{6.9.3}$$

对匹配滤波输出信号 $\overline{r'}(t)$，其离散形式可表达为

$$\begin{cases} \overline{r'}(k) = \bar{p}(k) + \bar{x}(k) + \overline{n'}(k), & 0 \leqslant k \leqslant L-2 \\ \overline{r'}(k) = \bar{x}(k) + \overline{n'}(k), & L-1 \leqslant k \leqslant N-L \\ \overline{r'}(k) = \bar{x}(k) + \bar{q}(k) + \overline{n'}(k), & N-L+1 \leqslant k \leqslant N-1 \end{cases} \tag{6.9.4}$$

$$\bar{p}(k) = \sum_{m=k-L+1}^{-1} a_{M+m+1} \bar{h}_k(k-m) \tag{6.9.5}$$

$$\bar{x}(k)=\sum_{m=k-L+1}^{k+L-1} b_m \bar{h}_k(m-k) \tag{6.9.6}$$

$$\bar{q}(k)=\sum_{m=1}^{k-N+L} a_{M+m-1}\bar{h}_k(m) \tag{6.9.7}$$

利用时变的信道系数消除码间干扰后，写成矩阵形式，可得：

$$\overline{\boldsymbol{Y}}=\overline{\boldsymbol{H}}\boldsymbol{B}+\overline{\boldsymbol{N}'} \tag{6.9.8}$$

式中，

$$\overline{\boldsymbol{Y}}_{N\times1}=(\bar{y}_0 \quad \bar{y}_1 \quad \bar{y}_2 \quad \cdots \quad \bar{y}_{N-1})^{\mathrm{T}} \tag{6.9.9}$$

$$\overline{\boldsymbol{N}'}_{N\times1}=(\overline{n'_0} \quad \overline{n'_1} \quad \overline{n'_2} \quad \cdots \quad \overline{n'}_{N-1})^{\mathrm{T}} \tag{6.9.10}$$

$$\boldsymbol{B}=(b_0 \quad b_1 \quad b_2 \quad \cdots \quad b_{N-1})^{\mathrm{T}} \tag{6.9.11}$$

$$\overline{\boldsymbol{H}}_{N\times N}=\begin{bmatrix} \bar{h}_0^{(0)} & \bar{h}_1^{(0)} & \bar{h}_2^{(0)} & \cdots & \bar{h}_{L-1}^{(0)} & 0 & \cdots & \cdots \\ \bar{h}_{-1}^{(1)} & \bar{h}_0^{(1)} & \bar{h}_1^{(1)} & \cdots & \cdots & \bar{h}_{L-1}^{(1)} & \cdots & 0 \\ & & & & \vdots & & & \\ 0 & 0 & 0 & \cdots & \bar{h}_{-L+1}^{(N-1)} & \bar{h}_{-L+2}^{(N-1)} & \cdots & \bar{h}_0^{(N-1)} \end{bmatrix} \tag{6.9.12}$$

式中，$\bar{h}_i^{(k)}=\bar{h}_k(i)$。

显然，矩阵 $\overline{\boldsymbol{H}}_{N\times N}$ 具有托普利茨矩阵形式，无法通过乔列斯基础分解对其解算。基于 *LSSE* 准则，利用 ***LU*** 分解算法，解算式(6.9.12)的非托普利茨信道矩阵，估计用户数据序列。下面对该方案进行研究。

VCC-DDEA 算法基于误差平方和 LSSE 准则，可以得到该准则意义上的最佳估计值。

$$\hat{\boldsymbol{D}}=(\overline{\boldsymbol{H}}^*)^{-1}\overline{\boldsymbol{Y}} \tag{6.9.13}$$

矩阵 $\overline{\boldsymbol{H}}$ 不具有托普利茨矩阵形式，此处可对 $\overline{\boldsymbol{H}}^*$ 进行 ***LU*** 分解。其中，$\boldsymbol{L}$ 为对角线元素全为 1 的下三角复矩阵，$\boldsymbol{U}$ 为上三角矩阵。即

$$\overline{\boldsymbol{H}}^*=\boldsymbol{LU}=\begin{bmatrix} 1 & 0 & \cdots & 0 \\ l_{1,0} & 1 & \cdots & 0 \\ & \vdots & & \\ l_{N-1,0} & l_{N-2,0} & \cdots & 1 \end{bmatrix}\begin{bmatrix} u_{0,0} & u_{0,1} & \cdots & u_{0,N-1} \\ 0 & u_{1,1} & \cdots & u_{1,N-1} \\ & & \vdots & \\ 0 & 0 & 0 & u_{N-1,N-1} \end{bmatrix} \tag{6.9.14}$$

对比式(6.9.14)两端的因子，可得：

$$u_{0,k}=(\bar{h}_k^{(0)})^*, \quad 0\leqslant k\leqslant N-1 \tag{6.9.15}$$

$$l_{k,0}=(\bar{h}_0^{(k)})^*/u_{0,0}, \quad 0\leqslant k\leqslant N-1 \tag{6.9.16}$$

$$u_{j,k}=(\bar{h}_k^{(j)})^*-\sum_{m=0}^{j-1} l_{j,m}u_{m,k}, \quad 1\leqslant k\leqslant N-1, k\leqslant j<N-1 \tag{6.9.17}$$

$$l_{j,k}=(\bar{h}_k^{(j)})^*-\sum_{m=0}^{k}(l_{j,m}u_{m,k})/u_{k,k}, \quad 1\leqslant j\leqslant N-1, 0\leqslant k<j-1 \tag{6.9.18}$$

由此可通过递推方式解算 ***LU*** 矩阵。则：

$$\hat{\boldsymbol{D}}=(\overline{\boldsymbol{H}}^*)^{-1}\overline{\boldsymbol{Y}}=(\boldsymbol{LU})^{-1}\overline{\boldsymbol{Y}} \tag{6.9.19}$$

即

$$\boldsymbol{L}\boldsymbol{U}\hat{\boldsymbol{D}}=\overline{\boldsymbol{Y}} \tag{6.9.20}$$

记 $\boldsymbol{U}\hat{\boldsymbol{D}}=\overline{\boldsymbol{F}}\in\boldsymbol{C}^{N\times 1}$，则 $\boldsymbol{L}\overline{\boldsymbol{F}}=\overline{\boldsymbol{Y}}$，可得：

$$\begin{aligned}&\bar{f}_0=\bar{y}_0,\\&\bar{f}_1=\bar{y}_1-l_{1,0}\bar{f}_0,\\&\quad\vdots\\&\bar{f}_k=\bar{y}_k-\sum_{i=0}^{k-1}l_{k,i}\bar{f}_i,\quad 1\leqslant k\leqslant N-1\end{aligned} \tag{6.9.21}$$

其中：

$$\overline{\boldsymbol{F}}=[\bar{f}_0\quad\cdots\quad\bar{f}_{N-1}]^{\mathrm{T}} \tag{6.9.22}$$

进一步解算 $\boldsymbol{U}\hat{\boldsymbol{D}}=\overline{\boldsymbol{F}}\in\boldsymbol{C}^{N\times 1}$，可得：

$$\begin{aligned}&\hat{d}_{N-1}=\bar{f}_{N-1}/u_{N-1,N-1},\\&\hat{d}_{N-2}=(\bar{f}_{N-2}-u_{N-2,N-1}\hat{d}_{N-1})/u_{N-2,N-2},\\&\quad\vdots\\&\hat{d}_k=(\bar{f}_k-\sum_{i=k+1}^{N-1}u_{k,i}\hat{d}_i)/u_{k,k},\quad 1\leqslant k<N-1\end{aligned} \tag{6.9.23}$$

由此，即可实现时变信道系数下的 DDEA 算法信道均衡，估计用户数据序列。同样，估计的用户数据序列 $\hat{\boldsymbol{D}}$ 不在标准 8PSK 字符集分布范围内，需对 $\hat{\boldsymbol{D}}$ 在 8PSK 字符集内进行欧氏距离判决，从而解算用户数据序列。在信噪比为 10dB 的情况下，40 帧接收数据处理前后的星座图对比，如图 6.9.3 所示。由星座图可看出，VCC_DDEA 算法对信道均衡有效。

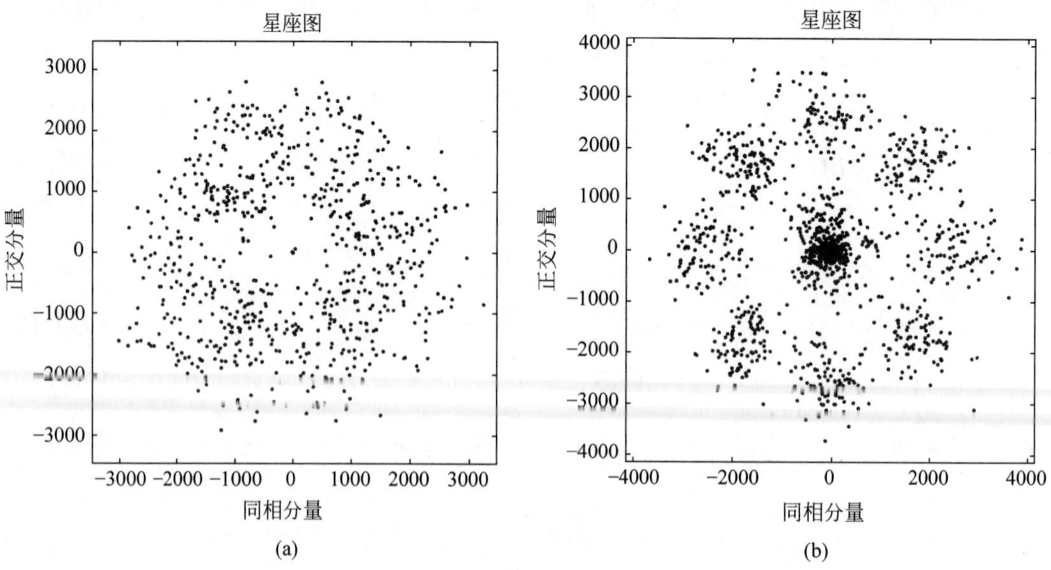

图 6.9.3　VCC_DDEA 均衡前后的星座图（$S/N=10$dB，40 帧）

(a) 均衡前；(b) 均衡后

以上公式推导流程同 DDEA 算法,也可以衍生出分数间隔的 VCC_DDEA 算法、迭代 VCC_DDEA 算法、判决反馈 VCC_DDEA 算法(DFE_VCC_DDEA)、动态切换 VCC_DDEA 算法(DS_VCC_DDEA)等,这里不一一讨论,DFE_VCC_DDEA 的信号处理流程,可参见图 6.9.4。

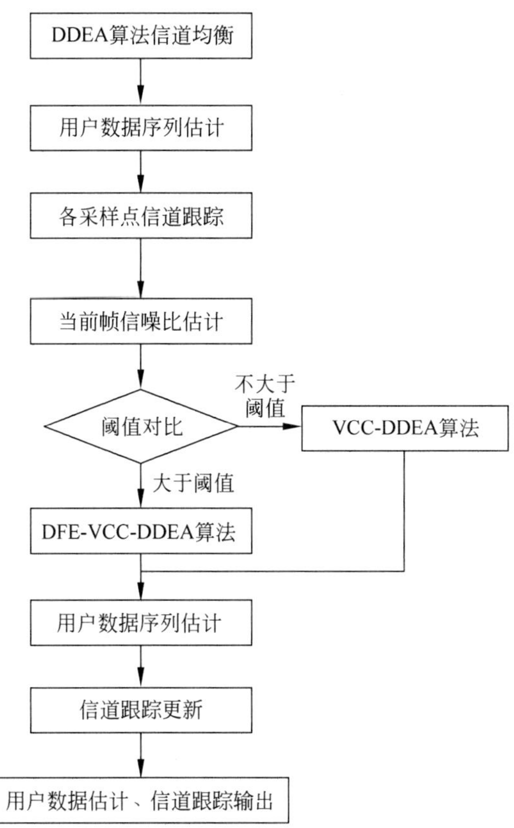

图 6.9.4　DFE_VCC_DDEA 的信号处理流程图

选取中纬度恶劣信道,在 −5～20dB、间隔 1dB 范围内,比较 DDEA 算法、VCC-DDEA 算法和 DFE-VCC-DDEA 算法的性能。3 种算法均不进行多次迭代;进行 100 次蒙特卡罗仿真,其误码率如图 6.9.5 所示。由仿真图可以看出,一次迭代的 DFE-VCC-DDEA 算法和 VCC-DDEA 算法在测试信噪比范围内,整体性能都优于不采取迭代措施的 DDEA 算法;VCC-DDEA 算法和 DFE-VCC-DDEA 算法在高低信噪比时也存在性能交叉的特性,即在信噪比较低时,VCC-DDEA 算法的性能略优于 DFE-VCC-DDEA 算法;在信噪比较高时,DFE-VCC-DDEA 算法的性能优于 VCC-DDEA 算法。

仿真条件不变,进一步对 VCC-DDEA 算法与 5 次迭代 DDEA 算法的性能进行对比,如图 6.9.6 所示。由图可知,5 次迭代 DDEA 算法与 1 次迭代的 VCC-DDEA 算法在低信噪比时性能相当,在高信噪比时后者性能明显优于前者,因此整体上 VCC-DDEA 算法的性能优于多次迭代 DDEA 算法。对 VCC-DDEA 算法与 5 次迭代 DS-DDEA(信噪比阈值为 6dB)算法的性能进行对比,其误码率曲线如图 6.9.7 所示。由仿真图可以看出,5 次迭代 DS-DDEA 算法在整个信噪比范围内,性能优于 VCC-DDEA 算法。

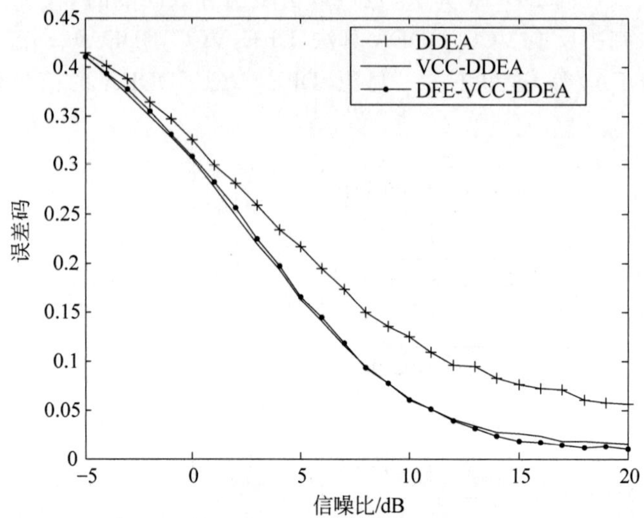

图 6.9.5 DDEA 算法、VCC-DDEA 算法和 DFE-VCC-DDEA 算法误码性能对比

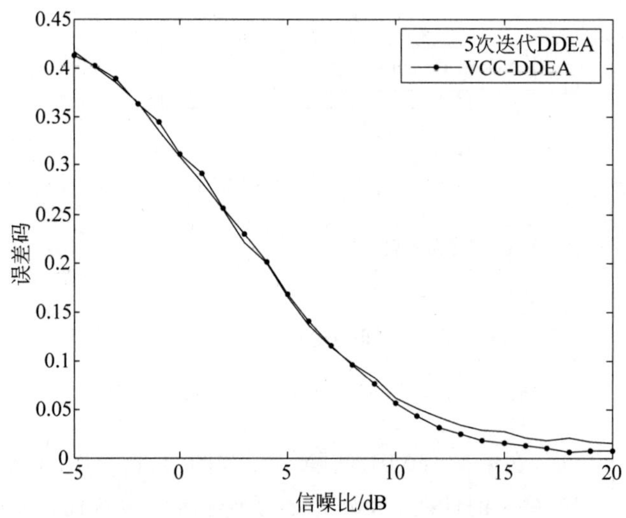

图 6.9.6 5 次迭代 DDEA 算法和 VCC-DDEA 算法的误码性能对比

综合上述分析，得出如下结论：

(1) 对未编码系统，VCC-DDEA 算法的性能明显优于 DDEA 算法，平均可达 5dB；略优于多次迭代 DDEA 算法；

(2) 多次迭代 DS-DDEA 算法的性能整体上优于 VCC-DDEA 算法。

时变信道系数信道均衡算法程序代码参见附录 18。

至此，分析了 5 种进阶信道均衡算法，信道均衡永远是通信基带信号处理的热点。针对 DDEA 算法，以每一帧数据处理为单位，处理后的数据将经过软信息生成与解交织、维特比软译码后，输出估计更为精准的用户数据；维特比软译码可有效消除信道干扰引入判决误差，如果能将此处判决的用户数据反馈至信道跟踪环节实现对信道均衡的优化，则可以进一

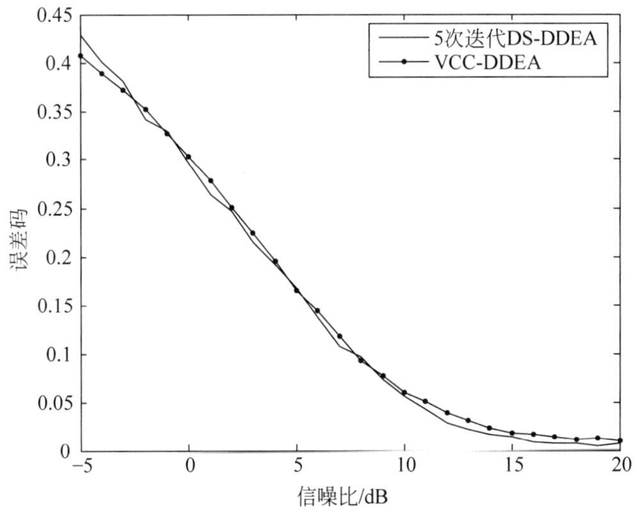

图 6.9.7　5 次迭代 DS-DDEA 算法和 VCC-DDEA 算法的误码性能对比

步降低系统误差。但是,由于解交织需要一个完整矩阵的需求,按照此方式将引入一次同步序列发送时长的延迟(同交织矩阵深度),计算复杂度将更为巨大。

6.10　提高信道通信效率探讨

提高信道通信效率探讨

定义数据通信的效率为单位时间内发送的用户码符号数占发送总码符号数的百分比(忽略同步序列),即

$$\eta=\frac{\text{单位时间内发送的用户码符号数}}{\text{单位时间内发送总的码符号数}}\times 100\% \tag{6.10.1}$$

根据训练序列与用户数据交替发送的周期性特性,η 还可表示为

$$\eta=\frac{\text{用户数据长度}}{\text{用户数据长度}+\text{训练序列长度}}\times 100\% \tag{6.10.2}$$

在窄带单音串行短波数据通信中,训练序列与用户数据按照 16∶32 和 20∶20 的比例加入(75b/s 除外),可知其数据通信的效率分别为 67.7%和 50%。数据通信的效率越高,单位时间内发送的与用户无关的数据越少,信道利用率越高。用户数据的长度与数据通信的效率密切相关。在一帧数据范围内,减少训练序列的长度或增加用户数据长度,均可提高信道利用率。根据以上信道均衡算法的研究分析,在进行信道均衡时,要求训练序列长度不能小于信道记忆长度,因此减少训练序列长度可能导致部分训练序列引入的干扰无法消除,因此采用第二种方式,在保持训练序列不变的前提下,增加用户数据长度,从而提高用户数据率和信道利用率。

在保持系统编码方式不变的前提下,将一帧数据范围内的用户数据长度提高 50%,用户数据率的提高情况见表 6.10.1(比特率为 75b/s 时发送的数据结构比较特殊,没有训练序列,此处不做比较)。

表 6.10.1 提高数据帧内用户数据长度 50%对用户数据率的改善

比特率/(b/s)	编码效率	信道速率/(b/s)	训练序列长度	用户数据长度	通信效率/%	改进后的用户数据长度	改进后的通信效率/%
4800	无	4800	16	32	66.67	48	75
2400	1/2	4800	16	32	66.67	48	75
1200	1/2	2400	20	20	50	30	60
600	1/2	1200	20	20	50	30	60
300	1/4	1200	20	20	50	30	60
150	1/8	1200	20	20	50	30	60

由表 6.10.1 可以看出，提高一帧数据内用户数据的长度可以提高用户数据率。在延长用户数据长度后，对系统误码率的影响程度通过与 DDEA 算法进行性能对比后的仿真测试说明。

延长用户数据的长度对系统误码率的影响，可通过与相同信道环境下 DDEA 算法的性能对比进行仿真分析。选择短波中纬度恶劣信道，信噪比为 −5～20dB、间隔 1dB 范围内，DDEA 算法的迭代次数为 1 次，进行 100 次蒙特卡罗仿真，分析用户数据长度为 32,36,40,44,48,52 和 56 个码符号下的 VCC-DDEA 算法性能，如图 6.10.1 所示。

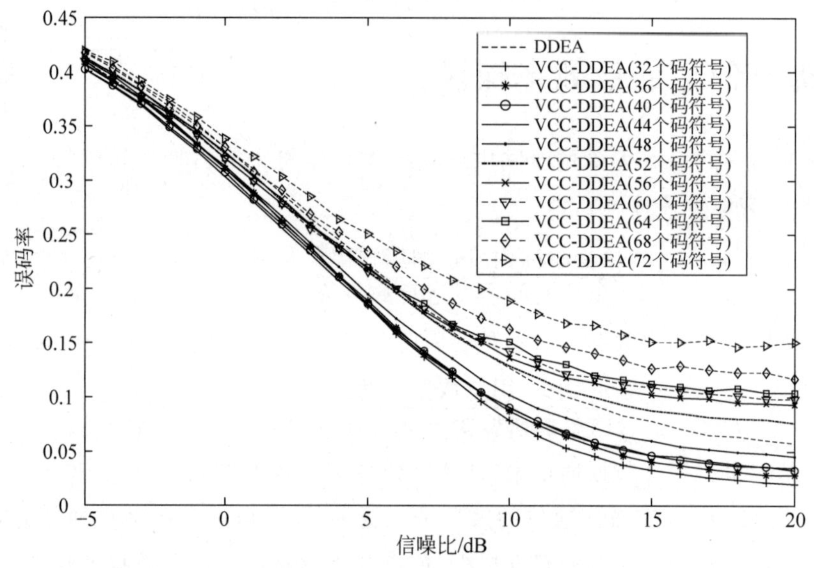

图 6.10.1 数据帧内不同用户数据长度对误码率的影响

由图 6.10.1 可以看出，在相同的信道环境下，低信噪比时信道均衡的效果都不理想，彼此的误码率性能相差不大；高信噪比时用户数据长度对未编码系统的性能有明显影响，系统误码率随着用户数据长度的增加而提高；当用户数据长度超过 52 个码符号时，VCC-DDEA 算法的性能下降到 DDEA 算法的性能以下。

有关用户数据序列码长与信道通信效果间的折中，以上提出了初步的分析方法。该方法为提高信道通信数据率提供了可能，也为信道自适应速率传输提供了可能。这也是 4G，WiFi 等速率自适应传输的理论基础。

6.11　载波跟踪与恢复

载波跟踪与恢复

在通信过程中,要一直利用同步期间估计的多普勒频移来进行频偏补偿吗?通信载体的运动速度变化、信道环境变化,都有可能影响到多普勒频移值,那么如何来解决该问题呢?收发系统远距离分隔、彼此物理独立,所用的时钟系统与发送端的步调能完全一致吗?这些问题将在本节找到答案。

载波跟踪是指对子载波的跟踪;按照美国军用标准,子载波设定为1800Hz,收发双方的子载波理论上无法完全对准,所以要进行子载波的跟踪;但这个频率偏差会体现在多普勒频移上,通过对多普勒频移的跟踪,并将跟踪值反馈到多普勒频移补偿阶段,体现出对子载波的恢复。所以子载波的跟踪与恢复要重点解决跟踪误差因子的提取和恢复频率值的滤波计算问题。

对于现在的数字通信系统,发送端信息经由发送端硬件电路生成并在信道受扰后,到达接收端进行数字采样;接收端信号的解析都是基于自身芯片内部的时钟,该时钟有其独自的频率和相位。当二者频差较大时,会导致信号解析出错,甚至导致无法检测外部信号的严重后果;尤其在通信领域,一些小的信号的错误解析会导致整个系统瘫痪。例如大家都在跟着音乐跳舞,舞蹈教练发现大家的动作节奏跟不上音乐了,慢了半个拍子(类似于有了相位差),于是换一个节奏缓慢一点的音乐,以便大家能跟得上。这就需要用到一种能够使双方时钟同步的功能模块,锁相环(phase locked loop,PLL)正是在这种需求下产生的。

锁相环是一个闭环的相位控制系统,能够自动跟踪输入信号的频率和相位。典型的模拟电路锁相环的结构如图6.11.1所示,一般由压控振荡器、滤波器和鉴相器三部分组成。鉴相器负责检测输出信号和输入信号的相位差;环路滤波器用来滤掉来自PLL电路中鉴相器输出电压 $u_d(t)$ 中的高频成分和噪声分量,得到一个干净的控制电压 $u_c(t)$ 控制压控振荡器的频率输出;压控振荡器(VCO)是一个输出频率与输入控制电压有对应关系的振荡电路,频率是输入信号电压的函数,振荡器的工作状态或振荡回路的元件参数受输入电压的控制。通过鉴相器检测输出信号和输入信号之间的相位差,并转化为电压输出,经过低通环路滤波器形成压控振荡器的控制电压,控制压控振荡器输出和输入信号相同频率的信号。

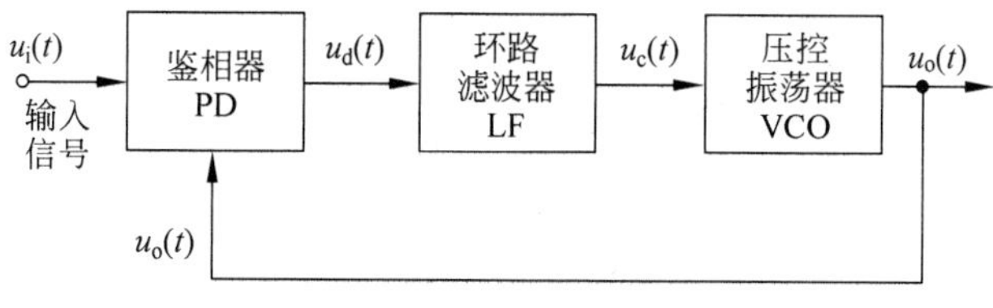

图6.11.1　典型的锁相环的结构图

假设输入信号的频率和本地振荡器的初始频率(也称为“自由振荡频率”)是不同的,也就是说在这种情况下,二者会存在固定频差 $\Delta\omega_0$,如果没有进行相位追踪的话,两信号的相差 $\theta_e(t)$ 就会越来越大。如果将固定频差控制在一个很小的范围,就能保证两个信号的相位差在 $2n\pi$ 左右一个很小的范围振荡,由此达到控制相位误差的目的,这就是锁相环路的捕获过程,如图6.11.2所示。

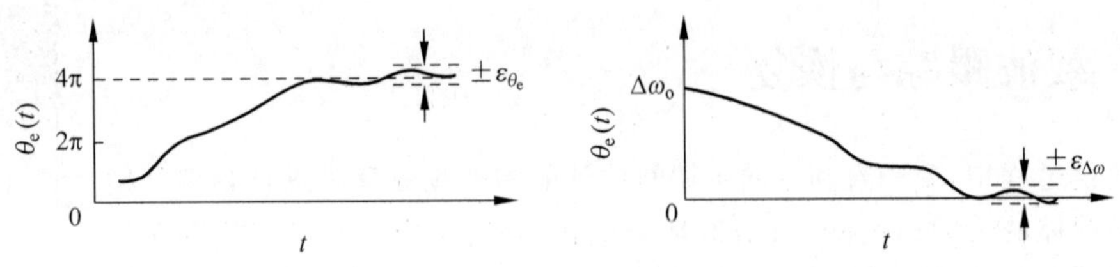

图 6.11.2 捕获过程中瞬时相差与瞬时频差的典型时间图

在现代通信系统中,一般采用数字锁相环代替传统的模拟锁相环以减小硬件电路在锁相过程中产生的误差。时钟误差的预测与调整最终反映在接收端多普勒频移补偿环节的补偿频率偏差估计与跟踪。多普勒频移的初始估计在同步阶段已解决,它是由真实多普勒频移、子载波频率偏差、短波信道的时变色散特性等多个因素综合形成的;也就是说,同步阶段初始估计的多普勒频移,会随着时间的推移而出现动态的漂移,由此导致频偏补偿的调整,所以要进行载波跟踪。

系统载波跟踪基于信道估计而实现。实际上,最佳采样时刻信道冲激响应相位的变化反映了系统的瞬时频差,可利用它来跟踪信道频偏的变化。最佳采样时刻可由信道参数模的最大值获得。设信道冲激响应在最佳采样时刻 n 的值为 $h_n=|h_n|e^{j\psi_n}$,则有:

$$h_n h_{n-1}^* = |h_n h_{n-1}| e^{j(\psi_n-\psi_{n-1})} \tag{6.11.1}$$

AGC 的使用使接收信号幅度与发送信号幅度相当,经估计后得到的信道冲激响应的模 $|h_n|$ 接近于 1,在相差 $\Delta\psi$ 足够小时可以得到:

$$\Delta\psi=\psi_n-\psi_{n-1}\approx\sin(\psi_n-\psi_{n-1})\approx \mathrm{Im}[h_n h_{n-1}^*] \tag{6.11.2}$$

式中,Im[·]表示取虚部操作;$\Delta\psi$ 为频差,作为环路滤波器的输入可跟踪频率变化。

载波跟踪可通过上述讨论的数字锁相环实现,主要为抑制噪声和高频分量,并且控制环路相位校正的速度与精度。常用的有二阶锁相环和三阶锁相环,通过对比二者的收敛速度(图 6.11.3)和稳态误差曲线(图 6.11.4),三阶锁相环的性能明显优于二阶锁相环[71]。

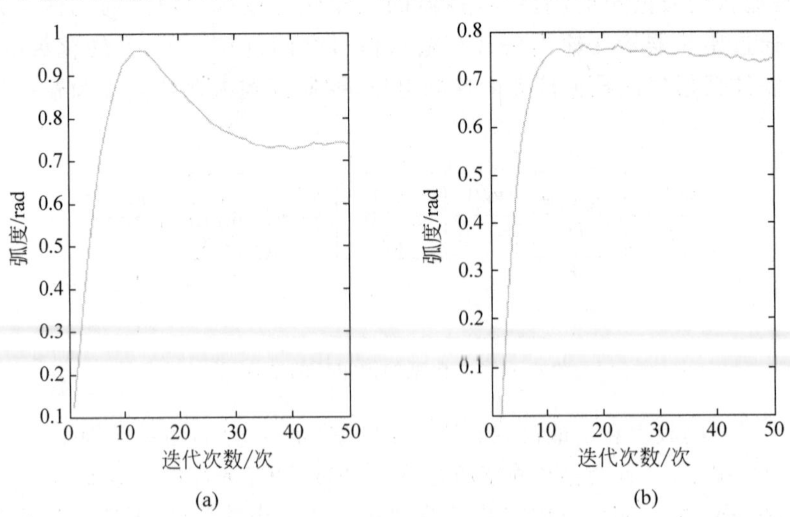

图 6.11.3 锁相环收敛曲线

(a) 二阶全数字锁相环;(b) 三阶全数字锁相环

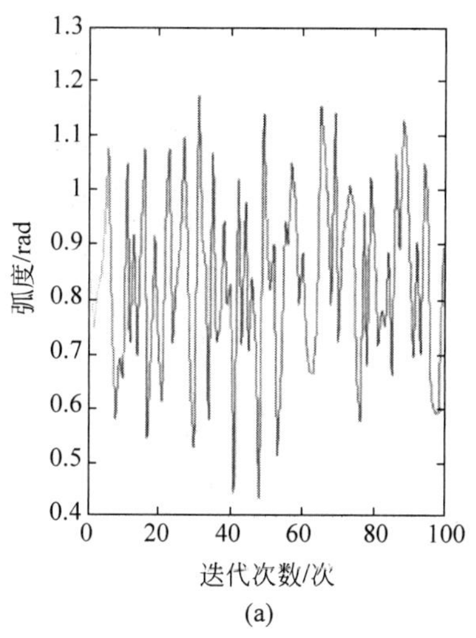

(a)

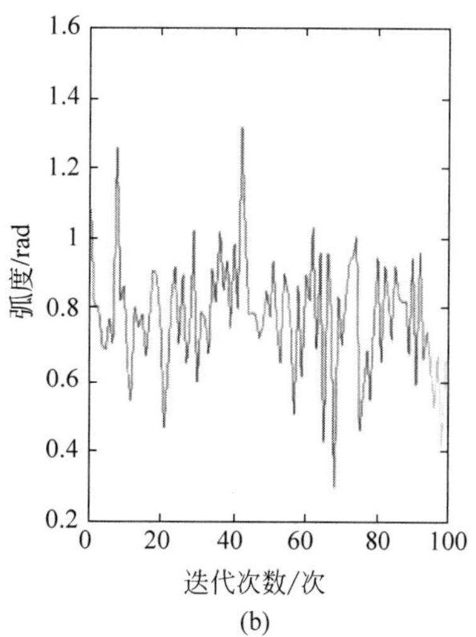

(b)

图 6.11.4 锁相环最终锁定的稳态相位仿真结果

(a) 二阶全数字锁相环；(b) 三阶全数字锁相环

实际上，锁相环环路滤波器的阶数越高，锁相环的阶数也越高，噪声滤除能力越强，从而能够带来更好的动态跟踪效果，但动态捕捉能力减弱。

因此，针对短波信道特性采用三阶环路滤波器，其结构如图 6.11.5 所示，选择合适的参数值 m_1 和 m_2，即可对实现相位误差 $\Delta\psi$ 的滤波和跟踪。根据估算的相位误差、跟踪的频差和系统的采样数据率，即可以估算多普勒频偏，反馈到接收信号采样阶段，进行多普勒频移补偿频率值的调整，在去除子载波后进行多普勒频移补偿。

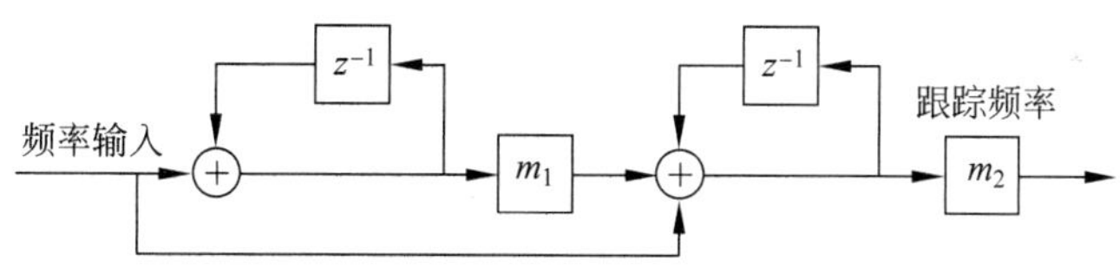

图 6.11.5 三阶环路滤波器结构图

三阶锁相环的载波跟踪可按照如下公式计算：

$$\begin{cases}\text{error}_1 = \text{error}_1 + \text{frequency} \\ \text{error}_2 = m_1 \times \text{error}_1 + \text{error}_2 + \text{phase} \\ \text{tracking\_frequency} = \text{error}_2 \times m_2\end{cases}$$

在每一帧用户数据处理完毕后，均要进行载波跟踪与恢复。载波跟踪的流程图如图 6.11.6 所示。

每完成一帧数据的处理，进行一次信道跟踪，估算载波漂移值，并补偿到信道多普勒跟踪中，用以对下一帧的接收数据的多普勒频移补偿。以预置信道多普勒频移 67Hz 为例，在每处理完一帧用户数据后，跟踪的多普勒频偏变化曲线如图 6.11.7 所示、累计多普勒频移曲线如图 6.11.8 所示。

由图 6.11.8 可以看出，估计的多普勒频移值一直在动态调整变化；尤其是在后续数据帧，估计的多普勒频移失效发散，这是因为用户数据已经解调完毕、但算法仍在运行，此时接

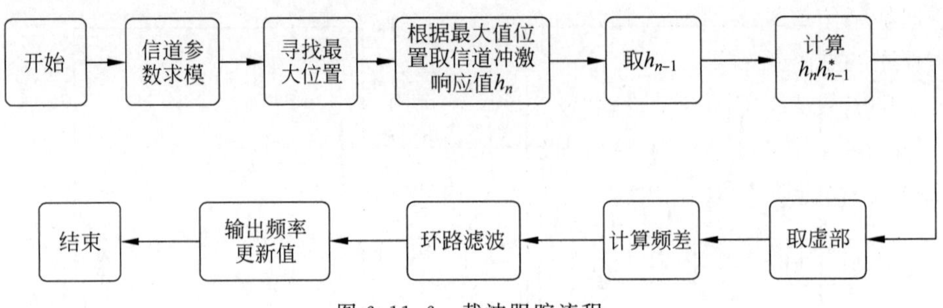

图 6.11.6 载波跟踪流程

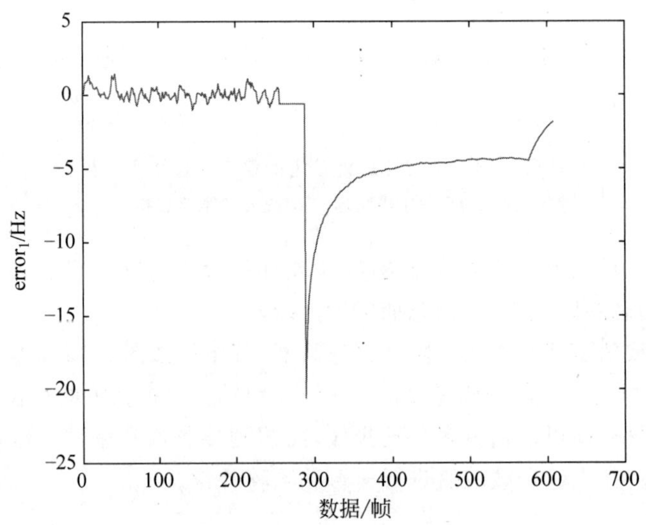

图 6.11.7 多普勒频偏变化曲线

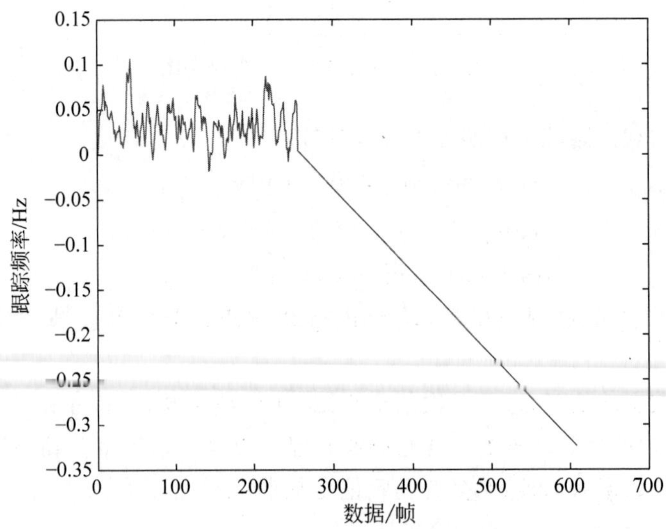

图 6.11.8 多普勒频移跟踪误差

收的数据都是信道噪声，不含有用户的有效数据，故而出现算法失效、频偏估计发散。载波跟踪的程序参见附录 19。

基于典型载波跟踪环的结构，载波跟踪算法可分为纯载波跟踪算法和外部辅助载波跟踪算法两大类。其中，进一步提升纯载波跟踪算法性能的关键技术还有环路鉴别算法、环路滤波器的优化设计、基于锁相环和锁频环的混合载波跟踪环的设计、智能降噪技术、智能控制技术、智能估计算法等；外部辅助的载波跟踪算法主要存在于各类组合导航系统中，最典型的是在紧耦合或超紧致耦合组合导航系统中，利用惯导测量信息对载波跟踪进行辅助。对该部分内容感兴趣的读者可查阅资料进一步研究，本书对此不作具体介绍。

6.12 75b/s 数据率下的数据解调

75b/s 数据率下的数据解调

由上文可知，在 75b/s 数据率下，用户数据符号与同步序列符号一样，采用四进制编码方式，每一个用户数据符号映射为 32 个具有良好自相关特性的信道码符号(表 6.12.1)而不发送训练序列。这意味着前面讨论的信道均衡算法因没有训练序列而无法应用，必须采用其他的均衡算法。

表 6.12.1 75b/s 数据率下码符号映射关系表

75b/s 编码后码符号	映射信道符号
00	(0000)重复 8 次
01	(0404)重复 8 次
10	(0044)重复 8 次
11	(0440)重复 8 次

在 75b/s 数据率下，用户数据的加扰与其他数据率下用户数据和训练序列的加扰模式相同。由于没有训练序列，观测序列全部为检测的用户数据，信道跟踪效果难以保障，也无须用到信道信息，在完成系统同步后，对待处理的接收观测数据序列，按照如下步骤完成数据处理：

(1) 使用相关算法，对接收信号进行处理。每 2 个编码数据映射为 32 个信道码符号，因此滑动相关的长度为 32 个信道码符号。

(2) 滑动相关的数据源 1：数据源包括 4 组可能的编码符号 0,1,2,3，分别映射为 32 个信道码符号，再进行加扰后的数据。

(3) 滑动相关的数据源 2：以系统定时最佳采样点和次最佳采样点为基准，按照 $T/2$ 时间间隔在其左右各移动 1 点，所对应的观测数据作为采样数据起点，对每一组多普勒频移补偿后的观测值，分别截取 32 个多普勒频移补偿后的码符号，共计 6 组观测数据。若最佳采样点和次最佳采样点相同，则只有 3 组观测数据。

(4) 将可能的用户编码数据值 0,1,2,3 对应的、加扰后的信道数据分别与上述 6 个起始点观测数据进行相关后取模值和，作为当前数据检测判断的依据；共计形成 4 组模值和，如图 6.12.1 所示。

图 6.12.1 为用户编码数据值 0,1,2,3 可能对应的信道码符号；分别以最佳值点及其左右两侧点(最佳采样点前一个点、最佳采样点、最佳采样点后一个点)为起始位置，截取相

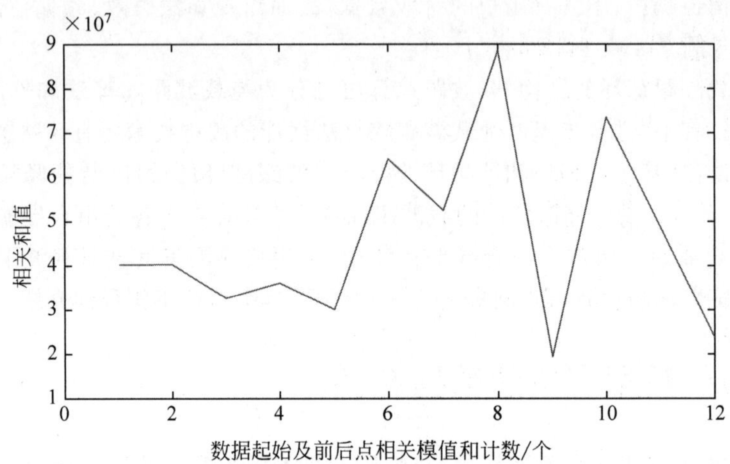

图 6.12.1 用户编码数据在解算过程中的相关检测图

应长度的接收数据,计算其模值;按照算法设计,还应与系统同步时检测的次最佳采样点及左右两侧点为起始点截取的用户接收数据进行相关计算,因此次数据检测中没有检测到次最佳采样点,故被忽略;因而在图 6.12.1 中,在每一个可能的用户编码数据处,仅有 3 次相关检测;4 个可能的用户编码数据共有 12 个相关检测值。

(5) 取模值和最大者为当前的用户数据码符号,如图 6.12.2 所示。对图 6.12.1 中的每组接收数据与可能的用户数据相关模值进行合并,取值最大者,判断为当前发送的用户数据。

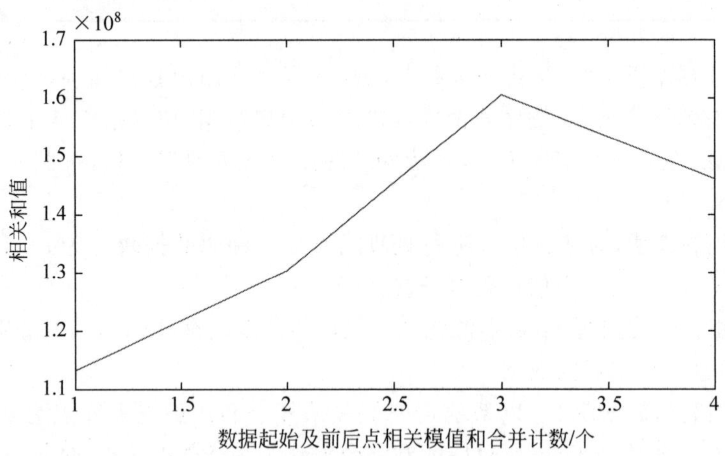

图 6.12.2 用户编码数据相关计算合并检测图

由图 6.12.2 可知,第 3 个潜在的相关值最大,即判断当前检测的数据为 2,值得注意的是,这里判断的用户数据为标准的 4PSK 码符号。由此可见,在 75b/s 数据率下,用户数据的检测完全通过相关处理实现。

用户数据检测完毕后,与其他用户数据率方式一样,进行信道跟踪、多普勒频移调整,并继续处理下一帧用户数据。根据检测的用户数据,进一步解格雷编码和映射为软信息,留待进行解交织和维特比译码处理。

6.13　软信息生成和解格雷码

软信息生成和解格雷码

对照发送端信号处理流程，要恢复原始用户数据，在完成通信数据率下的解调、实现用户数据的估计后，还要以数据帧为单位对信道均衡的数据按照对应关系生成软信息，进行解扰、解格雷码。

信道均衡后的数据中含有八进制数据的各位比特信息，在发送端用户的比特信息还进行了加扰处理，如何将该数据进行解扰呢？信道均衡的数据解扰是以数据帧为单位直接按照当前接收时序与发送用户数据期间对应的扰码进行共轭乘积处理。通过数据帧计数（帧内数据长度已知），可以实现扰码数据生成计数、扰码器状态记忆等，从而实现扰码生成。一个计数周期内（160 个码符号）的扰码数据如图 6.13.1 所示，将其映射为 8PSK 数据并进行装置，与信道均衡输出数据相乘，即实现了接收数据解扰。

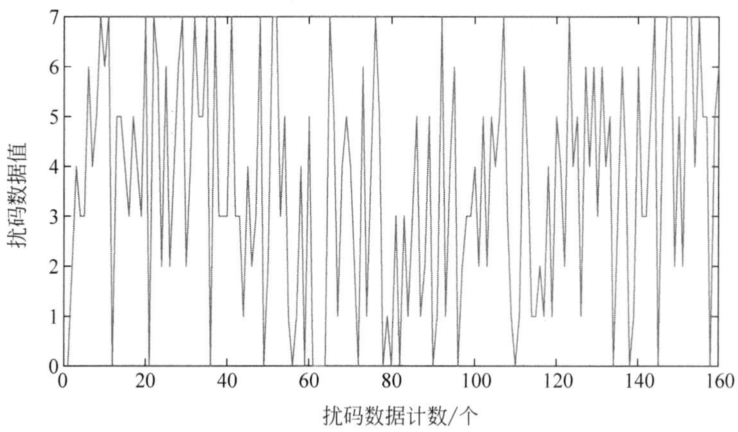

图 6.13.1　接收端八进制扰码数据图

在解扰后，进行格雷译码和软判决。实现方式为比特交织编码调制（bit-interleaved coded modulation，BICM）系统，即通过对编码后的比特进行交织来提高在衰落信道下的分集度，广泛应用于现代通信系统，其简化结构框图如图 6.13.2 所示。解调器需要计算每位比特的软信息用于软判决译码，这个过程称为"软解调"。根据最大似然准则，计算比特软信息的复杂度与调制阶数有关，高阶调制的计算量较大，可通过简化方法来实现。

图 6.13.2　BICM 系统的简化结构图

根据文献[72]可知，编码后的比特先经过比特交织再进行调制。对于格雷映射下的 M 阶 PSK 调制，$m=\log_2 M$ 位比特 $b_0, b_1, \cdots, b_{m-1}$ 被映射为发送信号集 $S=\{s_0, s_1, \cdots, s_{M-1}\}$ 中的某个信号 s_k，其中，$b_0, b_1, \cdots, b_{m-1}$ 为 k 的二进制格雷码（b_0 为最高位）。图中将调制和解调之间的部分视为等效信道。为了进行软判决译码，解调器需要输出比特软信息，以表示每个比特的取值概率。

M 个码符号经过加扰后等概率发送，设均衡后的码符号为 $r=r_I+\mathrm{j}r_Q=|r|\mathrm{e}^{\mathrm{j}\varphi(r)}$，则 b_i 的比特软信息 $\Lambda_i(r)$ 可表示为

$$\Lambda_i(r)=\ln\frac{\Pr\{r\mid b_i(s)=0\}}{\Pr\{r\mid b_i(s)=1\}}=\ln\frac{\sum\limits_{s_k\in S_i^{(0)}}p(r\mid s_k)}{\sum\limits_{s_k\in S_i^{(1)}}p(r\mid s_k)}=\ln\frac{\sum\limits_{s_k\in S_i^{(0)}}\exp\left(-\dfrac{|r-s_k|^2}{\sigma_n^2}\right)}{\sum\limits_{s_k\in S_i^{(1)}}\exp\left(-\dfrac{|r-s_k|^2}{\sigma_n^2}\right)} \tag{6.13.1}$$

式(6.13.1)为根据最大似然准则求取比特软信息的精确方法，可进行简化推导。设接收信号

$$\Lambda_0(r)=\frac{2}{\sigma_n^2}\left(r_Q\sin\frac{\pi}{M}-r_I\cos\frac{\pi}{M}+|r|\right) \tag{6.13.2}$$

设衰落信道下信道增益 α 在一个符号持续时间内保持不变，$r'=r/\alpha$ 表示均衡后的信号，则可得其他位置软信息为

$$\Lambda_i(r)=\frac{2|\alpha|^2}{\sigma_n^2}\mathrm{sgn}(h_{Q,i})(b_m|h_{Q,i}|-a_m|h_{I,i}|+|r'|) \tag{6.13.3}$$

其中：

$\alpha_i=\cos(\pi/2^i)$；

$b_i=\sin(\pi/2^i)$；

$m=\log_2(M)$，$1\leqslant i\leqslant m$，M 为 PSK 调制方式；

$h_i(r)=h_{I,i}+\mathrm{j}h_{Q,i}$；

$h_{I,i}=\alpha_i h_{I,i-1}-b_i|h_{Q,i-1}|$；

$h_{Q,i}=b_i h_{I,i-1}-a_i|h_{Q,i-1}|$；

初始值 $h_0(r)=h_{I,0}+\mathrm{j}h_{Q,0}=r'$。

通过以上公式迭代推导，可以分别计算出多进制相位调制的软信息。根据参考文献[72]，结合短波的 8PSK 调制方式，对式(6.13.3)可进一步分析。设解扰输出为 $z_n=a_n+\mathrm{j}b_n$。

(1) 对于 8PSK 调制

将解扰输出信息 Z_n 的星座图逆时针旋转 $\pi/8$，得到：

$$\tilde{z}_n=(a_n+b_n)\mathrm{e}^{\mathrm{j}\pi/8} \tag{6.13.4}$$

则对应 8PSK 调制方式，其由高到低得软判决输出的软信息依次为

$$\begin{aligned}
&\hat{d}_n^1=\mathrm{Im}[\tilde{z}_n],\\
&\hat{d}_n^2=\mathrm{Re}[\tilde{z}_n],\\
&\hat{d}_n^3=\begin{cases}\dfrac{A(|\mathrm{Re}[\tilde{z}_n]|-|\mathrm{Im}[\tilde{z}_n]|)}{|\mathrm{Im}[\tilde{z}_n]|}, & |\mathrm{Re}[\tilde{z}_n]|<|\mathrm{Im}[\tilde{z}_n]|\\[2ex] \dfrac{A(|\mathrm{Re}[\tilde{z}_n]|-|\mathrm{Im}[\tilde{z}_n]|)}{|\mathrm{Re}[\tilde{z}_n]|}, & |\mathrm{Re}[\tilde{z}_n]|\geqslant|\mathrm{Im}[\tilde{z}_n]|\end{cases}
\end{aligned} \tag{6.13.5}$$

（2）对于 4PSK 调制

将解扰输出信息 Z_n 的星座图逆时针旋转 $\pi/4$，由此即取出前 2 个软信息 $\hat{d}_n^1$ 和 $\hat{d}_n^2$ 作为软判决输出。

（3）对于 BPSK 调制

BPSK 调制对应的通信数据率为 600～75b/s，则直接取出 1 个软信息：

$$\hat{d}_n^1 = 0.707\,000\,2\alpha_n \tag{6.13.6}$$

由此，在完成了信道均衡后，复信号向 3，2，1 位软信息换算，下一步将利用该软信息，进行解交织和译码处理。对接收的软信息进行归一化处理，限制其在 0～254，以便后续进行维特比译码。1200b/s 数据率下软判决之前的复数据星座图如图 6.13.3 所示，软判决之后的 $\hat{d}_n^1$ 数据序列如图 6.13.4 所示。

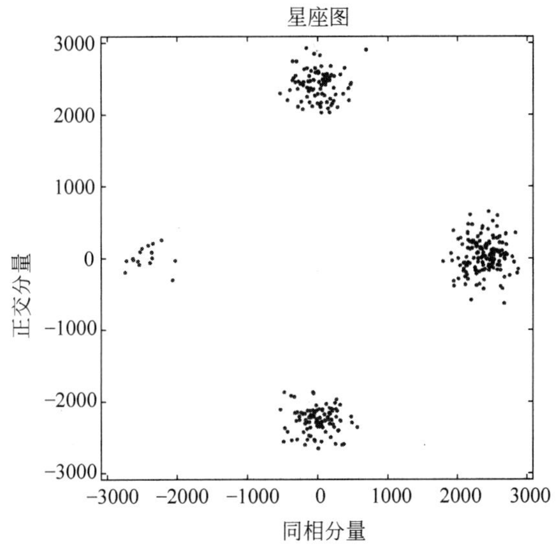

图 6.13.3　1200b/s 数据率下软判决之前的复数据星座图

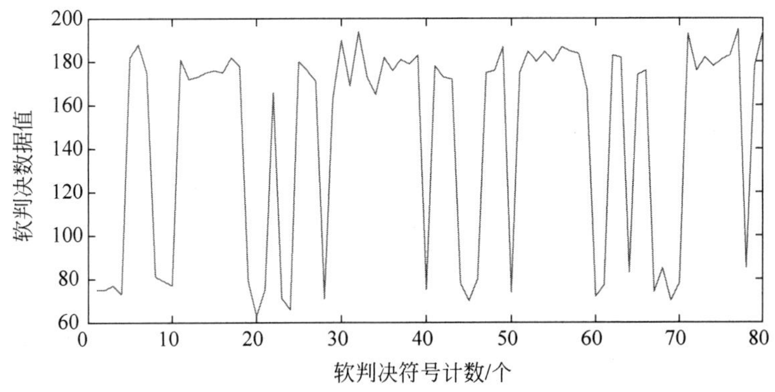

图 6.13.4　1200b/s 数据率下软判决之后的 $\hat{d}_n^1$ 序列

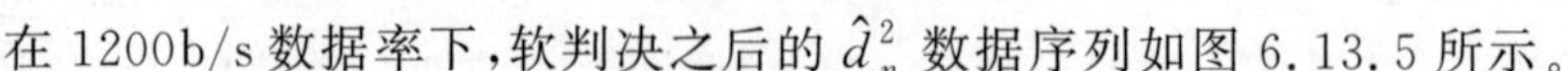

在 1200b/s 数据率下，软判决之后的 $\hat{d}_n^2$ 数据序列如图 6.13.5 所示。

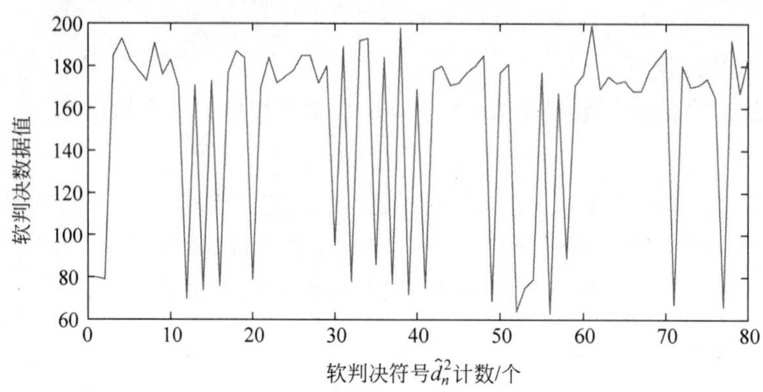

图 6.13.5 1200b/s 数据率下软判决之后的 $\hat{d}_n^2$ 数据序列

6.14 软信息解交织

软信息解交织

均衡后估计的用户数据经过软信息处理后生成 $\hat{d}_1, \hat{d}_2, \hat{d}_3$，与发送端的编码数据在数据个数上实现了对应。软信息的解交织按照数据加扰逆过程执行。与发送端的数据加扰差别在于：

（1）当接收端交织矩阵存入时，按照发送端交织取的规则执行：从第 1 列第 1 行开始依次存入数据，每存入数据一次，行数加 1 列数减 17；当列数减 17 不够时，加上交织矩阵规模的列数值；行数超过矩阵的行数规模时复位为 1；直至存满完交织矩阵的全部数据。

（2）执行交织取出的前提条件是接收端所需的交织矩阵已经被填满，才能开始取出交织数据。当接收端交织矩阵取出时，按照发送端交织存的规则执行：从第 1 行 1 列开始依次进行，每取出一次，行数加上交织因子 α，并与交织矩阵的行数进行模数处理，超过交织矩阵行数时矩阵列数加 1。α 的取值同发送端交织存的规则。

（3）交织矩阵每一次取出的软信息个数，为接收端一帧用户数据解算的软信息个数，也就是一帧发送端用户数据的编码个数。比如，在 1200b/s 下，一帧的用户数据长度为 20 个码符号，调制方式为 4PSK，则在该速率下，每次交织取出要执行 40 次，从而取出 40 个软信息。

（4）接收端交织矩阵取出的数据值限制在 0～254；而发送端交织矩阵取出的数据为二进制编码数据。

取出的交织矩阵软信息对应着发送端经过卷积编码的用户数据，要恢复用户数据还要进行译码；对应卷积编码方式，常用维特比译码解决。

6.15　维特比软译码

维特比软译码

维特比译码由安德鲁·维特比(Andrew Viterbi)于1967年提出，用于数字通信链路中解卷积的噪声消除，也被称为“维特比算法”，被广泛应用于CDMA和GSM数字蜂窝网络、拨号调制解调器、卫星、深空通信和802.11无线网络中的解卷积码。维特比算法也是一种动态规划算法，用于寻找最有可能产生观测事件序列的“维特比路径-隐含状态序列”，特别是可应用在马尔可夫信息源上下文和隐马尔可夫模型中。“维特比路径”和“维特比算法”经常用于在动态规划中寻找最优解决方案。

经过维特比译码后的输出数据是最终解算估计的用户数据，也是用户数据处理的最后环节。接收到的数据符号首先经过解调器判决输出0,1码，然后再送往译码器的形式，称为“硬判决译码”，即编码信道的输出是0,1的硬判决信息。此处，输出的是用户软信息，为非标准的0,1数据，故称之为“软译码”。

维特比算法被广泛应用于通信卷积编码的解码，效果好；但随着约束长度的增加，算法的复杂度增加很快。当约束长度N为7时，要比较的路径就有64条；当约束长度为8时，要比较的路径变为128条；算法复杂度随着约束长度呈几何级数增长。所以，维特比译码一般应用在约束长度小于10的场合中。

有关维特比算法的资料也非常多，本书力求用最简明的方式来阐述。维特比算法实际上是利用动态规划理论寻找最短路径。动态规划是运筹学的一个分支，是求解决策过程最优化的数学方法，通常情况下应用于最优化的问题，一般有很多可行的解，每个解都有对应值，希望从中找到最优的答案。

下面举例说明，如图6.15.1所示，求$S \sim E$的最短路径：

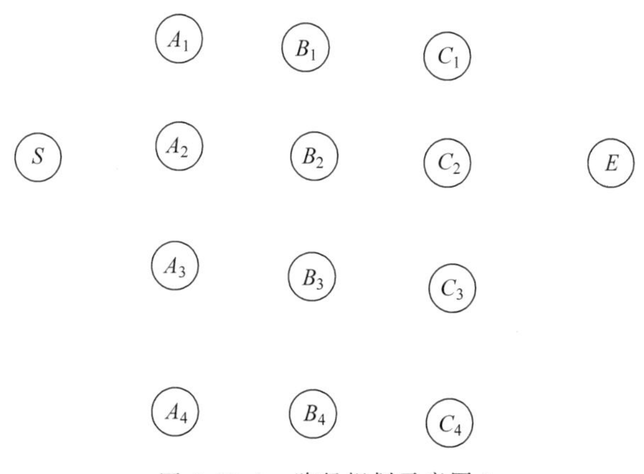

图6.15.1　路径规划示意图1

要找到$S \sim E$的最短路径，最容易想到的方法就是穷举法，也就是把所有可能的路径都列举出来。从S走向A层共有4种走法，从A层走向B层又有4种走法，从B层走向C层又有4种走法，然后从C层走向E只有一种选择，最终穷举出了$4\times4\times4=64$种可能，如图6.15.2所示。显然，这种方法是可行的；但在实际的应用当中，对于数量极其庞大的节点数和边数的图例，其计算复杂度会非常大，计算效率也随之降低，靠穷举法基本不可能实现。因此,选择适用一种基于动态规划的方式来寻找最佳路径。

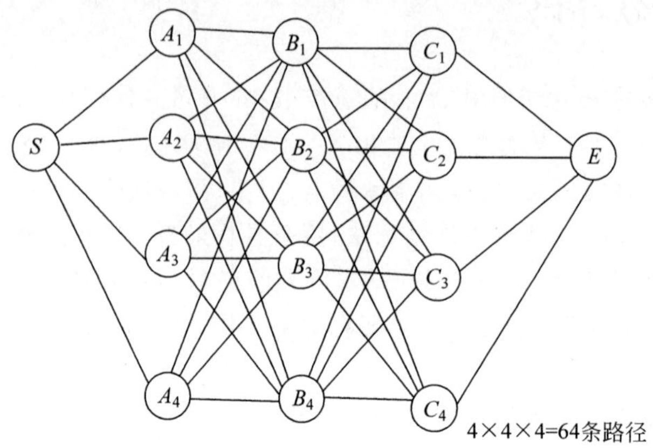

图 6.15.2 路径规划示意图 2

所谓动态规划,其核心就是"动态"的概念,把大的问题细分为多个小的问题,基于每一步的结果再去寻找下一步的策略,通过每一步走过之后的局部最优去寻找全局最优,以图 6.15.3 为例说明动态规划。

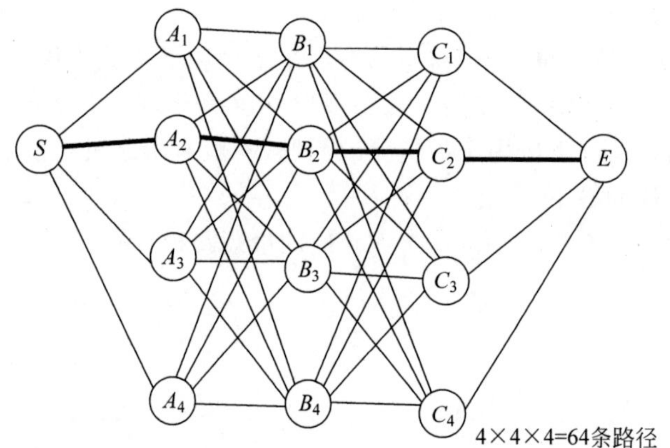

图 6.15.3 最优路径示意图

首先,假设 $S\sim E$ 存在一条最短路径,用红色标识,且这条路径经过 C_2,那么便一定能够确定从 $S\sim C_2$ 的 16 条($4\times4=16$)子路径当中,该子路经一定最短。在此采用反证法,如果 $S\sim C_2$ 存在一条更短的子路径,便可以用它来替代原先的路径,而原来的路径显然就不是最短了,这与原假设自相矛盾。

同理,也可以得出从 $S\sim B_2$ 为两点间最短子路经的结论。既然如此,计算从 S 出发到 C_2 的最短路径,是不是只要考虑从 S 出发到 B 层所有节点的最短路径就可以了?答案是肯定的!因为,从 $S\sim E$ 的"全局最短"路径必定经过这些"局部最短"子路径。这就是上文提及的通过局部最优去寻找全局最优,问题的规模被不断缩小!具体步骤如下:

步骤 1:从 S 出发。对于 A 层的所有节点(A_1,A_2,A_3,A_4),算出它们的距离 $d(S,A_1),d(S,A_2),d(S,A_3),d(S,A_4)$,因为只有一步,所以这些距离都是 S 到它们各自的最短距离。

步骤 2：对于 B 层的所有节点(B_1,B_2,B_3,B_4)，要计算 S 到它们的最短距离。对于特定的节点 B_2，从 S 到它的路径可以经过 A 层的任何一个节点(A_1,A_2,A_3,A_4)，对应的路径长就是 $d(S,B_2)=d(S,A_i)+d(A_i,B_2)$(其中，$i=1,2,3,4$)。由于 A 层有 4 个节点(i 有 4 个取值)，要一一计算，然后找到最小值，舍去其他的路径可行性。这样，对于 B 层的每个节点，都需要进行 4 次运算，而 B 层有 4 个节点，所以共有 $4\times4=16$ 次运算。

步骤 3：本步骤为此算法的核心。从步骤 2 计算得出的结果只保留 4 个最短路径值(每个节点保留一个)。那么，若从 B 层走向 C 层，该步骤的级数已经不再是 4×4，而是 4！也就是说，从 B 层到 C 层的最短路径只需要基于 B 层得出的 4 个结果来计算。这种方法一直持续到最后一个状态，这样就找到了最优化路径，即著名的维特比算法的逻辑思路。

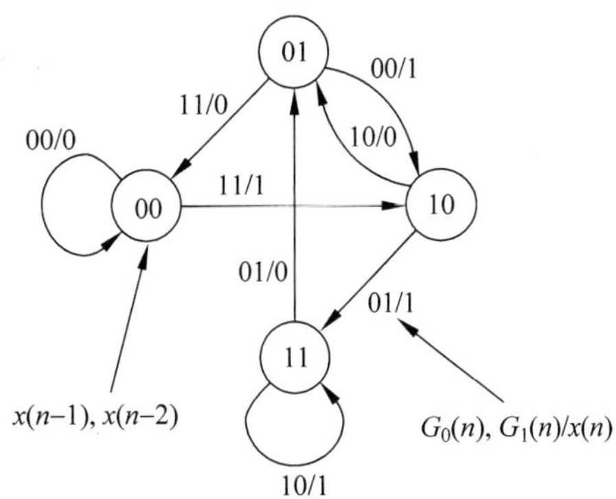

图 6.15.4　卷积矩阵的转移状态图

在介绍了维特比路径规划理论之后，再来看维特比译码器。以约束长度为 2 的卷积编码为例，编码器共有 4 个状态，在其状态转移图中，在每一个确定的节点状态输入 0 或 1 时，将输出两位编码数据，对应有 4 种可能的组合。根据状态转移图，输入 1011 0101 00 用户数据序列时，可得到如图 6.15.4 所示的状态转移图。

为便于展示，将 1 量化为 −4，0 量化为 3，则理想的软信息输出(soft decision(ideal))如图 6.15.5 所示。但在实际应用中，解算到受信道干扰的软信息(soft decision(noisy))可根据需要进一步被量化就近取整(soft decision(noisy quantized))。

在给定输入用户比特信息的情况下，根据软信息计算最小的欧氏距离：

$$\sum_{\text{all}j}[s_j(n)-g_j(n)]^2 \tag{6.15.1}$$

式中，$s_j(n)$为 j 时刻的软信息取值，为便于计算，取量化后的软信息。$g_j(n)$为编码器输出的 4 个可能状态，可以把 0 量化为 −1，1 量化为 +1，也可以是其他值，以便于计算；该值在维特比译码过程中不随约束长度变化。

欧氏距离判决示意图如图 6.15.6 所示。

由此可见，问题可转化为求解 j 时刻的最大值：

$$\sum_{\text{all}j}s_j(n)g_j(n) \tag{6.15.2}$$

由此，可以得出状量度量(state metrics)的状态转移图。在 T_0 时刻的 00 状态下，输入 1 转移到 11 状态、输入 0 转移到 00 状态，对应的度量值分别为 7 和 −7，在该状态下的转移只有上述 2 种可能。对应短波信道卷积编码，其卷积编码器的约束长度为 7，整个编码器有 128 个状态。每个状态在编码器输入 0 或 1 时，会跳转到另一个之中。比如在 110100 状态输入 1 时，会变成 101001(其实就是移位寄存器)，并且输出也是随之改变的。这里先定义幸存路径。规定 t 时刻收到的数据都要进行 64 次比较，就是 64 个状态每条路有两条分支(因为输入 0 或 1)，同时跳转到不同的两个状态中去，将相应的两条输出和实际接收到的输出比较，量度值大的被抛弃(也就是比较结果相差大的)，留下来的称为“幸存路径”。

将幸存路径加上上一时刻幸存路径的量度后保存，这样 64 条幸存路径就往前叠加了一

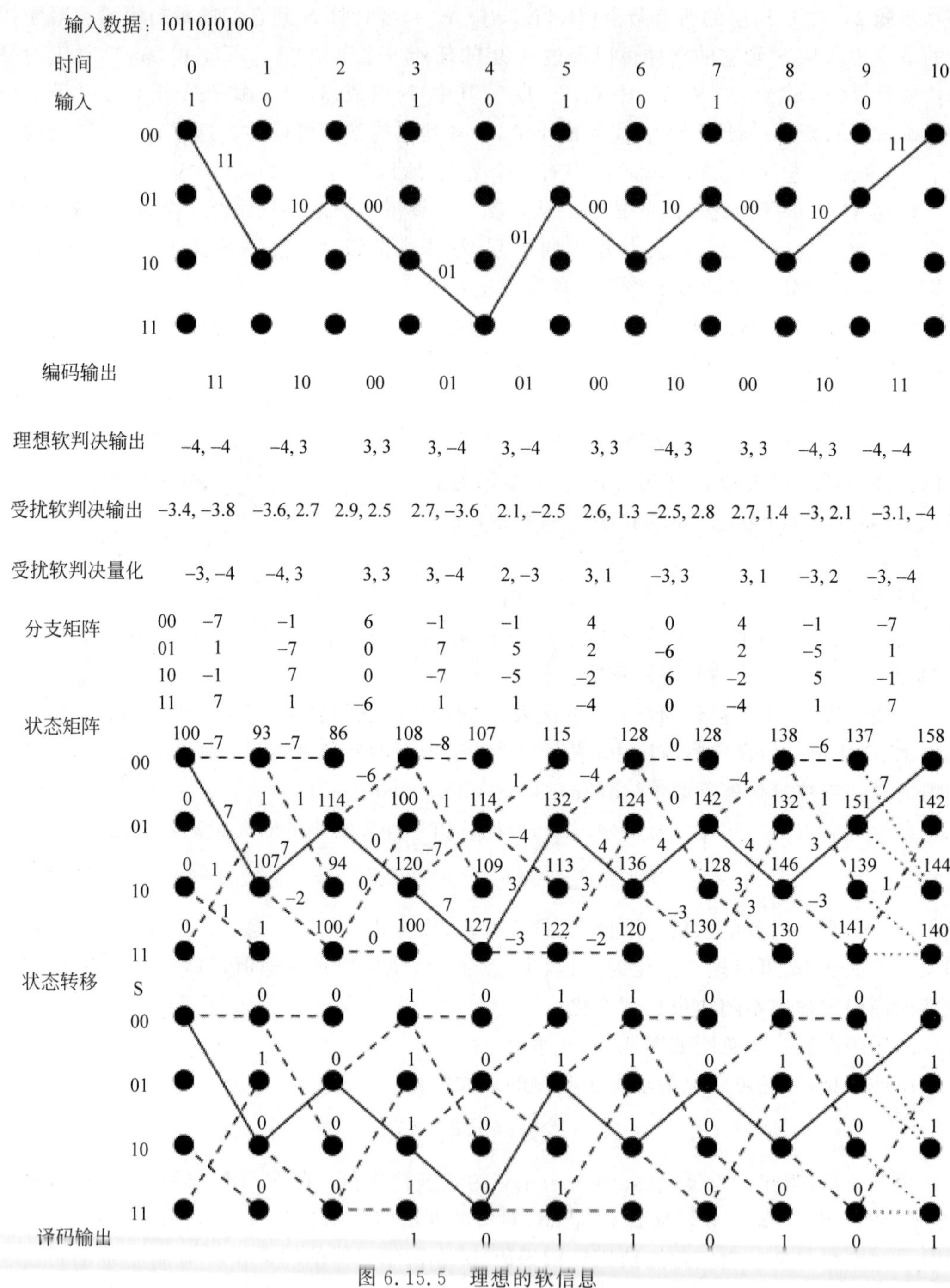

图 6.15.5 理想的软信息

步。在译码结束时，从 64 条幸存路径中选出一条量度最小的，反推出这条幸存路径(该过程称为“回溯”)，得出相应的译码输出。

根据短波基带数据编码表 6.15.1 可以看出，在用户数据率为 300b/s 和 150b/s 时，编码效率分别为 1/4 和 1/8，这样在这两个数据率下，解算的软信息将先进行平均处理，生成与编码相对应的 2 个软信息。

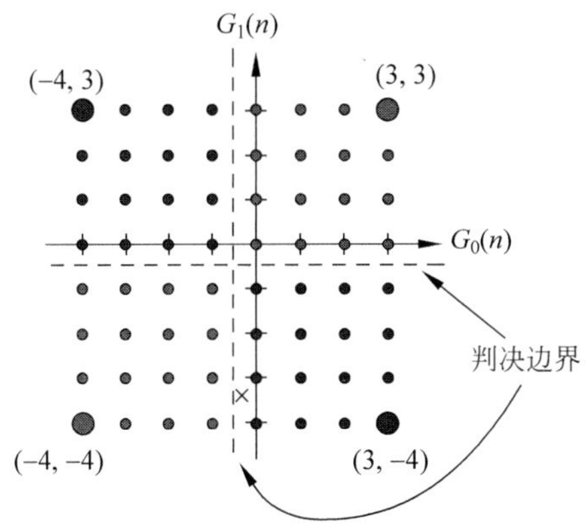

图 6.15.6　欧氏距离判决示意图(后附彩图)

表 6.15.1　短波调制解调器编码参数设置表

用户数据率/(b/s)	编码效率	实 现 方 式	映射信道速率/(b/s)
4800	不编码	不编码	4800
2400	1/2	码率 1/2 编码	4800
1200	1/2	码率 1/2 编码	2400
600	1/2	码率 1/2 编码	1200
300	1/4	码率 1/2 编码,重复两次	1200
150	1/8	码率 1/2 编码,重复四次	1200
75	1/2	码率 1/2 编码	150

根据其转移的量化值,取最大值为当前状态的幸存路径。对约束长度为 7 的卷积编码器,在某一时刻则共有 128 个状态,对应输入 0 或者 1,根据当前软信息可以得到 128 个求解值;为了便于数据处理,分别将输入 0 得到的幸存路径聚合在一起、输入 1 得到的幸存路径聚合在一起。在每一个 T 时刻,重复上述过程,则可以形成每一个分支节点的幸存路径表,从而可以形成一张大的状态数表。对约束长度为 7 的卷积编码器,每一次软信息输入都可以计算出 64 条幸存路径。其幸存路径和度量矩阵分别如图 6.15.7 所示[73]。

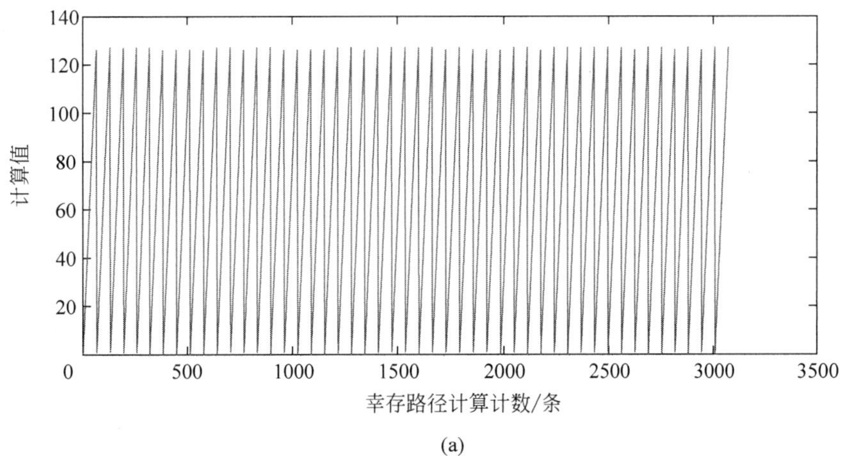

图 6.15.7　幸存路径及度量矩阵

(a) 幸存路径图;(b) 度量矩阵图

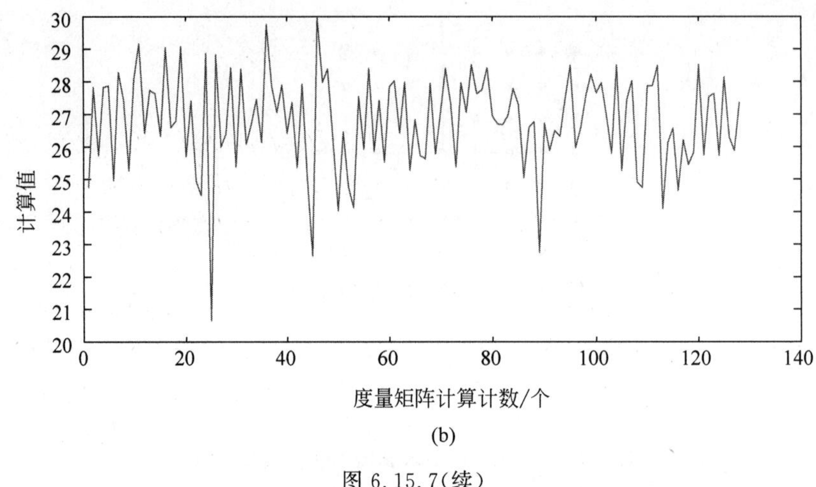

(b)

图 6.15.7(续)

下面进行回溯,即选取一定的译码深度确保在译码深度范围内全局最优。对约束长度为 7 的卷积编码器,选定特定的译码深度,即可读取出输出数据;也就是在译码的幸存路径表中回溯 48 个状态,观测当前是输入 0 还是 1 后留下的幸存路径,从而判断译码输出为 0 或者 1。

维特比译码程序参见附录 20。此时判断输出的 0 或 1 即估计的用户数据,直接输出即可。至此,用户数据的全部处理过程已完成,估计的用户数据已输出。

6.16 通信结束的判断

通信结束的判断

通过上文的分析,已经得出用户的译码数据,但仍有两个问题值得关注:

(1) 如何判断通信已经结束,停止程序运行呢? 程序不能永远一直跑下去,原因在 6.11 节已经介绍。

(2) 从数据交织矩阵可以看出,译码要延迟一个交织矩阵块,且交织块内的数据,会被作为有效数据正常译码。但用户数据往往不足以填充完一个交织矩阵,后续夹杂着很多填充数据,那么,如何分辨哪些是用户数据、哪些是填充数据,并将用户数据有效输出呢?

首先分析第一个问题:

(1) 当信道没有有效发送数据进入时,信道均衡和信道跟踪会失效,利用信道跟踪状态进行多普勒频移估计,估算的多普勒频移值也会失效,此时多普勒频移会发生急剧变化,可以将该特性作为程序终止的条件之一;如图 6.16.1 所示,当采集数据中没有有效发送数据时,载波跟踪结果会失效、算法会发散。

(2) 当信道没有有效发送数据进入时,信道均衡和信道跟踪会失效,显然信道均衡的结果也会失效,这是当前维特比软译码的度量值无效,可以利用该特性,作为程序终止的条件之二;如图 6.16.2 所示,维特比的度量矩阵在正常处理用户数据时,度量矩阵会动态变化,在无有效用户数据时,度量矩阵呈现阶梯型增加没有变化特征,度量值无效。

再分析第二个问题,如何输出有效的用户数据呢? 之所以提出这个问题,是因为交织矩

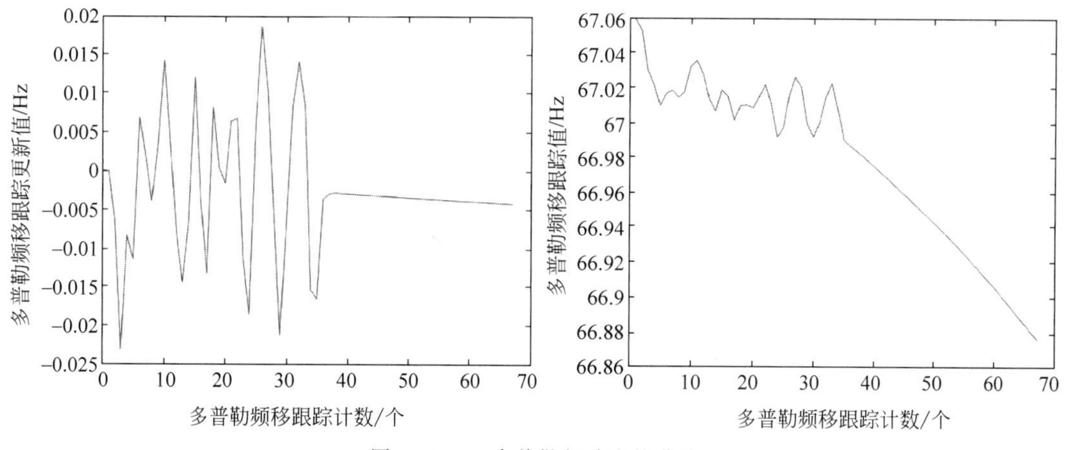

图 6.16.1　多普勒频移变换曲线

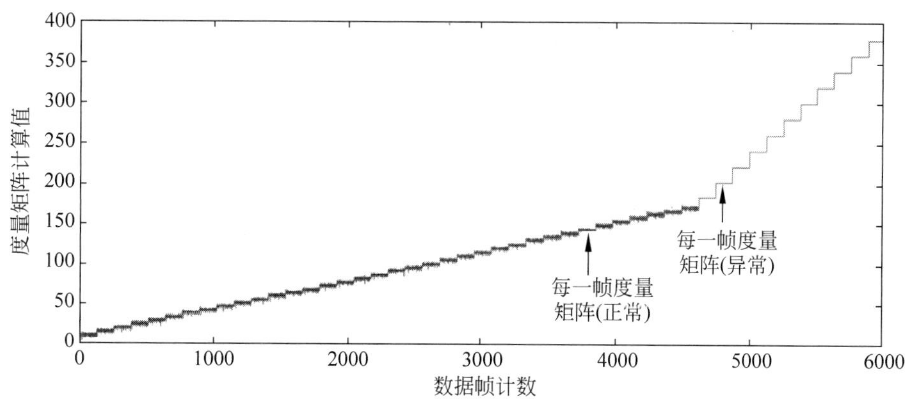

图 6.16.2　度量矩阵变换曲线

阵需要填满，而用户数据正好填满一个交织矩阵的概率很小，往往需要填充很多的 0 数据。对于接收端而言，哪些是用户数据、哪些是填充数据是未知的。为此，在用户数据发送完毕后，再发送若干字节的特定符号作为用户数据的结束符。比如设定结束符号为 151/246/32/79，也可以是其他数据或更长的数据，维特比译码数据为比特数据，还应该按照位数组合成字节数据再输出，当接收端检测到连续的 4 个数以上后，即认为用户数据已经接收完毕，之后的解调数据为填充数据不做输出，以免对接收端造成干扰。

通过以上方式的数据处理，可以对用户数据是否发送完毕做出判断，及时终止接收数据处理程序的运行，使接收端进入侦听状态，检测下一次猝发通信的同步。至此，接收端信号的处理方法全部介绍完毕。

第 7 章

通信保密

通信保密

短波基带信号处理作为航空短波数据通信的性能提升、保密数字通信的核心模块，一直是研究的重点和难点。开放式的无线电波传输，通信保密是军事及商业通信关注的重点问题。一般分为两个层次加密：一是信源加密，即按照加密规则，对用户输入的数据进行信源加密，在接收端完成解密。军事短波航空通信中常见的保密密码机的加密方式就是这一类型。二是信号处理加密。通过上文的分析可知，短波接收端的信号处理需要严格参照发送端信号规程，否则就难以联通。理论上，发送端的编码、交织、同步、训练序列、子载波等环节的信号处理方式不严格按照信号处理规程执行，都可能形成独有的通信加密模式。不同厂家的短波产品不能互联互通，很有可能是以上一个或多个信号处理环节进行了个性化定制。但是，标准的信号规程毕竟是经过无数科研工作者和工程实践的经验得出的，某些环节的局部调整会造成全局信号处理的调整或通信性能下降。因此，在工程实践中，常见的信号处理加密方式主要是编码方式加密（生成函数的调整）和子载波频点调整（非标准的 1800Hz 子载波）。

在进行远距离无线通信时，往往在模拟仿真时一切正常，但经过短波电台进行实际电路传输时却解调不出数据，这究竟是什么原因造成的呢？因为电台的模拟电路，尤其是功率放大器模块，需要通过通道信号进行功率激励，需要一定的时间周期才能达到预设功率值，射频对外辐射的功率有一个逐步上升的过程。为此，在发送同步信息之前，应该发送一段无关的数据信息，如单音信号等，来激励电台的功率放大器的正常工作状态，再开始发送同步和用户等信息。试想，如果没有功率激励这一过程，一开始就发送用户同步信息，可能导致包含同步信息的射频功率不足、信号在无线空间难以有效辐射，导致接收端同步信息强度很弱，无法正常检测到系统的同步状态，自然也就无法有效解调用户数据信息。

参考文献

[1] 李高.短波数据通信调制解调器研究[D].哈尔滨：哈尔滨工程大学，2003.

[2] 沈琪琪，朱德生.短波通信[M].西安：西安电子科技大学出版社，1989.

[3] 丛蓉，孙剑平，李恺.频率管理系统在短波通信中的应用研究[J].系统工程与电子技术，2003(10)：58-60.

[4] 王元坤.电波传播概论[M].北京：国防工业出版社，1984.

[5] ANTONIOU S，CHRISTOFI L，GREEN P R，et al. High rate data transmission in the mid-latitude NVIS(near vertical incidence sky wave) HF channel[J]. IEE Proceedings - Communications，2006，153(2)：272-278.

[6] 张朝柱.海上近距短波通信系统技术研究[D].哈尔滨：哈尔滨工程大学，2002.

[7] 中国人民解放军总装备部军事训练教材编辑工作委员会.试验通信概论[M].北京：国防工业出版社，2002.

[8] 李双田.单音串行 HF MODEM 的研究与实现[D].北京：中国科学院声学研究所，1997.

[9] 刘伟，张海林，刘增基.基于 OFDM 的宽带短波数据调制解调器的设计[J].系统工程于电子技术，2003，25(12)：1565-1568.

[10] 江韬，朱晓明，金力军.短波极低信噪比条件下的数据传输技术[J].无线电工程，2003(8)：40-42.

[11] 张辉.高频信道自适应信号检测技术的研究与应用[D].西安：西安电子科技大学，1999.

[12] 李双田，李昌立，莫福源.单音串行 HF Modem 的研究及 DSP 实现[J].通信学报.1996(4)：80-86.

[13] GERSHO A. Adaptive equalization of highly dispersive channels for data transmission[J]. Bell System Technical Journal，1969，48(1)：55-70.

[14] GODARD D N. Channele qualization using a kalman filter for fast data transmission[J] IBM Journal of Research and Development，1974(18)：267-273.

[15] VITERBI A J. An intuitive justification and a simplified implementation of the MAP decoder for convolutional codes[J]. IEEE Journal on Selected Areas in Communications，2006，16(2)：260-264.

[16] DOILLARD，JEZEQUEL M，BERRO C，et al. Iterative correction of intersymbol interference：Turbo equalization[J]. European Transactions on Telecommunications，1995，10：507-511.

[17] KENNDEY R A，DING A. Blind adaptive equalizers for quadrature amplitude modulated communication systems based on convex cost function[J]. Optical Engineering，1992，31(6)：1189-1199.

[18] Interoperability and performance standards for data modems. MIL-STD-188-110B[S]. Washington D. C.：U. S. Department of Defence，2000.

[19] 国家科学技术工业委员会.高频 2400b/s 数据通信规范 GJB2826-1997[S].北京：中国电子技术标准化研究院，1997：12.

[20] WATTERSON C，JUROSHEK J，BENSEMA W. Experimental confirmation of an HF channel model[J]. IEEE Transaction Communications Technology，1970，18(6)：275-277.

[21] HF ionospheric channel simulators[R]，Report 549-2，Recommendations and Reports of the CCIR，1986，III：59-67.

[22] Use of high frequencv ionospheric channel simulators[R]，Recommendation 520-1，Recommendations and Reports of the CCIR，1986，III：57-58.

[23] 李丁山，杨莘元，杨平.基于 Watterson 模型短波信道仿真算法[J].系统工程与电子技术，2004，26

(011)：1558-1560.

[24] SHEPHERD R A，LOMAX J B. Frequency spread in ionospheric radio propagation[J]. IEEE Transactions on Communication Technology，2003，15(2)：268-275.

[25] GOODMAN J. HF communication：Science and technology[M]. New York：Van Nostrand Reinhold，1992.

[26] DAVIES K. The measurement of ionospheric drifts by means of doppler shift technique[J]. Journal of Geophysical Research-Atomospheres，1962，67：4909-4913.

[27] SHAVER H N，TUPPER B C，LOMAX J B. Evaluation of a Gaussian HF channel model[J]. IEEE Transactions on Communication Technology，2003，15(1)：79-88.

[28] WHEATLEY M，AE4JY. PathSim user and technical guide，Ver 1. 0. 2000[EB/OL]. [2021-02-20]. https://wenku. baidu. com/view/18e95320dd36a32d7375815d. html.

[29] HAYKIN S. Adaptive filter theory[M]. 4th ed. 北京：电子工业出版社，2002.

[30] TRANTER W H，SHANMUGAN K S，RAPPAPORT T S，et al. 通信系统仿真原理与无线应用[M]. 肖明波，杨松光，许芳，等译. 北京：机械工业出版社，2005.

[31] 朱洪亮，葛临东，刘世刚. 新型短波窄带接收机射频前端的设计与实现[J]. 信息工程大学学报，2006(2)：182-185.

[32] 李夏，李建东，栾英姿. 移动信道信噪比估计方法[J]. 西安电子科技大学学报(自然科学版)，2001，28(6)：820-823.

[33] TUFTS D W. Nyquist's problem-the joint optimization of transmitter and receiver in pulse amplitude modulation[J]. Proceedings of IEEE，1965. 53(3)：248-260.

[34] FORNEY G D，Jr. Maximum-likelihood sequence estimation of digital sequences in the presence of intersymbol interference[J]. IEEE Transactions on Information Theory，2003，18(3)：363-378.

[35] FORNEY G D. The viterbi algorithm[J]. Proceedings of IEEE，1993，61：268-278.

[36] CHANG R W，HANCOCK J C. On receiver structures for channels having memory[J]. IEEE Transactions on Information Theory，1966，12(4)：463-468.

[37] AUSTIN M. Decision-feedback equalization for digital communication over dispersive channels[R]. Lexingtion：MIT Lincoln Laboratory，1967.

[38] BAUCH G，FRANZ V. A comparison of soft-in/soft-out algorithms for turbo-detection[C]//Proceeings of International Conference on Telecommunications. [S. l. ：s. n.]：1998.

[39] MAGNIEZ P，DUHAMEL P，ROUMY A. Turbo-equalization applied to trellis-coded-modulation[C]//Vehicular Technology Conference. Piscataway：IEEE Press，1999.

[40] 李晓陆. 基于自适应技术的短波信道均衡[J]. 舰船电子工程，2010(11)：92-98.

[41] BRADY D M. An adaptive coherent diversity receiver for data transmission through dispersive media[C]//Conference Recond of IEEE International Conference on Communications. [S. l. ：s. n.]，1970：21-40.

[42] UNGERBOECK G. Fractional tap-spacing equalizer and consequences for clock recovery in data modems[J]. IEEE Transactions on Communications，1976，24(8)：856-864.

[43] QURESHI S U，FORNEY G D，Jr. Performance and properties of a $T/2$ equalizer[C]//Nature Telecommunications Conference Record. [S. l. ：s. n.]，1977，12：1-14.

[44] GITLIN R D，WEINSTEIN S B. Fractionally-spaced equalization：An improved digital Transversal Equalizer[J]. Bell System Technical Journal，1981，60(2)：275-296.

[45] PROAKIS J G. Digital communication[M]. 张力军，译. 4th ed. 北京：电子工业出版社，2003.

[46] YONGDE W，XIAOZHONG P. A decision feedback equalizer for non-linear channels[J]. Journal of Electronics，1995(12)：353-358.

[47] 江森. Turbo 原理在信道调制、均衡中的应用研究[D]. 武汉：武汉大学，2004.

[48] 罗天放. 通信系统中的 Turbo 码及 Turbo 均衡问题研究[D]. 哈尔滨：哈尔滨工程大学，2003.

[49] 江森,孙洪,李坪.一种新颖的用于 Turbo 均衡的均衡器[J].通信学报,2003(12):9-15.

[50] SATO Y. A method of self-recovering equalization for multiple amplitude modulation schemes[J]. IEEE Transactions on Communication,1975,23:679-682.

[51] 陈雪冰.数据引导均衡算法研究及单音串行 HF MODEM 的实现[D].南京:解放军理工大学,2004.

[52] 邹谋炎.反卷积和信号复原[M].北京:国防工业出版社,2001.

[53] MCLAUGHLIN S,MULGREW B,COWAN C F. Performance comparison of least squares and least mean squares algorithms as HF channel estimators [C]//Acoustics,Speech,and Signal Processing, IEEE International Conference on ICASSP. Piscataway: IEEE Press,1987.

[54] KALEH G K. Channel equalization for block transmission systems [J]. IEEE Journal on Selected Areas in Communications,1995,13(1):110-121.

[55] CROZIER S N,FALCONER D D,MAHMOUD S A. Least sum of squared errors (LSSE) channel estimation[J]. Radar & Signal Processing IEE Proceedings,1991,138(4):371-378.

[56] LEVINSON N. The Weiner rms error criterion in filter design and prediction[J]. Journal of mathematical physics,1946,25:261-278.

[57] WESTLAKE J. A Handbook of numerical matrix inversion and solution of linear equations[M]. New York: Wiley & Sons,1968.

[58] UNGERBOECK G. Adaptive maximum-likelihood receiver for carriermodulated data-transmission systems[J]. IEEE Transactions on Communications,1974,22(5):624-636.

[59] LORENZ R W. Impact of frequency-selective fading on digital land mobile radio communication at transmission rates of several hundred Kb/s[J]. IEEE Transactions on Vehicular Technology,2013, 36(3):122-128.

[60] 张贤达.矩阵分析与应用[M].北京:清华大学出版社,2004.

[61] 马建仓.盲信号处理[M].北京:国防工业出版社,2006.

[62] WIDROW B, MCCOOL J M, LARIMORE M G, et al. Stationary and nonstationary learning characteristics of the LMS adaptive filter[J]. Proceedings of the IEEE,1976,64(8):1151-1162.

[63] CARAYANNIS G, KALOUPTSIDIS, MANOLAKIS N. Fast recursive algorithms for a class of linear equations[J]. IEEE Transactions on Acoustics Speech and Signal Processing,1982,30(2): 227-239.

[64] CARAYANNIS G, MANOLAKIS N, KALOUPTSIDIS N. A fast sequential algorithm for least squares filtering and predicition[J]. IEEE Transactions on Acoustics Speech and Signal Processing, 1983,31(6):1394-1402.

[65] WIDROW B,HOFF M E. Adaptive,Switching,Circuits[M]. Cambridge: MIT Press,1960.

[66] 李春宇,张晓林.基于 LMS 算法的多点滑动 DFT 方法[J].电子学报,2010,38(10):2423-2425.

[67] 曾召华,刘贵忠,赵建平. LMS 和归一化 LMS 算法收敛门限与步长的确定[J].电子与信息学报, 2003,1:169-1474.

[68] 李静.自适应判决反馈均衡器参数对性能影响的研究[D].天津:天津大学,2008.

[69] 许华,樊龙飞,郑辉.一种精确的 QPSK 信号信噪比估计算法[J].通信学报,2004,(2):55-60.

[70] 蒋政波,洪伟,刘进,等.基于数据辅助的 AWGN 信道下 QPSK 信号信噪比估计[J].通信学报, 2008,29(006):119-125.

[71] 曹丽芳.三阶全数字锁相环技术研究与 FPGA 设计[D].西安:西安电子科技大学,2015.

[72] 王磊,徐大专,张小飞.高阶 PSK 调制的比特软信息简化计算方法[J].中国科学:信息科学,2012, 42(6):663-673.

[73] Yundanfengqing_nuc. Viterbi 译码及 Matlab 代码(二)[EB/OL].[2017-04-21]. https://blog.csdn.net/zhouxuanyuye/article/details/78278292.html.

附　　录

附录 1　发送端卷积编码程序

```
function [data_out encoder_state] = encoder(data_in,encoder_state)
%%% 此处使用 Viterbi_table 来进行(2,1,7)卷积编码   %%%
%%% 卷积编码多项式固定为 1,1,0,1,1,0,1 和 1,0,0,1,1,1,1     %%%%
%%% 采用查表方式,避免二进制数据运算,viterbi_table 是 0～127 自然排序,输入到编码器后的输
出数据 %%%%,为全局变量
%%% encoder_state 为卷积编码器初始状态,6 个元素的数组,卷积编码器初始状态为 0 0 0 0 0 0
0 %%%%
%%% 参数说明:data_in 为输入的一个比特数据,encoder_state 为当前卷积编码器状态 %%%%%
viterbi_table(1,1:32)  = [0,3,1,2,3,0,2,1,2,1,3,0,1,2,0,3,2,1,3,0,1,2,0,3,0,3,1,2,3,0,2,1];
viterbi_table(1,33:64) = [1,2,0,3,2,1,3,0,3,0,2,1,0,3,1,2,3,0,2,1,0,3,1,2,1,2,0,3,2,1,3,0];
viterbi_table(1,65:96) =  [3,0,2,1,0,3,1,2,1,2,0,3,2,1,3,0,1,2,0,3,2,1,3,0,3,0,2,1,0,3,1,2];
viterbi_table(1,97:128) = [2,1,3,0,1,2,0,3,0,3,1,2,3,0,2,1,0,3,1,2,3,0,2,1,2,1,3,0,1,2,0,3];

    data_encode = [];
        for k = 1:6
           encoder_state(k) = encoder_state(k + 1);
        cnd
         encoder_state(7) = data_in;
         temp = 0;
        for k = 1:7
            % temp = temp + encoder_state(k) * 2^(K - k);
           temp = temp + encoder_state(k) * 2^(k - 1);
        end
          temp = viterbi_table(temp + 1);
         switch temp
             case 0,data_out = [0 0];
             case 1,data_out = [1 0];
             case 2,data_out = [0 1];
             otherwise data_out = [1 1];
         end
return;
```

附录 2　发送端数据交织存程序代码

```
furction[interleave_matrix tx_interleave_store_rowtx_interleave_store_col] = tx_interleave_
store(interleave matrix,data_encode,ROW ,COL ,tx_interleave_store_row,tx_interleave_store_
col,advaced_data)
%%%%%% 功能说明:发送端对发送数据按照比特存入交织矩阵;
%%%%%%   interleave_matrix: 当前存放数据的、完整的交织矩阵;
%%%%%%   data_encode: 编码器输出数据,其长度刚好为一帧发送数据的长度;
```

```
%%%%%%   ROW:交织矩阵的行数;
%%%%%%   COL: 交织矩阵的列数;
%%%%%%   tx_interleave_store_row: 交织矩阵当前存放时数据的行位置;
%%%%%%   tx_interleave_store_col: 交织矩阵当前存放时数据的列位置;
%%%%%%   advaced_data:行值每次增加的数据,在 75b/s 时该值为 7,反之为 9;
for i = 1:length(data_encode)
    k1 = tx_interleave_store_row * ceil(COL/32) + ceil((tx_interleave_store_col + 1)/32);
    %%%% matlab 矩阵系数从 1 开始计数;根据当前交织矩阵规模,计算当前比特应该存放的字的序号;
    k2 = mod(tx_interleave_store_col,32);
    %%%% 计算当前比特存放的字的序号,0~31;
    temp = interleave_matrix(k1);
    %%%% 取当前字;
    temp = bitor(temp,bitshift(data_encode(i),k2));
    %%%% 把当前比特存入到当前字中;
    interleave_matrix(k1) = temp;


    tx_interleave_store_row = tx_interleave_store_row + advaced_data;
    if tx_interleave_store_row == ROW
%%%% 当当前行号为 ROW 时,表示当前列数据填充满;
        tx_interleave_store_col = tx_interleave_store_col + 1;
%%%% 列号增加 1,当列号等于 COL,且行号为 ROW 时,表示当前矩阵填充满,因此无须判断列的状态;
         if tx_interleave_store_col == COL
            tx_interleave_store_col = 0;
         end
    end

    if tx_interleave_store_row >= ROW
        tx_interleave_store_row = tx_interleave_store_row - ROW;
    end
end
return
```

附录 3　发送端数据交织取和格雷编码程序代码

```
function [transmit_data_buffer tx_interleave_get_row tx_interleave_get_col Tx_fetch_col_
reg] = tx_interleave_get(interleave_matrix,fetch_data_num,ROW ,COL,tx_inter leave_get_row,
tx_interleave_get_col,advaced_fetch_data,rate,Tx_fetch_col_reg,moedm_mode_flag)
%%%%%   功能:发送端按照比特从交织矩阵取出数据,并组合成发送码符号进行格雷编码;
%%%%%   interleave_matrix: 当前存放数据的、完整的交织矩阵;
%%%%%   fetch_data_num: 需要取的用户数据码符号数,记住: 与其调制深度有关系!
%%%%%   ROW:交织矩阵的行数;
%%%%%   COL: 交织矩阵的列数;
%%%%%   tx_interleave_get_row: 交织矩阵当前存放时数据的行位置;
%%%%%   tx_interleave_get_col: 交织矩阵当前存放时数据的列位置;
%%%%%   advaced_data:行值每次增加的数据,75b/s 时该值为 7,反之为 17;
%%%%%   rate:用户数据率,影响到每一个码符号所需要的比特数;
%%%%%   Tx_fetch_col_reg: 交织取数据状态寄存器;
GRAY_CODE = [0,1,3,2,7,6,4,5]; %%%% 八进制数据对应格雷编码;
```

```
K = 1; %%%%% 每一个码符号所需要的比特数;
if (rate == 2)||((rate == 6)&&(moedm_mode_flag == 0))
%%% 1200,标准模式 75(四进制数据进行映射 0004444 映射) -- 4PSK
    K = 2;
end

if (rate < 2) %%% 600\300\150\75 -- BPSK
    K = 3;
end

for i = 1:fetch_data_num
    temp = 0;
    for k = 1:K   %%% 取 K 位比特构成一个发送数据码符号;
      k1 = tx_interleave_get_row * ceil(COL/32) + ceil((tx_interleave_get_col + 1)/32);
%%%% 根据当前交织矩阵规模,计算当前比特应该存放的字的序号;
      k2 = mod(tx_interleave_get_col,32);
     %%%% 计算当前比特存放的字内的序号,0～31;
      bit = interleave_matrix(k1);              %%%% 取当前比特
      bit = bitand(bitshift(bit, - 1 * k2),1); %%%% 取当前比特
      temp = bitor(bitshift(temp,1),bit);      % 先取的比特为高位,后取的比特为低位

     tx_interleave_get_row = tx_interleave_get_row + 1;
     tx_interleave_get_col = tx_interleave_get_col - advaced_fetch_data;
     if tx_interleave_get_col < 0
        tx_interleave_get_col = tx_interleave_get_col + COL;
     end

     if tx_interleave_get_row == ROW
         tx_interleave_get_row = 0;
         Tx_fetch_col_reg = Tx_fetch_col_reg + 1;
         if Tx_fetch_col_reg == COL
             Tx_fetch_col_reg = 0;
         end
         tx_interleave_get_col = Tx_fetch_col_reg;
     end
    end
    % transmit_data_buffer(i) = GRAY_CODE(bitshift(temp,3 - K) + 1);
                                          %%%% 取格雷码,2 位比特为一组时乘以 2,1 位时乘以 4;
   % if rate < 6
      transmit_data_buffer(i) = GRAY_CODE(temp + 1) * 2^(3 - K);
%%%% 取格雷码,2 位比特为一组时乘以 2,1 位时乘以 4;
end

return
```

附录 4　发送端扰码程序实现代码

```
function [transmit_data_buffer scramble_state scramble_data_count] = scrambler(transmit_data_
buffer,scramble_state,scramble_data_count)
```

```
%%%% 功能:对发送的用户数据和训练序列加扰;
%%%%  transmit_data_buffer:需要加扰的八进制数据;
%%%%  scramble_state:扰码生成数据的移位寄存器当前状态;为一个整数,初始值为十六进制数据 0bad,即 2989;
%%%%  scramble_data_count:扰码数据计数,当该值为 160 时,scramble_state 恢复到初始状态;
r3 = scramble_state;
for i = 1:length(transmit_data_buffer)
  for k = 1:8
    if (bitand(r3,2048) ~ = 0)   %%%% 800h
        r0 = 83;
    else
        r0 = 0;
    end
    r3 = bitand(r3 * 2,4095);
    r3 = bitxor(r3,r0);
  end
  transmit_data_buffer(i) = bitand(transmit_data_buffer(i) + bitand(r3,7),7);
  scramble_data_count = scramble_data_count + 1;
  if (scramble_data_count == 160)
      scramble_data_count = 0;
      r3 = 2989;
  end
end
scramble_state = r3;
return
```

附录 5 脉冲成型滤波器程序代码

```
function [out fir_data sub_carrier_ptr] = shape_moder(fir_data,data_in,sub_carrier_ptr);
%%%%%% 功能:该函数实现脉冲成型和 1800Hz 子载波调制,输入一帧数据,输出(4×帧长度)个数据;脉冲成型滤波器为长度是 25 阶的滤波器,中间含有 6 个 0 符号,发送信号采用内插 0 的方式,进行上采样,结合脉冲成型滤波器和上采样数据中有零值的特性.
%%%%%  SHAPE_FIR--- 脉冲成型滤波器;
%%%%%  sub_carrier_ptr 子载波时间计数;
%%%%%  COS_TABLE,SIN_TABLE,1800Hz 信号系数表;
SHAPE_FIR = [0.0326924295389569,0.0285773386811520, - 0.0110431517472861,
- 0.0676239087233083, - 0.0943749379408993, - 0.0423713553421698,0.103499656396998,
0.304074992076659,0.478859341982669,0.548156158012548,0.478859341982669,
0.304074992076659,0.103499656396998, - 0.0423713553421698, - 0.0943749379408993,
- 0.0676239087233083,  0.0110431517472861,0.0285773386811520,0.0326924295389569];
COS_TABLE(1,1:20) = [1.0 0.99879497 0.99518496 0.98917699 0.98078495 0.97003096 0.95694
0.941544 0.92387998 0.90398896 0.88192099 0.85772896 0.83146995 0.80320799 0.77300996
0.74095094 0.70710695 0.67155898 0.63439298 0.59569895];
COS_TABLE(1,21:40) = [0.55556995 0.514103 0.47139698 0.42755499 0.38268298 0.33688998
0.29028499 0.24297999 0.19509 0.14672999 0.098017 0.049067996  - 4.3711388E - 008
- 0.049067996  - 0.098017  - 0.14673099  - 0.19509  - 0.24297999  - 0.29028499  - 0.33688998];
COS_TABLE(1,41:60) = [ - 0.38268399  - 0.42755499  - 0.47139698  - 0.514103  - 0.55556995
- 0.59569895  - 0.63439298  - 0.67155898  - 0.70710695  - 0.74095094  - 0.77300996  - 0.80320799
```

```
- 0.83146995 - 0.85772896 - 0.88192099 - 0.90398896 - 0.92387998 - 0.941544 - 0.95694
- 0.97003096];
COS_TABLE(1,61:80) = [ - 0.98078495 - 0.98917699 - 0.99518496 - 0.99879497 - 1.0
- 0.99879497 - 0.99518496 - 0.98917699 - 0.98078495 - 0.97003096 - 0.95694 - 0.941544
- 0.92387998 - 0.90398896 - 0.88192099 - 0.85772896 - 0.83146995 - 0.80320799
- 0.77300996 - 0.74095094];
COS_TABLE(1,81:100) = [ - 0.70710695 - 0.67155898 - 0.63439298 - 0.59569895 - 0.55556995
- 0.514103 - 0.47139698 - 0.42755499 - 0.38268298 - 0.33688998 - 0.29028499 - 0.24297999
- 0.19509 - 0.14672999 - 0.098017 - 0.049066998 1.192488E - 008 0.049067996 0.098017
0.14672999];
COS_TABLE(1,101:120) = [0.19509 0.24297999 0.29028499 0.33688998 0.38268399 0.42755499
0.47139698 0.514103 0.55556995 0.59569895 0.63439298 0.67155898 0.70710695 0.74095094
0.77301097 0.80320799 0.83146995 0.85772896 0.88192099 0.90398896];
COS_TABLE(1,121:128) = [0.92387998 0.941544 0.95694 0.97003096 0.98078495 0.98917699
0.99518496 0.99879497];

SIN_TABLE(1,1:20) = [0.0 0.049067996 0.098017 0.14672999 0.19509 0.24297999 0.29028499
0.33688998 0.38268298 0.42755499 0.47139698 0.514103 0.55556995 0.59569895 0.63439298
0.67155898 0.70710695 0.74095094 0.77300996 0.80320799];
SIN_TABLE(1,21:40) = [0.83146995 0.85772896 0.88192099 0.90398896 0.92387998 0.941544
0.95694 0.97003096 0.98078495 0.98917699 0.99518496 0.99879497 1.0 0.99879497 0.99518496
0.98917699 0.98078495 0.97003096 0.95694 0.941544 ];
SIN_TABLE(1,41:60) = [0.92387998 0.90398896 0.88192099 0.85772896 0.83146995 0.80320799
0.77300996 0.74095094 0.70710695 0.67155898 0.63439298 0.59569895 0.55556995 0.514103
0.47139698 0.42755499 0.38268298 0.33688998 0.29028499 0.24297999 ];
SIN_TABLE(1,61:80) = [0.19509 0.14672999 0.098017 0.049066998 - 8.7422777E - 008
- 0.049067996 - 0.098017 - 0.14672999 - 0.19509 - 0.24297999 - 0.29028499 - 0.33688998
- 0.38268298 - 0.42755499 - 0.47139698 - 0.514103 - 0.55556995 - 0.59569895 - 0.63439298
- 0.67155898 ];
SIN_TABLE(1,81:100) = [ - 0.70710695 - 0.74095094 - 0.77300996 - 0.80320799 - 0.83146995
- 0.85772896 - 0.88192099 - 0.90398896 - 0.92387998 - 0.941544 - 0.95694 - 0.97003096
- 0.98078495 - 0.98917699 - 0.99518496 - 0.99879497 - 1.0 - 0.99879497 - 0.99518496
- 0.98917699];
SIN_TABLE(1,101:120) = [ - 0.98078495 - 0.97003096 - 0.95694 - 0.941544 - 0.92387897
- 0.90398896 - 0.88192099 - 0.85772896 - 0.831469 - 0.80320799 - 0.77300996 - 0.74095094
- 0.70710695 - 0.67155898 - 0.63439298 - 0.59569895 - 0.55556995 - 0.514103 - 0.47139698
- 0.42755499 ];
SIN_TABLE(1,121:128) = [ - 0.38268298 - 0.33688998 - 0.29028398 - 0.24297999 - 0.19509
- 0.14672999 - 0.098017 - 0.049067996];

out = [];
for p = 1:length(data_in)
  for i = 1:length(fir_data) - 1 %%%%
   fir_data(length(fir_data) - i + 1) = fir_data(length(fir_data) - i);  %%%%数据右移方式;
  end
  fir_data(1) = data_in(p);
  temp = [];
%%%%输出的 4 个上采样率滤波数据存放在 temp 中;
   temp(1) = fir_data(4);
```

```
%%%% 第一个数据对一个成型滤波器的中间位置(峰值为 1),故数据不变;
  for i = 1:3                          %%%% SHAPE_FIR 按照间隔 3(距离 4)的方式,排列;
   temp(i + 1) = 0;
   for k = 1:length(fir_data)          %%%% length(fir_data)长度为 6;
    temp(i + 1) = temp(i + 1) + fir_data(k) * SHAPE_FIR((i - 1) * 6 + k);
   end
  end
  for i = 1:4                          %%%%% 1800Hz 子载波调制;
      temp(i) = temp(i) * (COS_TABLE(sub_carrier_ptr) + j * SIN_TABLE(sub_carrier_ptr));
      sub_carrier_ptr = sub_carrier_ptr + 24;          %%% 希尔伯特变换 2 倍的波特率时为 48;
    if sub_carrier_ptr > 128           %%%% Matlab 不识别下标 0;
     sub_carrier_ptr = sub_carrier_ptr - 128;
    end
  end
  out = [out temp];
end
 return
```

附录 6　短波信道多普勒频移程序实现代码

```
clear;
clc;
fc = 1800;      % 原始频率
f0 = 200;       % 多普勒频移频率
fs = 9600;      % 信号采样频率
N = 1 * fs;     % 信号采样时长
n = 0:N - 1;
t = n/fs;
f = n * fs/N;   % 频率序列

for i = 0:N - 1
 M(i + 1) = exp(j * 2 * pi * fc * t(i + 1));
L(i + 1) = exp(j * 2 * pi * (fc + f0) * t(i + 1));
end

audiowrite('subcarrier_1800.wav',real(M),9600);
audiowrite('subcarrier_2000.wav',real(L),9600);
M = abs(fft(M));
L = abs(fft(L));
subplot(2,1,1);
plot(f,M(1:N));
xlabel('频率/Hz');
ylabel('振幅');grid on;

subplot(2,1,2);
plot(f,L(1:N));

xlabel('频率/Hz');
ylabel('振幅');
grid on;
```

附录 7 短波信道多径效应程序实现代码

```
clear;
clc;
fc = 1800;      % 原始频率
f0 = 200;       % 多普勒频移频率
fs = 9600;      % 信号采样频率
N = 1 * fs;     % 信号采样时长
n = 0:N - 1;
t = n/fs;
f = n * fs/N;   % 频率序列

[data,fs] = audioread('TTS.mp3');
delay = 30;     %%% 3ms delay;
delay_sample = fs * delay/1000;
A0 = 0.35; %%% 衰减因子;
multi_path = zeros(1,length(data) + delay_sample);
for i = 1:length(multi_path)
    if i <= delay_sample
        multi_path(i) = data(i);
    else if i <= length(data)
          multi_path(i) = data(i) + A0 * data(i - delay_sample);
        else
            multi_path(i) = A0 * data(i - delay_sample);
        end
    end
end

 subplot(2,1,1);
 plot(data);
 xlabel('采样点');
 ylabel('振幅');grid on;
%
  subplot(2,1,2);
 plot(multi_path);
 xlabel('采样点');
 ylabel('振幅');grid on;
%
audiowrite('multi_path.wav',multi_path,fs) ;
```

附录 8 短波信道噪声效应程序实现代码

```
clear;
clc;
fc = 1800;      % 原始频率
f0 = 200;       % 多普勒频移频率
fs = 9600;      % 信号采样频率
```

```
N = 1 * fs;      % 信号采样时长
n = 0:N - 1;
t = n/fs;
f = n * fs/N;   % 频率序列
for i = 1:N
    r = 0;
    while(r >= 0)
        r1 = rand(1);
        r2 = rand(1);
        r = r1 * r1 + r2 * r2;
        if(r > 1)
            r = 0;
        else
           noise(k) = r1 + j * r2;
           k = k + 1;
           break;
        end
    end
end


M = abs(fft(noise));
subplot(2,1,1);
plot(f(1:N/10),real(noise(1:N/10)));
xlabel('样本/Hz');
ylabel('噪声振幅');grid on;

subplot(2,1,2);
plot(f(1:N/10),log(M(1:N/10)));

xlabel('频率/Hz');
ylabel('振幅');
grid on;

 audiowrite('noise.wav',noise,fs) ;
end
return
```

附录 9　短波信道多普勒扩展程序实现代码

```
function coef = watterson_generate_coef(f_spread,N)
%% 功能说明：根据 Watterson 模型生成短波信道复系数；
%% f_spread：短波信道多普勒扩展值；
%% N：生成的短波信道系数个数；

KGNB = 0.62665707;
interp_coef = [0.0017     0.0036     0.0066     0.0101     0.0134     0.0155     0.0149
0.0103    0.0007   - 0.0140   - 0.0327   - 0.0530   - 0.0708   - 0.0814   - 0.0794
- 0.0600  - 0.0198    0.0421     0.1240     0.2206     0.3241     0.4247     0.5120
```

```
0.5765      0.6107      0.6107      0.5765      0.5120      0.4247      0.3241      0.2206
0.1240      0.0421     -0.0198     -0.0600     -0.0794     -0.0814     -0.0708     -0.0530
-0.0327    -0.0140      0.0007      0.0103      0.0149      0.0155      0.0134      0.0101
0.0066      0.0036      0.0017];                                 %%上采样滤波器因子;

if ((f_spread>2)&&(f_spread<=30))
    f_sample=320;
else
    if((f_spread>0.4)&&(f_spread<=2))
    f_sample=64;
    else
        if((f_spread>=0.1)&&(f_spread<=0.4))
            f_sample=12.8;
        end
    end
end

sigama=f_sample/(sqrt(2)*3.1415926*f_spread);
Lp_Gain=sqrt(f_sample/(2*f_spread*KGNB));

K=ceil(1.4*f_sample/f_spread)+1;
if(mod(K,2)==0)
    K=K+1;
end

mu=(K-1)/2;
for i=1:K
   Gaussion_filter_coef(i) = exp( - (i - mu) * (i - mu)/(2 * sigama * sigama))/(sqrt(2 *
3.1415926*sigama*sigama)) ;
end

s=(wgn(1,ceil(N/5),0)+j*wgn(1,ceil(N/5),0));                    %生成高斯噪声
s=s*Lp_Gain;

i_c=filter2(Gaussion_filter_coef,s);

if (f_sample==12.8);                                             %%上采样到64Hz
  for i=1:5*length(i_c)
      if(mod(i,5)==1)
          y(i)=i_c(ceil(i/5));
      else
          y(i)=0;
      end
  end
i_d1=filter2(interp_coef,y);
end


if (f_sample<=64);                                               %%上采样到320Hz
    if f_sample==64
```

```
            i_d1 = i_c;
        end
      % i_d2 = interp(i_d1,5);
      for i = 1:5 * length(i_d1)
          if(mod(i,5) == 1)
              y(i) = i_d1(ceil(i/5));
          else
              y(i) = 0;
          end
      end
      i_d2 = filter2(interp_coef,y);
end



if (f_sample <= 320);                                                    %% 上采样到 1600Hz
     if f_sample == 320
         i_d2 = i_c;
     end
 %  i_d3 = interp(i_d2,5);
for i = 1:5 * length(i_d2)
        if(mod(i,5) == 1)
            y(i) = i_d2(ceil(i/5));
        else
            y(i) = 0;
        end
end
   i_d3 = filter2(interp_coef,y);
end

for i = 1:5 * length(i_d3)                                               %% 上采样到 8000Hz
        if(mod(i,5) == 1)
            y(i) = i_d3(ceil(i/5));
        else
            y(i) = 0;
        end
end

   i_d4 = filter2(interp_coef,y);



for i = 1:N
     coef(i) = i_d4(i);
end
return
```

附录 10 接收端数字 AGC 控制程序实现代码

```
%%% agc_hk:AGC 控制调整因子;
%%% Rx_data:接收采样数据数组;
%%% rx_level_ratio:接收信号幅度调整因子;
agc_hk = 0;
rx_level_ratio = 1;
rx_energy = 0;
for i = 1:(length(Rx_data) - 128 * 10)/32 - 1
    if i <= 10
        agc_energy = 0;
       for k = 1:32
         agc_energy = agc_energy + Rx_data((i - 1) * 32 + k)^2;
       end
    rx_energy = rx_energy + agc_energy/(rx_level_ratio^2);
    else
     Rx_data(128 * 10 + i * 32 + 1:128 * 10 + (i + 1) * 32) = Rx_data(128 * 10 + i * 32 + 1:128 *
10 + (i + 1) * 32) * rx_level_ratio;
     if i > 10
     AA(i - 10) = rx_level_ratio;
     end
    end %%%%% 计算的 rx_level_ratio 用于调整下一帧采样符号的系数;

    %%%%%%% 每 128 个采样数据点,计算一次信噪比;
    if mod(i,4) == 0
      %    snr = 10 * log10(rx_energy/SNR_CONST * 128);
        rx_energy = 0;
    end
end
```

附录 11 希尔伯特变换程序实现代码

```
% 希尔伯特变换测试;
clc
clear all
close all
ts = 0.001;
fs = 1/ts;
N = 200;
f = 50;
k = 0:N - 1;
t = k * ts;
% 信号变换;
% 结论: sin 信号希尔伯特变换后为 cos 信号;
y = sin(2 * pi * f * t);
yh = hilbert(y);      % Matlab 函数得到信号是合成的复信号;
yi = imag(yh);        % 虚部为书上定义的希尔伯特变换;
```

```
figure
subplot(211)
plot(t,y)
title('原始 sin 信号')
subplot(212)
plot(t,yi)
title('希尔伯特变换信号')
% 检验两次希尔伯特变换的结果(理论上为原信号的负值);
% 结论:两次希尔伯特变换的结果为原信号的负值;
yih = hilbert(yi);
yii = imag(yih);
max(y + yii)
% 信号与其希尔伯特变换的正交性;
% 结论:希尔伯特变换后的信号与原信号正交;
sum(y. * yi)
% 谱分析
% 结论: 希尔伯特变换后合成的复信号的谱没有大于奈氏频率的频谱,即其谱为单边的
NFFT = 2^nextpow2(N);
f = fs * linspace(0,1,NFFT);
Y = fft(y,NFFT)/N;
YH = fft(yh,NFFT)/N;
figure
subplot(211)
plot(f,abs(Y))
title('原信号的双边谱')
xlabel('频率 f (Hz)')
ylabel('|Y(f)|')
subplot(212)
plot(f,abs(YH))
title('信号希尔伯特变换后组成的复信号的双边谱')
xlabel('频率 f (Hz)')
ylabel('|YH(f)|')
```

附录 12　子载波解调程序实现代码

```
function [complex_data demod_COS_ptr] = demod_1800Hz(complex_data,demod_COS_ptr);
%%%% 函数功能:对处理后的复基带接收信号,进行 1800Hz 子载波进行解调;
%%%% complex_data:待解调的复基带接收信号,函数返回解调后的相位因子;
%%%% demod_COS_ptr:解调累计相位因子;
%%%% COS_TABLE:三角函数表,128 个数据点描述其一个周期;

for i = 1:length(complex_data)
      complex_data(i) = complex_data(i) * (COS_TABLE(demod_COS_ptr) - j * SIN_TABLE(demod_COS_
ptr));
      demod_COS_ptr = demod_COS_ptr + 24;
% %% 9600 采样率时,采样间隔转换成步进因子 24;
      if(demod_COS_ptr > 128)
        demod_COS_ptr = demod_COS_ptr - 128;
      end
end
```

附录 13 码符号粗同步程序代码

```
function [find_TB_flag,TB_cor_buffer,TB_sym_buffer,TB_cor_max_buffer] = find_nine_TB(TB_
data_buffer,TB_cor_buffer,TB_base_tp,TB_sym_buffer,TB_cor_max_buffer,find_TB_flag);
%%%%  程序功能:从接收的采样信号第 11 帧开始计算同步,且假设当前处理的是已知步码符号中
      的第 9 个同步码符号,以便进行同步检测;
%%%%  TB_data_buffer:经频偏补偿后的两帧数据,从第 11 帧开始,共计 128 个数据点;
%%%%  TB_cor_buffer:同一个点码符号最大值,取前后两个数据点,间隔 T/2,此处共计 8 个点,并
      返回存储于对应频偏的位置;
%%%%  TB_sym_buffer:存储每一个码符号相关最大值对应的 0,1,2,3,共计长度为 9 * 64 * length
      (PRE_OFFSET)
%%%%  TB_cor_max_buffer:存储每一个采样点,进行 0,1,2,3 相关后,前后两个最大的相关值;
%%%%  TB_base_tp:9 * 64 范围内的计数,便于存储数据;
%%%%  find_TB_flag:寻找到同步头的标志;

TB = [0,1,3,0,1,3,1,2,0];      %%%% 同步报头 + d1,d2,c1,c2,c3,0;
TB_MAP = [0,0,0,0,0,0,0,0,0,4,0,4,0,4,0,4,0,0,4,4,0,0,4,4,0,4,4,0,0,4,4,0,0,0,0,0,4,4,4,
4,0,4,0,4,4,0,4,0,0,0,4,4,4,4,0,0,0,4,4,0,4,0,0,4];
TB_SCRAMBLE = [7,4,3,0,5,1,5,0,2,2,1,1,5,7,4,3,5,0,2,6,2,1,6,2,0,0,5,0,5,2,6,6]; %%% 同
步报头固定扰码 * /
%%% 同步报头符号,8 个为一组,共计 8 类符号,64 个同步报头符号;每组重复 4 次,即构成 32 个同
步码符号 %%%%%%;
TXD_MAP = [2896.0,2048.0,0.0, - 2048.0, - 2896.0, - 2048.0,0.0,2048.0,0.0,2048.0,2896.0,
2048.0,0.0, - 2048.0, - 2896.0, - 2048.0];
TB_Compare_Data = [0 1 2 3];
% find_TB_flag = 0;
%%%%%% 计算同步相关值;

%%%% T/4
for i = 1:128
    if i == 11
        AA = 0;
    end

    for k = 1:4
        TB_cor_buffer(k) = TB_cor_buffer(k + 4);      %%%% 存储上一个码符号计算的相关值,旧
值在前,新值在后;存放三组数据值,间隔 T/2 的和最大为判决依据;
        TB_cor_buffer(k + 4) = TB_cor_buffer(k + 8);
    end

    receive_data = TB_data_buffer(i:4:i + 4 * 31);
    for k = 1:4                                        %%%%% 前 9 个符号中,为 0,1,2,3'
        %%%% 取同步码符号;
        Current_data = TB_Compare_Data(k);
        temp = TB_MAP(Current_data * 8 + 1:(Current_data + 1) * 8);          % 取同步报头符号;
        temp = [temp temp temp temp];                 %%% 重复四次;
        temp = temp + TB_SCRAMBLE;
        send_base_data = [];
        for m = 1:32
```

```
            if temp(m)>=8
                temp(m) = temp(m) - 8;
            end
            send_base_data(m) = TXD_MAP(temp(m) + 1) + j * TXD_MAP(temp(m) + 1 + 8); %%% 形成32个8PSK调制数据;
        end

        %%%% 计算相关值;
        TB_cor_buffer(8 + k) = sqrt((receive_data * send_base_data') * (receive_data * send_base_data')');
    end

    %%%%% 寻找最大的相关值;
    [temp, index] = Max(TB_cor_buffer(1:4) + TB_cor_buffer(9:12));    %% VC
    TB_sym_buffer(TB_base_tp + i) = TB_Compare_Data(index);
                                                    %% VC 存储当前码符号判断的同步码符号;
    TB_cor_max_buffer(TB_base_tp + i) = TB_cor_buffer(index) + TB_cor_buffer(index + 8);
                                                    %% VC 存储当前码符号判断的最大相关值;

    %%%% 寻找9个同步码符号,假设当前处理的码符号是最后一个码符号,则第一个码符号应该从下一帧开始

    Count = 0;                                      %%%% 同步码符号相同计数;
    for k = 1:9
      index = TB_base_tp + k * 128 + i;
      if index > 9 * 128                            %%%% VC;
          index = index - 9 * 128;                  %%%% 循环移位寄存器,存储于
      end

      QQ(k) = TB_cor_max_buffer(index);             %%% 2012 TW insert
        if TB_sym_buffer(index) == TB(k)
            Count = Count + 1;
        else
            break;
        end
    end

    if( Count == 9) &&(find_TB_flag == -1)          %%% 如果9个同步码符号都相同,则表示粗同步上;只记录第一次同步上的位置;

        [s data_MM] = conv_process(TB_cor_max_buffer,1);        %%% 1 --- 128,2 --- 64

        [temp1,index1] = Max(data_MM);              %%% 降低误同步概率的数据处理;
        [temp2,index1] = min(data_MM);
        d = temp1/temp2;
       if (s > 1.5) &&(d < 5)
           find_TB_flag = i;                        %%%% 记录同步上时的采样序数;
       End
    end

end                                                 %%%% end 128
return
```

附录 14 细同步程序实现代码

```
function [ group_index max_loc  sub_max_loc] = TB_slender(TB_cor_max_buffer,TB_base_tp);
%%%%  函数功能:精准估计细同步位置;
%%%%  TB_cor_max_buffer:三组频偏补偿对应的、每一个码符号采样点上最大的相关值;
%%%%  TB_base_tp:循环移位寄存器存储的第一个同步码符号数据组序数
%%%%  max_loc:最佳采样点;
%%%%  sub_max_loc:次最佳采样点;
%%%%  group_index:返回最佳频偏的数组系数 PRE_OFFSET;

TB = [0,1,3,0,1,3,1,2,0];                              %%%% 同步报头已知符号;
TB_MAP = [0,0,0,0,0,0,0,0,0,4,0,4,0,4,0,4,0,0,4,4,0,0,4,4,0,4,4,0,0,4,4,0,0,0,0,0,4,4,4,
4,0,4,0,4,4,0,4,0,0,0,4,4,4,4,0,0,0,4,4,0,4,0,0,4];
TB_SCRAMBLE = [7,4,3,0,5,1,5,0,2,2,1,1,5,7,4,3,5,0,2,6,2,1,6,2,0,0,5,0,5,2,6,6];
                                                                  %%% 同步报头固定扰码 * /
%%% 同步报头符号,8 个为一组,共计 8 类符号,64 个同步报头符号;每组重复 4 次,即构成 32 个同
步码符号;
TXD_MAP = [2896.0,2048.0,0.0, - 2048.0, - 2896.0, - 2048.0,0.0,2048.0,0.0,2048.0,2896.0,
2048.0,0.0, - 2048.0, - 2896.0, - 2048.0];

   for i = 1:length(TB_cor_max_buffer)/(9 * 128)
        for k = 1:128
            temp = 0;
            for m = 1:9                                %%% 取 9 个符号
               index = TB_base_tp + (m - 1) * 128 + k;
%%% 标志同步符号中第一个码符号的粗略位置;
               index1 = TB_base_tp + m * 128 + k;
               if index > 9 * 128                      %%%% VC;
                  index = index - 9 * 128;             %%%% 循环移位寄存器,存储于
               end

               if index1 > 9 * 128                     %%%% VC
                 index1 = index1 - 9 * 128;            %%%% 循环移位寄存器,存储于
               end
                temp = temp + TB_cor_max_buffer((i - 1) * 9 * 128 + index) * TB_cor_max_
buffer((i - 1) * 9 * 128 + index1);
            end
           TB_small_syn_buffer((i - 1) * 128 + k) = temp;
        end
   end  %%%% end length

      [max_value max_loc] = Max(TB_small_syn_buffer);
                                                  %%%% 相关和累计,寻找最大的值及其对应的序数;
      group_index = ceil(max_loc/128);    %%%%% 对应的最大相关值所在的频偏数组序数;1~3
      max_loc =  max_loc - (group_index - 1) * 128;

TB_small_syn_buffer = TB_small_syn_buffer((group_index - 1) * 128 + 1:group_index * 128);
[sub_max_value sub_max_loc] = sub_Max(TB_small_syn_buffer);              %%%% 寻找次最大峰值;

return
```

附录 15 多普勒频移和相位估计程序代码

```
function [offset max_ offset_amplitude_buffer syn_com_oc_reg ] = offset_estiamtor(TB_data_
buffer,PRE_OFFSET);
%%%%  函数功能:估算通信中的多普勒频移及累计相位误差因素;
%%%%  TB_data_buffer:接收缓冲区同步数组;
%%%%  find_TB_flag:第一次检测到粗同步的起始点;
%%%%  offest:估计的频偏值,它与 PRE_OFFSET 对应值相加,即实际的频偏值;
%%%%  max_ offset_amplitude_buffer:同步符号去解调模值数组;
%%%%  syn_com_oc_reg:相位因子;

TB = [0,1,3,0,1,3,1,2,0];                                   %%%% 同步报头 + d1,d2,c1,c2,c3,0
TB_MAP = [0,0,0,0,0,0,0,0,0,4,0,4,0,4,0,4,0,0,4,4,0,0,4,4,0,4,4,0,0,4,4,0,0,0,0,0,4,4,4,
4,0,4,0,4,4,0,4,0,0,0,4,4,4,4,0,0,0,4,4,0,4,0,0,4];
TB_SCRAMBLE = [7,4,3,0,5,1,5,0,2,2,1,1,5,7,4,3,5,0,2,6,2,1,6,2,0,0,5,0,5,2,6,6];
                                                            %%% 同步报头固定扰码 * /
TXD_MAP = [2896.0,2048.0,0.0, - 2048.0, - 2896.0, - 2048.0,0.0,2048.0,0.0,2048.0,2896.0,
2048.0,0.0, - 2048.0, - 2896.0, - 2048.0];

demode_buffer = zeros(1,9 * 2);
    for k = 1:9                                             %%%%% 前 9 个符号中,为 0,1,2,3';
        %%%% 取同步码符号
        index = (group_index - 1) * 12 * 128 + max_loc + (k - 1) * 128;       %%%% 检测到当前的同
步时是在第 11 帧,对应 9 个已知码符号的第 9 个码符号;则同步的码符号应该在第 3 帧
receive_data = TB_data_buffer(index:4:index + 124);     %%% 取 013013120 对应接收数据;

        Current_data = TB(k);
        temp = TB_MAP(Current_data * 8 + 1:(Current_data + 1) * 8);          % 取同步报头符号;
        temp = [temp temp temp temp];                       %%% 重复 4 次;
        temp = temp + TB_SCRAMBLE;
        send_base_data = [];
        for m = 1:32
            if temp(m)> = 8
                temp(m) = temp(m) - 8;
            end
            send_base_data(m) = TXD_MAP(temp(m) + 1) + j * TXD_MAP(temp(m) + 1 + 8);
                                                            %%% 形成 32 个 8PSK 调制数据;
        end

        %%%% 计算相关值;
        demode_buffer(k) = receive_data * send_base_data';
    end
 %%%% 根据次最大值计算频率偏差;
 if (sub_max_loc~ = max_loc)&&(sub_max_value > = max_value * 0.6)
                                                            %%%% 满足条件时才启用次最大值;
    for k = 1:9                                             %%%%% 前 9 个符号中,为 0,1,2,3'
        index = (group_index - 1) * 12 * 128 + sub_max_loc + (k - 1) * 128;       %%%% 检测到当前
的同步时是在第 11 帧,对应 9 个一直码符号的第 9 个码符号;
receive_data = TB_data_buffer(index:4:index + 124);     %%% 取 013013120 对应的接收数据;
```

```
            Current_data = TB(k);
            temp = TB_MAP(Current_data * 8 + 1:(Current_data + 1) * 8);          % 取同步报头符号;
            temp = [temp temp temp temp];                 %%% 重复 4 次;
            temp = temp + TB_SCRAMBLE;
            send_base_data = [];
            for m = 1:32
                if temp(m)> = 8
                    temp(m) = temp(m) - 8;
                end
                send_base_data(m) = TXD_MAP(temp(m) + 1) + j * TXD_MAP(temp(m) + 1 + 8);
                                                                    %%% 形成 32 个 8PSK 调制数据;
            end
            demode_buffer(k + 9) = receive_data * send_base_data'/(2896);
        end
end
    %%%%%% 计算相位偏差;
   temp = 0;
     for i = 1:8 temp = temp + demode_buffer(i + 1) * demode_buffer(i)' + demode_buffer(9 + i + 1)
* demode_buffer(9 + i)';
     end
     offset_amplitude_buffer = temp * temp';            %% 存储估计的频偏值;
     offset = K * Atan(temp);
     offset = offset + PRE_OFFSET(group_index);
```

%%%%% 根据相位偏差计算定时起点,从 9 个已知符号中,根据接收信号与发送信号的相位差进行对比,计算最优定时起点;

```
   send_data_phase = [];
   for i = 1:9
         Current_data = TB(i);
          temp = TB_MAP(Current_data * 8 + 1:(Current_data + 1) * 8);          % 取同步报头符号;
          temp = [temp temp temp temp];                %%% 重复 4 次;
          temp = temp + TB_SCRAMBLE;
          temp = bitand(temp,7);
          send_data_phase = [send_data_phase temp * pi/4] ;    %%% 0～7pi/4;
   end

    syn_com_oc_reg = 0;
   [receive_data syn_com_oc_reg] = offset_compensate(TB_data_buffer(12 * 128 + 1:12 * 128 + 10
* 128),syn_com_oc_reg,offset);      %%%% 对中间一帧数据,从第三帧(第一个同步符号)到第 11
帧进行频偏补偿;
    receive_data = receive_data(max_loc:4:9 * 32 * 4 + max_loc - 4);      %%%% 共计 9 * 32 个复数据;
     receive_data_phase = [];
    for i = 1:length(receive_data)
    temp = Atan(receive_data(i));
        if temp < = 0
            temp = temp + 2 * pi;
        end
        receive_data_phase = [receive_data_phase temp];
    end
    %%%% 最小均方误差算法,计算由于定时起点不一致而引起的恒定相位误差;
```

```
    phase_error = 0;
    for i = 1:length(receive_data_phase)
        temp(1) = abs(receive_data_phase(i) - send_data_phase(i));
        temp(2) = abs(receive_data_phase(i) - send_data_phase(i) + 2 * pi);
        temp(3) = abs(receive_data_phase(i) - send_data_phase(i) - 2 * pi);
        [max_value max_index] = min(temp(1:3));
      switch max_index
          case 1
           phase_error(i) = receive_data_phase(i) - send_data_phase(i);
           continue;
          case 2
           phase_error(i) = receive_data_phase(i) - send_data_phase(i) + 2 * pi;
           continue;
           case 3
           phase_error(i) = receive_data_phase(i) - send_data_phase(i) - 2 * pi;
             continue;
          otherwise
               continue;
      end
    end
    phase_error = sum(phase_error)/(9 * 32);

return
```

附录 16　信道估计程序实现代码

```
function channel_parateter = channel_estimator(TB_data_buffer);
 %% 函数功能:从已知的 9 个同步码符号中估计信道系数,每两个信道系数为一组进行估计;
 %% TB_data_buffer:前 9 个已知的同步码符号对应的接收数据;

TB = [1,3,0,1,3,1,2,0];   %%%% 计算初始信道系数时,从第二个同步码元开始,故只有 8 个数据;
TB_MAP = [0,0,0,0,0,0,0,0,4,0,4,0,4,0,4,0,0,4,4,0,0,4,4,0,4,4,0,0,4,4,0,0,0,0,0,4,4,4,
4,0,4,0,4,4,0,4,0,0,0,4,4,4,4,0,0,0,4,4,0,4,0,0,4];
TB_SCRAMBLE = [7,4,3,0,5,1,5,0,2,2,1,1,5,7,4,3,5,0,2,6,2,1,6,2,0,0,5,0,5,2,6,6];
                                                                   %%% 同步报头固定扰码 * /
 %%% 同步报头符号,8 个为一组,共计 8 类符号,共计 64 个同步报头符号;每组重复 4 次,即构成 32
个同步码符号 %%%%%%
TXD_MAP = [2896.0,2048.0,0.0, - 2048.0, - 2896.0, - 2048.0,0.0,2048.0,0.0,2048.0,2896.0,
2048.0,0.0, - 2048.0, - 2896.0, - 2048.0];
channel_parameter = zeros(1,64);     %%%% 存放两组信道系数,每一组信道系数长度为 32;

for i = 1:7
     %%% 计算发送的同步数据码元符号;
    src_data = [];
    for k = 1:2
        index = i + k - 1;                          %%%%
        Current_data = TB(index);
        temp = TB_MAP(Current_data * 8 + 1:(Current_data + 1) * 8);         % 取同步报头符号 VC;
```

```
        temp = [temp temp temp temp];                    %%% 重复 4 次;
        temp = temp + TB_SCRAMBLE;
        send_base_data = [];
        for m = 1:32
            if temp(m)> = 8
                temp(m) = temp(m) - 8;
            end
            send_base_data(m) = TXD_MAP(temp(m) + 1) + j * TXD_MAP(temp(m) + 1 + 8);
%%% 形成 32 个 8PSK 调制数据
        end
        src_data = [ src_data send_base_data];
    end
    %%%%% 计算同步数据码元符号对应的接收数据 64 点的 FFT 变换;
    for k = 1:2                                          %%% T/2 分数间隔,故取该数据两次;
      channel_parameter(1 + 32 * (k - 1):32 * k) = ifft(fft(TB_data_buffer((i - 1) * 128 + (k -
1) * 2 + 1:4:(i + 1) * 128 + (k - 1) * 2 - 3))./fft(src_data/2896));
    end
end

return
```

附录 17　信道跟踪程序实现代码

```
function channel_para = channel_tracking( src_data,channel_para,detect_data,step_size,ce_count)
%%%    src_data:
%%%    detect_data:
%%%    step_size: 步长
%%%    ce_count:跟踪数据长度
chan_mem_len = length(channel_para);
for i = 1:ce_count
    temp = src_data(i + chan_mem_len - 1);
    for k = 1:chan_mem_len
        temp = temp - channel_para(chan_mem_len - k + 1) * detect_data(i + k - 1);
    end

    for k = 1:chan_mem_len
        channel_para(chan_mem_len - k + 1) = channel_para(chan_mem_len - k + 1) + step_size *
temp. * conj(detect_data(i + k - 1));
    end;
end;
return
```

附录 18　时变信道系数信道均衡程序实现代码

```
function [decision_data, detect_data, channel_para] = ddae_var_channel_fun(src_data, known_
data_left,known_data_right,channel_para,known_data_num,unknown_data_num)
%%%%%  函数功能:实现时变信道系数的信道均衡算法;
%%%%% src_data:待均衡的采样数据;
```

```
%%%%% known_data_left:左侧训练序列;
%%%%% known_data_right:右侧训练序列;
%%%%% channel_para:信道系数;
%%%%% known_data_num:一帧数据内训练序列长度;
%%%%% unknown_data_num:一帧数据内用户数据长度;

chan_mem_len = length(channel_para);
track_count = 2 * known_data_num + unknown_data_num - length(channel_para) + 1;
constellation = [1.0 exp(j * pi/4) j exp(j * 3 * pi/4) -1.0 exp(j * 5 * pi/4) -j exp(j * 7 * pi/4)];
step_size = 4E - 006/2;
channel = zeros(track_count,chan_mem_len);

channel(1,1:chan_mem_len) = channel_para;
channel_para_varing = channel_para;

for i = 1:1
[decision_data,detect_data,channel_para] = ddae_fun(src_data,known_data_left,known_data_
right,channel_para,known_data_num,unknown_data_num);
end
tmp_detect_data = [known_data_left detect_data known_data_right];


%%%%% 信道系数
for i = 1:track_count
    temp = src_data(i + chan_mem_len - 1);
    for k = 1:chan_mem_len
        temp = temp - channel_para_varing(chan_mem_len - k + 1) * tmp_detect_data(i + k - 1);
    end

    for k = 1:chan_mem_len
        channel_para_varing(chan_mem_len - k + 1) = channel_para_varing(chan_mem_len - k + 1) +
step_size * temp. * conj(tmp_detect_data(i + k - 1));
    end
    channel(i + 1,1:chan_mem_len) = channel_para_varing;
end;


%%% DDEA
for m = 1:unknown_data_num
for i = 1:chan_mem_len
    temp = 0;
    for k = i:chan_mem_len
        temp = temp + conj(channel(m + known_data_num - chan_mem_len/2 - 1,k)) * channel(m +
known_data_num - chan_mem_len/2 - 1,k - i + 1);
    end
    matrix2(m,i) = temp;
end % compute_r
end
matrix2(1,1) = matrix2(1,1) + 0.1;

matrix1 = zeros(unknown_data_num,unknown_data_num);
```

```
matrix1(1,1:chan_mem_len) = matrix2(1,1:chan_mem_len);
for i = 2:unknown_data_num
    for k = 1:i - 1
        if (i - k)< chan_mem_len
         matrix1(i,k) = conj(matrix2(i,i - k + 1));
        end
    end

   for k = i:unknown_data_num
       if (k - i)< chan_mem_len
       matrix1(i,k) = matrix2(i,k - i + 1);
       end
   end
end


for i = 1:unknown_data_num % start from 57(8 -- 1 -- 7)
    temp_data1(i) = src_data(i + known_data_num:i + known_data_num + chan_mem_len - 1) *
channel(i,1:chan_mem_len)';
end; % compute_q

    % unknown_data_num - i + 2
for i = 2:chan_mem_len
     temp_data1(i - 1) = temp_data1(i - 1) - known_data_left(known_data_num: - 1:known_data_
num - chan_mem_len + i) * (matrix2(i - 1,i:chan_mem_len))';
     temp_data1(unknown_data_num - i + 2) = temp_data1(unknown_data_num - i + 2) - known_data_
right(1:chan_mem_len - i + 1) * (matrix2(unknown_data_num - i + 2,i:chan_mem_len)).';
end; % sub isi

matrix11 = conj(matrix1');
matrix_L = zeros(unknown_data_num);
matrix_U = zeros(unknown_data_num);
for i = 1:unknown_data_num
    matrix_U(1,i) = conj(matrix11(1,i));
    matrix_L(i,i) = 1;
    matrix_L(i,1) = conj(matrix11(i,1))/ matrix_U(1,1);
end

for i = 2:unknown_data_num
    for m = i:unknown_data_num
        temp = 0;
        for n = 1:i - 1
            temp = temp + matrix_L(i,n) * matrix_U(n,m);
        end
        matrix_U(i,m) = conj(matrix11(i,m)) - temp;
    end

    if i == 2
        continue;
    end
```

```
    for m = 2:i - 1
        temp = 0;
        for n = 1:m - 1
            temp = temp + matrix_L(i,n) * matrix_U(n,m);
        end
        matrix_L(i,m) = (conj(matrix11(i,m)) - temp)/matrix_U(m,m);
    end
end

f = zeros(1,unknown_data_num);
f(1) = temp_data1(1);
for i = 2:unknown_data_num
    temp = 0;
    for m = 1:i - 1
        temp = temp + matrix_L(i,m) * f(m);
    end
    f(i) = temp_data1(i) - temp;
end

decision_data = zeros(1,unknown_data_num);
decision_data(unknown_data_num) = f(unknown_data_num)/matrix_U(unknown_data_num,unknown_
data_num);
for i = unknown_data_num - 1: - 1:1
    temp = 0;
    for m = i + 1:unknown_data_num
        temp = temp + matrix_U(i,m) * decision_data(m);
    end
    decision_data(i) = (f(i) - temp)/matrix_U(i,i);
end

for i = 1:unknown_data_num
   for k = 1:8
        distance(k) = abs(decision_data(i) - constellation(k));
    end;
    temp = min(distance);
    min_loc = find(distance < = temp);
    if length(min_loc)> = 1
        min_loc = min_loc(1);
    end
    detect_data(i) = constellation(min_loc);
end;

tmp_detect_data = [known_data_left detect_data known_data_right];
channel_para = channel_tracking(src_data,channel_para_varing,tmp_detect_data,step_size,ce_
count);
return
```

附录 19 载波跟踪与恢复程序实现代码

```
function [tracking_frequency, error1, error2, phase_recovery_data] = carrier_recovery
(equalizer_data_buffer, known_data_left, channel_estimator_buffer, error1, error2, phase_
recovery_data)
%%:equalizer_data_buffer:需要处理的信号帧;
%%:known_data_left:左侧训练序列;
%%:channel_estimator_buffer:信道系数;
%%:phase_error1,2:相位误差因子;
%%:phase_recovery_data:上一帧最大相位;

for i = 1:16     channel_para_buffer_temp((i - 1) * 2 + 1) = channel_estimator_buffer(i) *
channel_estimator_buffer(i)';                              %%% 前 T/2;
    if i + 16 > length(channel_estimator_buffer)     %%%% channel_estimator_buffer 结构为信
道系数,0; 信道系数、结束;
        temp = 0;
    else
       temp = channel_estimator_buffer(i + 16);
    end
    channel_para_buffer_temp(i * 2) = temp * temp';     %%% 后 T/2;
end

[value, index] = Max(channel_para_buffer_temp);
%%% 记录信道系数幅度最大的位置,根据其奇偶值,取相应的信道系数;
if mod(index,2) == 0
    index = index/2 + 16;                              %%% 后 T/2
else
    index = (index + 1)/2;                             %%% 前 T/2
end
index = channel_estimator_buffer(index);               %%% 取最大的信道系数值;
phase = imag(index * phase_recovery_var');

phase_recovery_data = index;                           %%% 存储当前帧信道的最大相位因子;

error1 = error1 + frequency;
error2 = m1 * error1 + error2 + phase;
tracking_frequency = error2 * m2;
```

附录 20 维特比译码程序实现代码

```
function [survive_way_buffer_ptr, survive_way_buffer, state_metric_buffer, data_out, metric_
supervisory, min_metric] = viterbi_alg(soft_information1, soft_information2, survive_way_
buffer, survive_way_buffer_ptr, state_metric_buffer, viterbi_table);
%%%% 函数功能:对(2 17)进行软译码;
%%%% soft_information1, soft_information2:为输入的软信息,译码深度固定为 K;
%%%% survive_way_buffer:幸存路径;
%%%% state_metric_buffer:度量矩阵;
```

```
%%%% Viterbi_table:Viterbi 译码表;
%%%% output_bit_count:维特比累计译码数据计数,需要根据该值判断译码深度;
%%%% K:维特比译码深度;
%%%% data_out:输出比特序列

VITERBI = [0.70699996 -0.70699996 0.70699996 -0.70699996 0.70699996 0.70699996
-0.70699996 -0.70699996];                                    % 数据映射;

  for i = 1:4                                                % 计算欧氏距离;
Ou_length(i) = (soft_information1 - VITERBI(i))^2 + (soft_information2 - VITERBI(i + 4))^2;
  end

survive_way_buffer_ptr_ori = survive_way_buffer_ptr;

  for k = 1:64
      p1 = viterbi_table(k) + 1;
      p2 = viterbi_table(k + 64) + 1;
      if (state_metric_buffer((k - 1) * 2 + 1)< = state_metric_buffer(k * 2))
        temp(k) = state_metric_buffer((k - 1) * 2 + 1) + Ou_length(p1);
        temp(k + 64) = state_metric_buffer((k - 1) * 2 + 1) + Ou_length(p2);
        index = (k - 1) * 2;
      else
        temp(k) = state_metric_buffer(2 * k) + Ou_length(p1);
        temp(k + 64) = state_metric_buffer(2 * k) + Ou_length(p2);
        index = 2 * k - 1;
      end

     survive_way_buffer(survive_way_buffer_ptr) = index;
     survive_way_buffer_ptr = survive_way_buffer_ptr + 1;
    if (survive_way_buffer_ptr > 64 * K)
        survive_way_buffer_ptr = 1;
    end
  end

   %%%% 寻找最小数据度量 %%%%%
min_index = 0;
MIN = Matlab_MAX;
  for i = 1:128
   state_metric_buffer(i) = temp(i);
   if (temp(i)< = MIN)
       MIN = temp(i);
       min_index = i - 1;
   end
  end
  M = min_index;

 %%%% 回溯 %%%%%
for i = 1:K
    if(M > = 64)
       M = M - 64;                                          %% 把数据变换到 64 以内;
    end
```

```
    index = survive_way_buffer_ptr_ori + M;
     if (index > K * 64)
         index = index - K * 64;
     end
    M = survive_way_buffer(index);
     survive_way_buffer_ptr_ori = survive_way_buffer_ptr_ori - 64;
     if (survive_way_buffer_ptr_ori < 1)
         survive_way_buffer_ptr_ori = survive_way_buffer_ptr_ori + 64 * K;
     end
end

out = 0;
if (M >= 64)
    out = 1;
end
data_out = out;
return
```

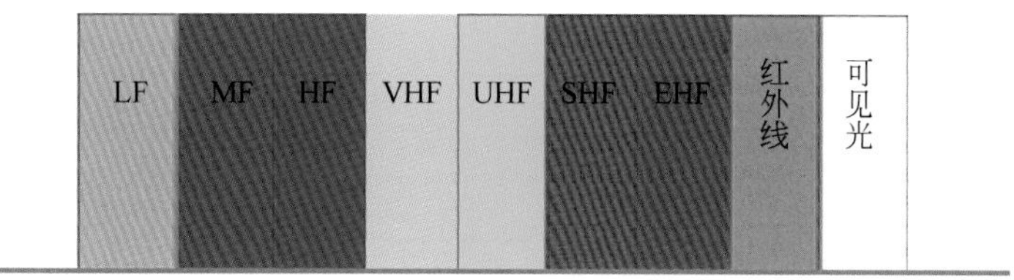

图 1.2.1　电波频率分布图

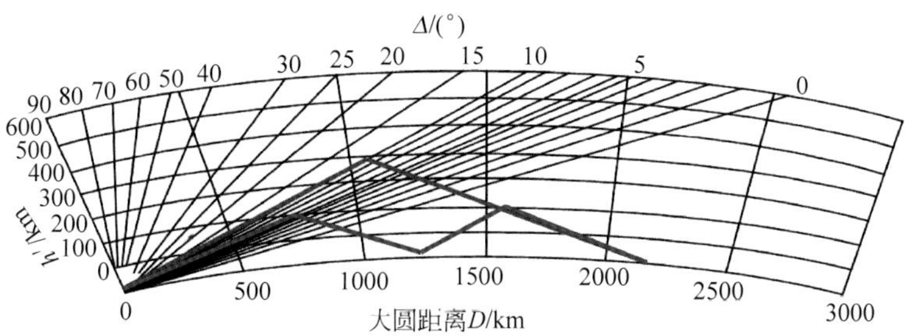

图 1.5.1　短波线路的路径图解

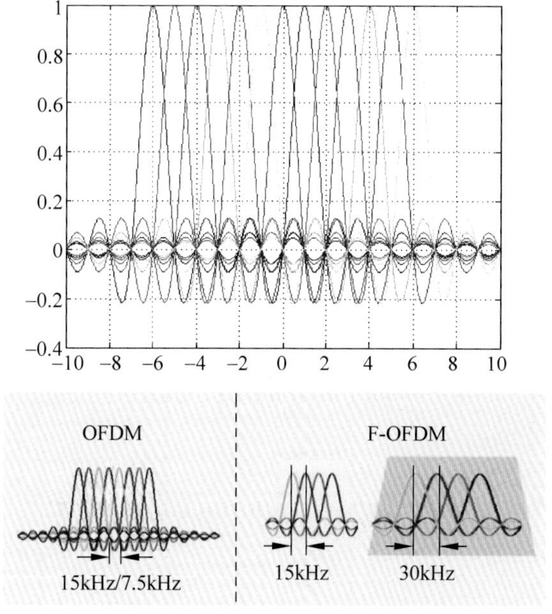

图 2.1.3　OFDM 通信系统示意图

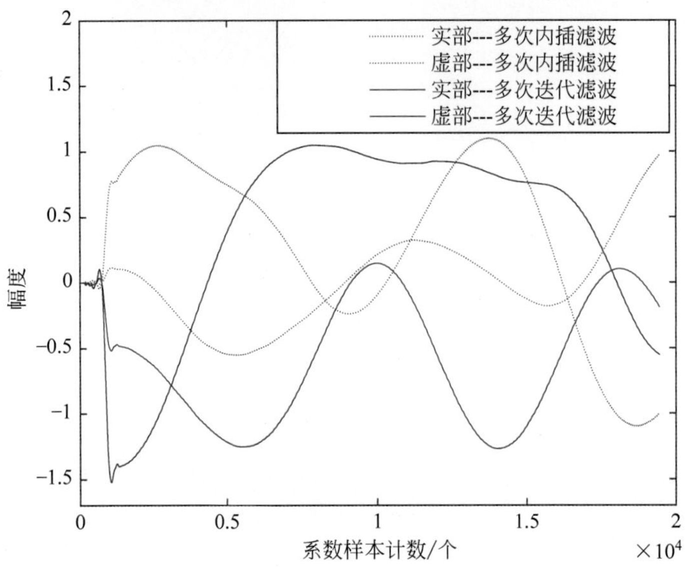

图 4.8.5　短波信道衰落因子(1Hz 扩展)

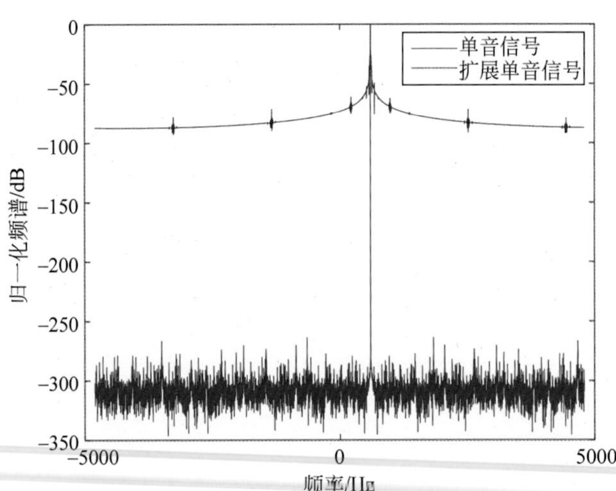

图 4.8.7　原始信号与多普勒扩展后的频谱

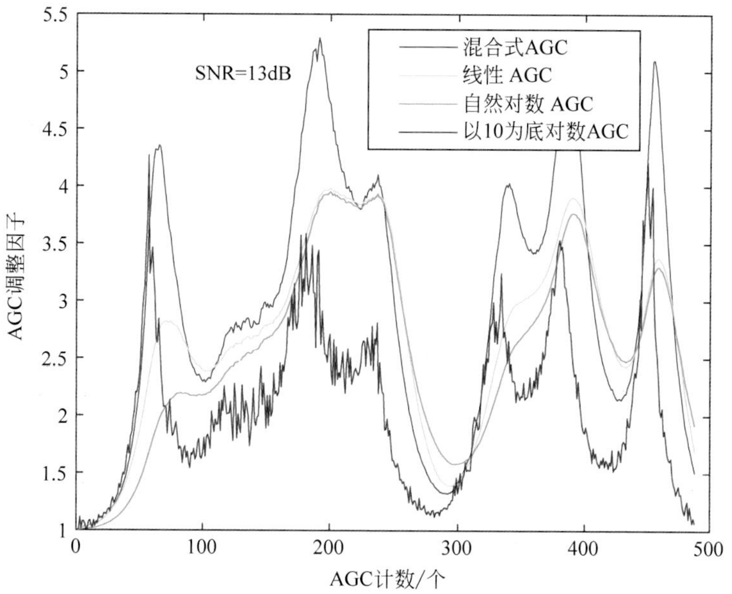

图 5.3.7　不同 AGC 算法下的 AGC 调整因子

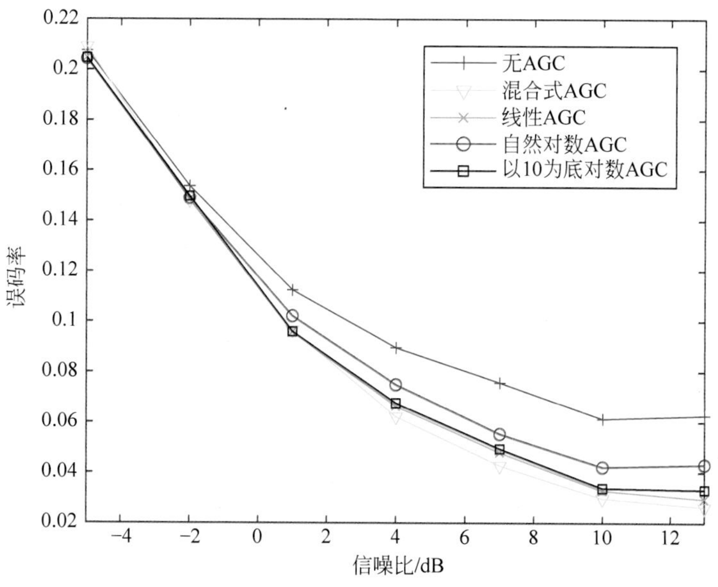

图 5.3.8　不同 AGC 算法下的误码性能

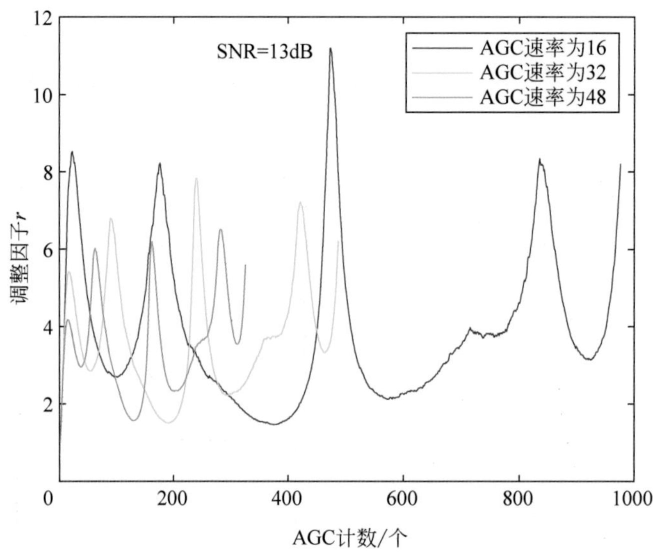

图 5.3.11　混合式 AGC 算法下不同 AGC 速率下的 AGC 调整因子

1	1	2	3	4	5	6	7	8	9	10	11	12	13	14	15	16	17	18	19	20	21	22	23	24	25	26	27	28	29	30	31	32
2	3	3	2	2	2	2	2	2	2	3	3	0	2	2	2	2	2	0	0	0	0	1	1	1	1	1	**1**	1	1	1	1	1
3	1	2	2	3	3	3	3	1	1	2	2	2	2	2	2	2	3	3	2	2	2	2	2	0	0	0	0	0	0	2	2	2
4	0	0	0	0	0	0	3	3	3	2	0	0	0	2	2	3	3	3	3	3	3	3	3	3	3	3	3	2	2	2	3	3
5	3	3	3	3	2	2	2	2	1	1	1	3	0	0	0	0	3	1	1	1	1	1	1	1	2	2	2	2	2	2	2	2
6	2	2	2	2	3	3	2	2	2	0	0	0	2	2	2	2	2	2	2	2	2	3	3	2	2	3	**3**	3	3	3	3	0
7	0	0	0	1	1	1	1	1	1	0	0	0	0	0	0	0	0	2	2	2	0	0	1	1	1	1	1	1	1	1	1	1
8	0	0	0	0	0	0	0	0	0	0	0	0	0	1	1	1	1	1	1	1	1	1	1	0	1	1	1	1	1	0	0	0
9	3	3	3	1	2	0	0	0	2	2	2	2	1	1	1	0	0	0	3	2	2	1	1	1	2	0	0	0	3	3	3	0
10	0	0	0	1	1	1	1	3	3	3	0	2	2	1	2	2	3	1	1	1	1	1	1	1	1	1	**1**	1	1	1	1	3
11	3	3	3	3	2	2	2	2	0	0	0	0	0	1	1	1	1	1	1	1	1	1	0	0	0	0	0	0	0	0	0	1
12	1	1	1	2	2	2	3	3	3	3	3	3	3	3	3	3	3	3	3	2	2	1	3	3	3	0	0	0	0	1	1	1
13	1	1	1	1	1	3	3	1	0	0	2	2	2	2	0	0	0	0	3	0	0	0	0	0	0	0	0	3	3	3	0	0
14	0	0	0	1	1	1	0	0	0	0	1	0	0	0	2	2	2	2	2	2	2	2	2	2	2	2	**2**	2	2	2	2	2
15	3	3	3	3	3	3	3	3	3	1	1	1	1	1	1	2	2	2	2	2	0	0	0	0	3	3	3	3	3	3	3	3
16	3	3	1	1	1	1	1	2	2	3	3	3	3	3	1	1	1	1	1	0	0	0	0	0	1	1	1	1	1	1	2	2
17	2	2	2	2	2	3	3	3	3	3	1	1	1	1	1	1	1	1	1	1	1	1	1	1	2	2	2	2	2	3	3	2
18	2	2	2	1	1	1	1	1	2	2	2	2	2	2	1	3	3	3	3	3	3	3	3	3	2	1	**0**	0	0	0	0	1
19	1	1	2	2	2	2	2	2	2	2	2	2	0	0	2	2	3	3	3	3	1	1	1	1	1	1	2	1	1	3	3	3
20	1	1	1	1	1	1	1	3	3	3	3	3	2	2	2	2	2	2	1	0	0	0	0	2	2	2	2	2	2	2	2	2
21	2	2	2	2	1	2	2	2	2	1	1	1	1	1	1	1	1	1	2	2	2	3	2	2	0	0	0	0	3	3	3	3
22	1	1	1	1	1	1	2	2	3	3	3	3	3	3	2	1	0	2	1	1	1	1	1	1	1	1	**0**	0	0	0	0	2
23	2	2	2	2	2	2	2	2	2	2	2	2	2	2	2	2	2	1	1	1	1	1	1	1	1	1	1	1	1	1	1	1
24	1	1	1	1	1	1	3	3	3	3	3	3	0	1	1	1	3	3	3	0	0	0	0	2	2	3	1	1	1	1	1	1
25	3	3	3	3	1	1	1	1	2	2	2	2	1	1	1	3	3	3	3	1	1	1	1	1	0	0	0	0	3	3	0	0
26	0	0	0	0	0	2	3	3	1	1	1	1	2	2	3	3	3	0	3	1	1	1	1	1	1	1	**1**	1	1	1	1	0
27	2	2	2	2	2	2	1	1	1	3	3	2	0	0	2	2	2	2	2	2	2	2	0	0	0	1	1	0	0	0	0	0
28	1	1	1	1	1	0	0	0	0	2	2	2	2	2	2	2	2	2	2	3	3	3	0	0	0	2	2	0	1	1	1	1
29	1	2	2	2	2	1	1	1	1	3	3	3	3	3	3	1	1	1	1	1	1	1	1	1	0	0	0	0	1	0	0	0
30	2	3	3	3	3	3	1	0	0	0	0	0	1	1	1	0	0	1	1	0	1	0	2	2	2	3	**3**	3	3	3	3	3
31	2	2	2	3	0	0	0	0	0	0	0	1	1	3	3	3	2	2	2	2	2	2	2	2	2	2	1	1	1	0	0	2
32	2	1	1	1	1	0	0	0	0	0	0	0	3	3	3	3	1	1	2	2	2	2	2	2	0	0	0	3	0	3	3	3
33	2	0	0	0	1	0	0	0	0	0	0	1	1	3	3	3	3	0	0	2	2	0	0	0	0	0	0	0	2	2	2	1
34	2	1	1	1	1	1	3	3	3	3	3	3	1	1	1	1	3	3	3	3	3	3	3	3	3	1	**0**	0	0	0	0	0
35	0	0	2	2	2	2	2	2	2	2	2	1	1	1	1	2	2	2	2	2	2	3	3	3	1	1	1	3	3	3	0	1
36	1	1	1	1	1	1	2	2	2	2	2	2	2	2	3	3	3	2	2	2	2	0	0	0	2	2	2	2	2	2	0	0
37	0	0	0	0	0	1	1	1	1	2	2	2	2	1	1	1	1	0	0	0	0	0	1	1	1	1	1	1	1	2	3	3

图 5.6.9　检测的疑似同步符号示意图（$T/4$ 采样）

1	1	2	3	4	5	6	7	8	9	10	11	12	13	14	15	16	17	18	19	20	21	22	23	24	25	26	27	28	29	30	31	32
2	3	3	2	2	2	2	2	2	2	3	3	0	2	2	2	2	2	0	0	0	0	1	1	1	1	1	1	1	1	1	1	1
3	1	2	2	3	3	3	3	1	1	2	2	2	2	2	2	2	3	3	2	2	2	2	2	0	0	0	0	0	0	2	2	2
4	0	0	0	0	0	0	3	3	3	2	0	0	0	2	2	3	3	3	3	3	3	3	3	3	3	3	3	2	2	2	3	3
5	3	3	3	3	2	2	2	2	1	1	1	3	0	0	0	0	3	1	1	1	1	1	1	1	2	2	2	2	2	2	2	2
6	2	2	2	2	3	3	2	2	2	0	0	0	2	2	2	2	2	2	2	2	2	3	3	2	2	3	3	3	3	3	3	0
7	0	0	0	1	1	1	1	1	1	0	0	0	0	0	0	0	0	2	2	2	0	0	1	1	1	1	1	1	1	1	1	1
8	0	0	0	0	0	0	0	0	0	0	0	0	0	1	1	1	1	1	1	1	1	1	1	0	1	1	1	1	1	0	0	0
9	3	3	3	1	2	0	0	0	2	2	2	2	1	1	1	0	0	0	3	2	2	1	1	1	2	0	0	0	3	3	3	0
10	0	0	0	1	1	1	1	3	3	3	0	2	2	1	2	2	3	1	1	1	1	1	1	1	1	1	1	1	1	1	1	3
11	3	3	3	3	2	2	2	2	0	0	0	0	0	1	1	1	1	1	1	1	1	1	0	0	0	0	0	0	0	0	0	1
12	1	1	1	2	2	2	3	3	3	3	3	3	3	3	3	3	3	3	3	2	2	1	3	3	3	0	0	0	0	1	1	1
13	1	1	1	1	1	3	3	1	0	0	2	2	2	2	0	0	0	0	3	0	0	0	0	0	0	0	0	3	3	3	0	0
14	0	0	0	1	1	1	0	0	0	0	1	0	0	0	2	2	2	2	2	2	2	2	2	2	2	2	2	2	2	2	2	2
15	3	3	3	3	3	3	3	3	3	1	1	1	1	1	1	2	2	2	2	2	0	0	0	0	3	3	3	3	3	3	3	3
16	3	3	1	1	1	1	1	2	2	3	3	3	3	3	1	1	1	1	1	0	0	0	0	0	1	1	1	1	1	1	2	2
17	2	2	2	2	2	3	3	3	3	3	1	1	1	1	1	1	1	1	1	1	1	1	1	1	2	2	2	2	2	3	3	2
18	2	2	2	1	1	1	1	1	2	2	2	2	2	2	1	3	3	3	3	3	3	3	3	3	2	1	0	0	0	0	0	1
19	1	1	2	2	2	2	2	2	2	2	2	2	0	0	2	2	3	3	3	3	1	1	1	1	1	1	2	1	1	3	3	3
20	1	1	1	1	1	1	1	3	3	3	3	3	2	2	2	2	2	2	1	0	0	0	0	2	2	2	2	2	2	2	2	2
21	2	2	2	2	1	2	2	2	2	1	1	1	1	1	1	1	1	1	2	2	2	3	2	2	0	0	0	0	3	3	3	3
22	1	1	1	1	1	1	2	2	3	3	3	3	3	3	2	1	0	2	1	1	1	1	1	1	1	1	0	0	0	0	0	2
23	2	2	2	2	2	2	2	2	2	2	2	2	2	2	2	2	2	1	1	1	1	1	1	1	1	1	1	1	1	1	1	1
24	1	1	1	1	1	1	3	3	3	3	3	3	0	1	1	1	3	3	3	0	0	0	0	2	2	3	1	1	1	1	1	1
25	3	3	3	3	1	1	1	1	2	2	2	2	1	1	1	3	3	3	3	1	1	1	1	1	0	0	0	0	3	3	0	0
26	0	0	0	0	0	2	3	3	1	1	1	1	2	2	3	3	3	0	3	1	1	1	1	1	1	1	1	1	1	1	1	0
27	2	2	2	2	2	2	1	1	1	3	3	2	0	0	2	2	2	2	2	2	2	2	0	0	0	1	1	0	0	0	0	0
28	1	1	1	1	1	0	0	0	0	2	2	2	2	2	2	2	2	2	2	3	3	3	0	0	0	2	2	0	1	1	1	1
29	1	2	2	2	2	1	1	1	1	3	3	3	3	3	3	1	1	1	1	1	1	1	1	1	0	0	0	0	1	0	0	0
30	2	3	3	3	3	3	1	0	0	0	0	0	1	1	1	0	0	1	1	0	1	0	2	2	2	3	3	3	3	3	3	3
31	2	2	2	3	0	0	0	0	0	0	0	1	1	3	3	3	2	2	2	2	2	2	2	2	2	2	1	1	1	0	0	2
32	2	1	1	1	1	0	0	0	0	0	0	0	3	3	3	3	1	1	2	2	2	2	2	2	0	0	0	3	0	3	3	3
33	2	0	0	0	1	0	0	0	0	0	0	1	1	3	3	3	3	0	0	2	2	0	0	0	0	0	0	0	2	2	2	1
34	2	1	1	1	1	1	3	3	3	3	3	3	1	1	1	1	3	3	3	3	3	3	3	3	3	1	0	0	0	0	0	0
35	0	0	2	2	2	2	2	2	2	2	2	1	1	1	1	2	2	2	2	2	2	3	3	3	1	1	1	3	3	3	0	1
36	1	1	1	1	1	1	2	2	2	2	2	2	2	2	3	3	3	2	2	2	2	0	0	0	2	2	2	2	2	2	0	0
37	0	0	0	0	0	1	1	1	1	2	2	2	2	1	1	1	1	0	0	0	0	0	1	1	1	1	1	1	1	2	3	3

图 5.7.1 疑似同步时间点示意图($T/4$ 采样)

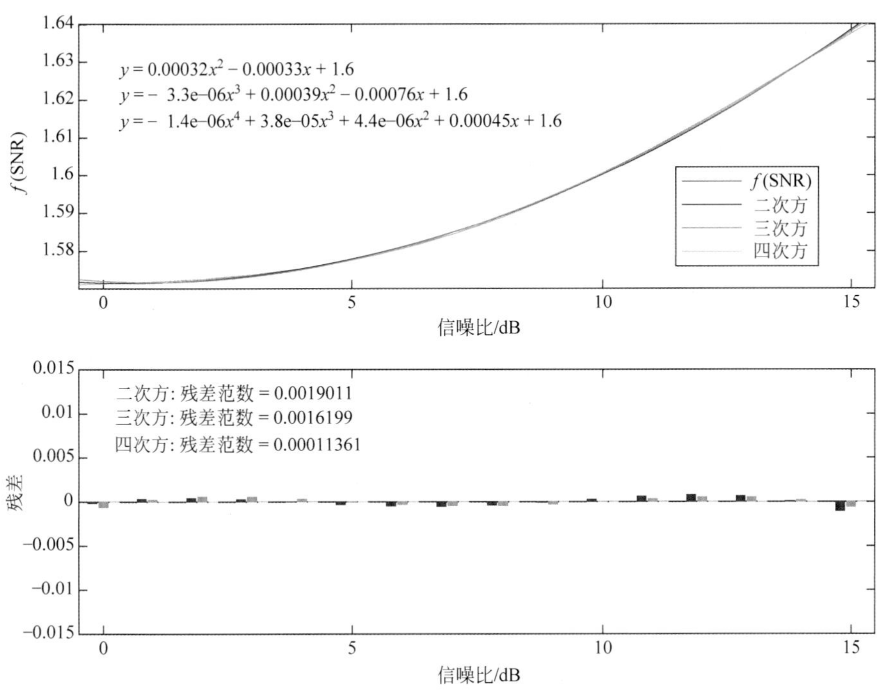

图 6.8.3 信噪比 SNR 为自变量的数据拟合分布图和残差分布图

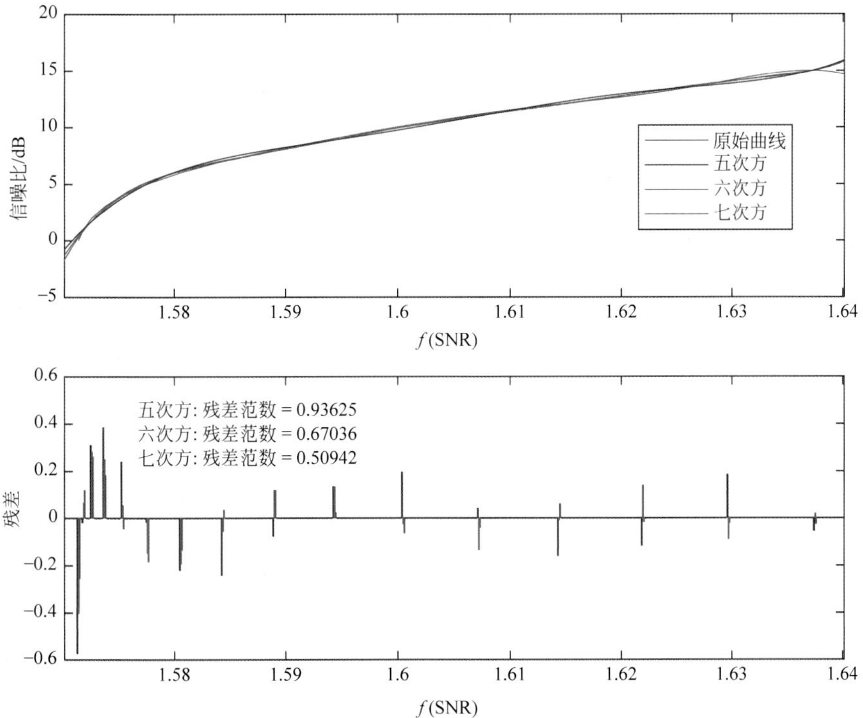

图 6.8.4 信噪比 SNR 的数据拟合分布图和残差分布图

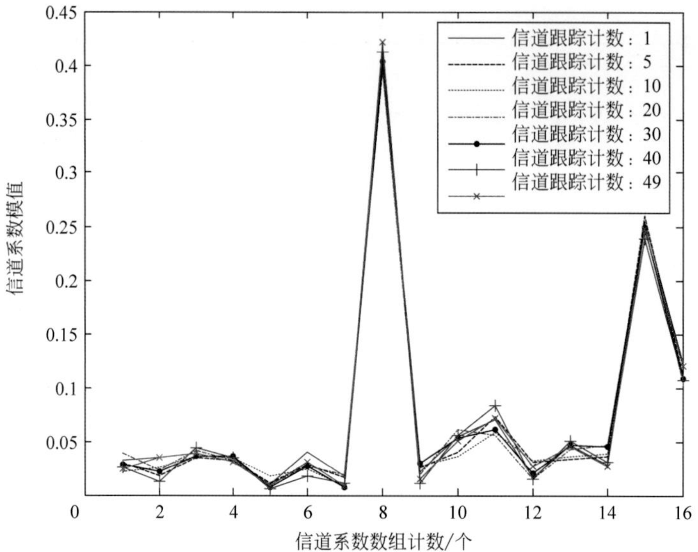

图 6.9.1 不同时刻信道系数幅值

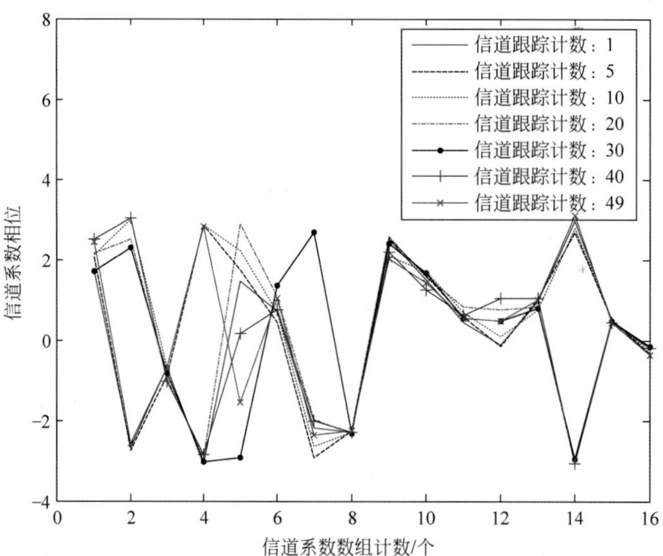

图 6.9.2 不同时刻信道系数相位

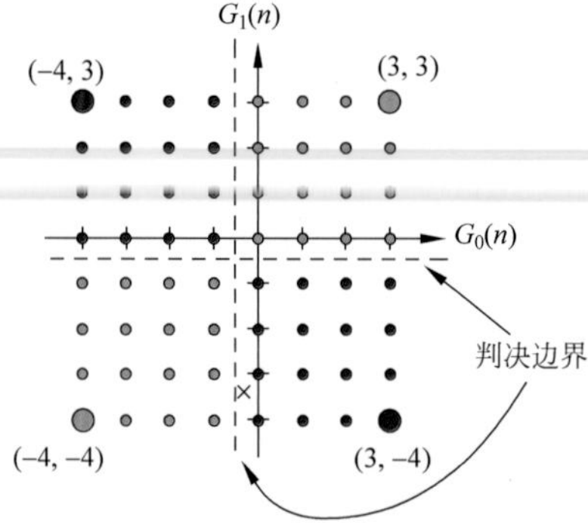

图 6.15.6 欧氏距离判决示意图